转基因

GMO : THE LIES AND THE TRUTHS 基因农业网 编

"真相"中的真相

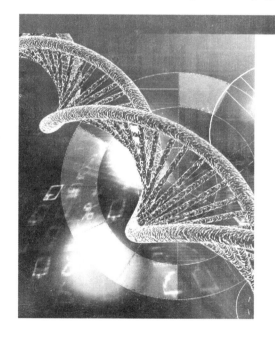

北京日报出版社

图书在版编目（CIP）数据

转基因"真相"中的真相 / 基因农业网编.— 北京：
北京日报出版社，2016.10

ISBN 978-7-5477-1834-6

Ⅰ.①转… Ⅱ.①基… Ⅲ.①转基因技术—普及
读物 Ⅳ.①Q785-49

中国版本图书馆CIP数据核字（2016）第231581号

转基因"真相"中的真相

出版发行：北京日报出版社

地　　址：北京市东城区东单三条8-16号　东方广场东配楼四层

邮　　编：100005

电　　话：发行部：（010）65255876

　　　　　总编室：（010）65252135

印　　刷：保定金石印刷有限责任公司

经　　销：各地新华书店

版　　次：2016年10月第1版

　　　　　2016年10月河北第1次印刷

开　　本：710毫米×1000毫米 1/16

印　　张：15

字　　数：240千字

定　　价：38.00元

序言：我们都该看看这本书

转基因作为一项技术，过去几十年间在各个领域得到了宽泛的应用。尤其是在医学领域，从诸多种类的疫苗到胰岛素、干扰素等药物，都得益于转基因技术——假如没有这项技术，即便它们还能被生产出来，也会因生产效率极其低而变得价格昂贵，普通老百姓将可望而不可即。可以说，今天的每一个人都是转基因技术的受益者。

与医学领域的情况不同，转基因在农业领域、在作物育种方面的应用，却在世界范围内遭到了较大的阻力。

从科学角度看，无论是用于制药、生产疫苗，还是用于农业育种，转基因都不过是一项技术。技术都是中性的。与传统育种技术相比，转基因技术更加高效、精准，并且可以实现跨物种选择转入目标性状的基因，其优势非传统育种技术可比；但也正因它更高效，如果有人尝试或无意间将有害基因转入目标作物也就变得更容易。这就是转基因这项技术也需要监管的原因。

但这并不等于说转基因技术及其产物就有什么特殊的风险；相反，在几乎与这项技术同步发展起来的监管体系——这无疑是有史以来最系统、最严格的食品管理体系——控制下，转基因作物及以之生产的食品，甚至比普通食品更安全——无论是食用安全还是环境安全。

但由于信仰（一些人认为转基因不"自然"）、利益（转基因价格低而品质好，会对有机食品构成威胁）等因素的驱使，这项技术遭到了前所未有的妖魔化。尤其是中国，最近十年来逐步演变成了全球反转运动的中心。

在这场人造恐慌的影响下，中国的转基因作物种植面积从早先的世界第二逐次退居目前的第六，被后发的巴西、阿根廷等国家超越。与此同时，我们的研发技术水平依然保持在世界前列，但大量成熟的成果被锁定在实验室和试验田中。与基础研究不同，转基因育种作为一项应用技术，必须要在市场上体现其价值，成果不用，过期作废。由此可知，持续十几年的反转运动给中国带来的是灾难性的损失。

不仅如此，转基因的各类谣言已经裹挟了整个中国社会，影响了整个社会的健康发展：反转谣言成功煽动起社会负面情绪、制造恐慌，在此基础上，反转势力肆意攻击科学家群体、攻击农业主管部门，直至攻击党和国家领导人。反转人士的行为，事实上就是要让中国社会进入一种畸态。

在谣言的反复轰炸下，十余年来老百姓已经很难听进去科学的、关于事实真相的阐述；但最近几年，情况有所好转。这个转变，与诸多科学家、科普作家及媒体记者坚持不懈的解释工作是分不开的。2013 年才成立的"基因农业网"，在其中起到了重要作用。它致力于搭建媒体与科学家之间的桥梁，让科学的声音有了更畅通的传播渠道；成立三年来，网站也成为对抗反转谣言的主阵地。

这本书的文章均选自"基因农业网"。借用围棋专业棋手常说的一个词来描述这本书的最大特点：它很"实战"——针对性强，直面这些年来老百姓对转基因的种种误解、困惑并给出明晰的答案。

正因如此，这本书很适合于那些期望获取关于转基因准确信息的普通百姓。此外，我认为还有以下人群值得去看看这本书：

决策及执行农业政策的官员们。即使在这个群体中，也不乏对转基因技术存在疑虑者（尤其是地方农业官员），他们的认识对于这项技术的产业化进程至关重要。这本书可以在较短时间内解决他们的各种疑问。

教育工作者。这本书不但可以让他们掌握农业生物技术领域的基础知识，而且可以对他们的思维方式及传播知识的方式带来一定启迪。

媒体人。多年来国内众多媒体成为反转谣言的传声筒，最主要的原因还是掌握话语权的这个群体对转基因并不了解。这本书或许可以让他们意识到滥用话语权给国家、民族和社会造成了多大的危害。

科学家，包括从事转基因育种研究的科学家。今天转基因话题已经远远突破了科学本身，涉及社会学的方方面面，这本书从多视角看待这项技术，对科学家群体也有启发意义。

但有一个特殊群体，对于他们来说这本书不具有任何价值，就是那些专职于制造和传播谣言以妖魔化转基因的人士。在多年交锋中，这些信息对职业反转人士而言早应该耳熟能详了，可惜的是，我们永远唤不醒这些装睡者。

范云六

2016 年 7 月 8 日

前言：反转闹剧的遗产

　　早在 2004 年，笔者曾专访时任中科院院长的路甬祥先生，在谈到中国人为何普遍缺乏求真、求实的科学精神时，路甬祥认为其中一个重要原因是，中国未曾如同西方一样经历过科学与宗教之间血与火的斗争。

　　笔者和路甬祥均未意识到的是，早在那次对话之前，一场席卷全社会的风暴已经悄然来临：那就是此后持续了十几年、直到今天依然猖獗的反转基因运动。在中国这片土地上，科学与愚昧之间这场血与火的斗争比西方晚来了五百年之久，但其声势丝毫不亚于科学诞生前夜的欧洲。借用饶毅教授的一句话：如果没有影像资料记录，后人不会相信我们曾经历过如此愚昧的一个时代。

　　反转势力用以攻击转基因技术的唯一有效武器便是谣言。正因此，转基因的科普工作从一开始便是与谣言的战斗。不得不承认，反转谣言猖獗至今、并在社会上形成广泛的认同，与中国科学家普遍缺乏风险交流意识、最初对谣言的放任有关。即便是反转阵营的代表人物崔永元也承认，针对转基因的科普，最初几年完全是"方舟子一个人的战斗"。

　　在此必须再次感谢方舟子和他所创办的"新语丝"网站以及"新语丝"的作者群——在相当长的时间里，"新语丝"都是国内对抗转基因谣言的舆论主阵地；在"基因农业网"成立之初，构成其框架的主要内容，几乎都来自"新语丝"；包括方舟子在内的"新语丝"作者们无偿提供了这些极富营养的文章，它们影响了一大批网友，为后来风起云涌的公众行动式科普——转基因品尝会——奠定了坚实的基础。直到今天，这些文章依然不过时，而为本书所选取。

　　很自然地，伴随着转基因技术的被妖魔化，从事转基因育种的科学家群体和热心于转基因科学传播的科普作家群体，尤其是作为对抗反转谣言先驱者的方舟子，也就无可避免地遭到反转势力无穷尽的造谣诽谤、人身攻击，乃至生命威胁——如前文所述，这正是科学与愚昧之间血与火的战斗。

　　关于转基因的科普著作，十几年前方舟子曾著有《餐桌上的基因》及《基因时代的恐慌与真相》，近年来则另有两部较有影响力的书籍出版：2014 年年底科普作家袁越（土摩托）写的《人造恐慌》，这本书通过对各国农业生物技术的实际应用状况的详尽介绍，告诉读者转基因育种技术究竟给这个世界带来了怎样的变化，笔者认为这本书完全可以作为优秀的新闻学教材推荐给国内记者及新闻系学生；另一本是我国台湾的科普作家林基兴2015年出版的《一本书看懂转基因》，它从转基因技术发展的历史和现状正面解答了关于转基因的科学问题。

与这几部著作相比，本书涉及的内容可能会更宽泛一<u>些</u>，其中收集的70余篇文章选自"基因农业网"成立以来收录、发表的数千篇报道、评论和科普文章（包括来自"新语丝"的文章），以及在不同场合下科学家、科普作家与网友交流形成的问答集。本书从公众目前对转基因已经存在的种种情绪和误解入手，单刀直入地解答公众的担心、疑虑和质疑。内容作者不仅包括科学家和科普作家，还包括一些热心于转基因科学传播的网友；另外还有一些科学家的讲话整理。也由于作者众多，不同作者的文章难免会出现少数重复话题；但相信这无碍读者阅读。

本书将以基本事实和逻辑，解答老百姓最常见的疑问：

（1）什么是转基因？它与常规育种技术有没有本质区别？转基因真的会"转"人类的基因吗？它究竟安全与否？

（2）转基因真的会给环境生态带来灾难吗？

（3）我们为什么要使用转基因技术？

（4）支持转基因的群体真的存在阴谋和利益问题吗？

（5）转基因为什么会遭到如此多的反对？它是怎样一步步成为"问题"的？种种关于转基因有害的说法究竟是怎么来的？为什么会有那么大的一个反对转基因的势力集团？

（6）中国为什么迟迟不批准新的转基因作物品种？

（7）发展转基因，我们的粮食安全、技术专利真的会掌握在外国公司手中吗？

（8）未来转基因技术将给人类带来怎样的变化？

毫无疑问，反对转基因的这场闹剧终将成为历史，科学技术的发展和应用、转基因作物的产业化步伐会受到其影响，但不会停止；我们要思考的是，假如我们的民众依然秉承今天这样的思维方式，那么，未来一项新的技术诞生时，类似的反智运动完全可能卷土重来，从而让中国在新一轮技术竞争中再次处于下风。因此，我们还有一个愿望，就是希望公众在对这场反转运动做进一步思考的过程中，能学会更正确的思考问题的方法。这也是这本书出版的重要目标——或许，它也可以算是持续十几年的反转运动留给后人的唯一遗产。

方玄昌

2016 年 7 月 9 日

目　录

第三章 科学的态度

第四章 转基因造就美好生活

第五章 转基因知识问答

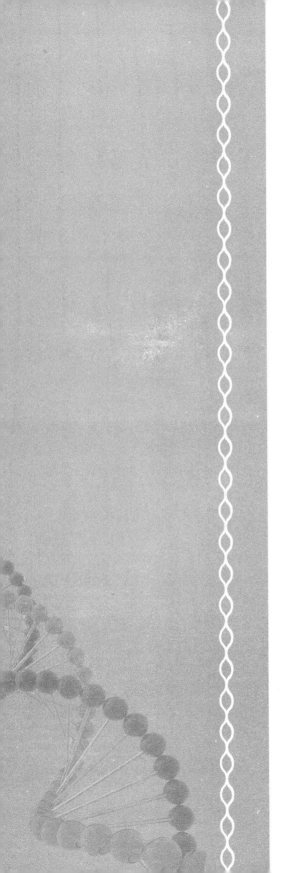

第一章　是与非

科学大争论 —— 转基因作物安全吗?[①]

方舟子[②]

【编者按】有关转基因食品安全性的争论，以及人们对其的担心，十多年来内容均无多大变化。方舟子 2010 年发表的这组文章，较为系统地解答了这些问题（其中很多内容在其以往的文章中都有提到过）。对于一个对此话题尚不熟悉的读者来说，这是一组很好的答疑文章。

（上）

反对种植转基因作物的人们，并非都是由于科学上的疑虑（且不说其理由是否站得住脚），有的是出于其信仰，认为人类不应该种植"不自然"的作物。但是人类今天种植的作物，没有一种是"自然"的，全都是人工改造过的。这个改造过程发生于大约 1 万年前的新石器时代，人类开始尝试种植粮食的时候。在种植过程中，发现有的植株有人们想要的性状（比如产量比较高、味道比较好），于是其种子被保留下来，继续种下去。在下一代中，又选择"品质"最好的往下种，这样一代代地选择下去，就能得到"优良"品种。后来，达尔文把这个过程称为"人工选择"。

这个过程非常缓慢。在新石器时代，"驯化"一种野生植物要花上千年的时间。1719 年，英国植物学家费尔柴尔德发明了一种创造作物新品种的方法——杂交育种，把作物的不同品种进行杂交，在其后代中选育具有优良品性的品种。到了 20 世纪初，遗传学的创立为作物育种提供了理论依据，植物学家用杂交育种方法创造出了许多在农业生产上有巨大实用价值的新品种。这些新品种都是自然界原先没有的。

不同物种之间的杂交成功率很低。20 世纪 30 年代，植物学家发现，使用秋水仙碱能够有效地克服远缘杂种不育的难题。之后又发明了细胞质融合技术，把来自两个物种的细胞融合在一起，从中培育出杂交后代。有了这些技术，杂交打破了物种障碍，杂交育种不再限于物种内部。两个不同的物种之间，甚至不同的属之间杂交成为可能。比如，通过把属于不同属的小麦和黑麦杂交，创造出既有小麦的高产又有黑麦的抗锈病能力的

[①] 原文分三次连载于 2010 年 3 月的《经济观察报》。

[②] 方舟子，美国密歇根州立大学生物化学博士，"新语丝"网站创办人，著名科普作家，著有《基因时代的恐慌与真相》《科学成就健康》《大象为什么不长毛》等科普著作 20 余部，是中国转基因科学知识普及的先驱者；因多年来坚持揭露学术腐败、捍卫中国国内学术环境，2012 年获得英国《自然》杂志社和英国科普组织"理解科学"联合评选的首届"约翰·马多克斯捍卫科学奖"；2013 年在美国第 24 届全球反欺诈大会上获得"克里夫·罗伯森哨兵奖"。

新物种小黑麦。

第二次世界大战之后，一项新的育种技术——诱变育种获得了广泛应用。诱变育种通过使用化学诱变剂或辐射来诱发种子产生基因突变，然后从这些产生了基因突变的种子中筛选出具有优良性状的新品种。比起杂交育种，诱变育种更加"不自然"，因为它直接改变了生物体的遗传物质，创造出了新的基因。

这些都属于经典育种技术，育种学家在使用这些技术时，其实是相当盲目的，他们并不知道给植物新品种引入了什么基因。从遗传学诞生之日起，一些生物学家就梦想着有一天能够直接而精确地改变生物体的基因，或者说，对生物体实施"遗传工程"。这只有在分子遗传学诞生以后，才成为可能。

第一次遗传工程实验是 1971 年在美国斯坦福大学的生物学家保罗·伯格（Paul Berg）的实验室完成的。伯格把噬菌体 λ 的 DNA 片段插入猿猴病毒 SV40 的基因组，首次在体外将来自不同物种的 DNA 重组起来。这个重组 DNA 分子由于含有哺乳动物病毒序列，有可能被结合进哺乳动物细胞的染色体中；又由于含有噬菌体 λ 序列，有可能在细菌（例如大肠杆菌）中扩增。虽然因为许多人担心扩增含有病毒序列的大肠杆菌具有危险性，伯格中断了进一步的实验，但是伯格实验为未来的遗传工程绘制了蓝图：用细菌扩增重组 DNA，并把重组 DNA 引入生物体中。

1971 年 6 月，伯格在冷泉港会议上首次报告他的实验结果时，就引起了分子生物学家们的担忧：伯格采用的病毒 SV40 是一种致癌病毒，所以这种实验可能会培育出携带致癌基因的重组大肠杆菌，而大肠杆菌可以在人体肠道内生存，所以一旦经过基因重组的大肠杆菌从实验室中逃逸，就有可能在人群中传播它们所携带的致癌基因。1973 年 1 月 22 — 24 日，关于重组 DNA 技术的危险性的讨论会议在加州阿斯洛马举行。这一年的 3 月，波义耳（Herbert Boyer）、科恩（Stanley Cohen）实验室大大改进了重组 DNA 技术，成功地进行了"分子克隆"。他们采用细菌的质粒作为重组 DNA 的载体。质粒是一种环形的 DNA 分子，携带着能抵抗抗生素的基因。质粒一旦进入细菌细胞中，就能自动大量地复制，并表达被重组进去的基因。这个实验进一步引起了分子生物学家们的担忧。美国国家科学院（NAS）建立了一个专门的委员会，伯格任委员会主席。1974 年，委员会同时给《美国国家科学院院刊》和《科学》写了一封信，建议分子生物学家自愿暂停重组 DNA 实验，并号召召开一次讨论会以讨论重组 DNA 技术潜在的危险性。会议于 1975 年 2 月 24 — 27 日在阿斯洛马举行，在衡量了重组 DNA 技术的潜在危险后，会议的结论是，建议继续从事这方面的研究，但应采取措施降低实验的危险性。1976 年 6 月 23 日，美国国家卫生院（NIH）在阿斯洛马会议所提出的建议的基础上，公布了重组 DNA 研究规则。与此同时，欧洲国家也制定了类似的规则。

阿斯洛马会议之后，科学界有关重组 DNA 技术的争议告一段落，然而因为媒体对这一系列事件的报道失之偏颇，公众开始出现恐慌。人们担心重组 DNA 的实验会创造出新的病原体引发致命流行病，会创造出难以控制的怪物，会被用于改变人类基因组导致"优生学"运动等等。其中最主要的是，人们担心会有新的病原体从重组 DNA 实验室逃逸出来，1976－1977 年，这种恐慌达到了顶峰。就在美国国家卫生院公布重组 DNA 研究规则的同一天，麻省剑桥市长针对哈佛大学申请拟建一个用于重组 DNA 技术研究的新实验室，举行了一次听证会，听证会后，哈佛大学的这一申请被拒绝。在经过了几个月的争论之后，市政委员会听从专家的意见，推翻了市长的决定，同意哈佛大学建造该实验室。与此同时，参议员爱德华·肯尼迪抨击科学家们想要自我管理重组 DNA 研究，并举行国会听证会，打算通过立法限制科学家们进行重组 DNA 研究。1977 年，美国国家科学院举行大会时，示威者举着反科学牌子冲进会议室，并抢夺话筒。之后，国会又多次举行听证会，并提出多项法案以严厉限制科学家们进行重组 DNA 研究。美国科学界在美国国家科学院的领导下奋起抗争，最终这些法案都未获通过。1978 年底，这场由媒体和立法引起的民众恐慌基本平息。

为什么这场恐慌能在如此短的时间内就获得平息？通过举行一系列的评估会议，科学界出示了大量的证据，这终于让公众相信，只要遵循了国家卫生院制定的规则，重组 DNA 技术就是安全的。同时，科学界也让公众明白了，以重组 DNA 技术为代表的遗传工程不仅能够帮助科学家们从事生物医学方面的基础研究，还有着与公众切身利益息息相关的应用前景。这些应用前景包括将人的基因重组进细菌质粒，然后大量培养带有这样质粒的细菌，生产具有重大医疗价值的生物制剂；改良农作物，使它们能抵抗虫害、疾病或具有固氮能力；检测、治疗人的遗传病。没过多久，生物学家们就用实验结果表明了他们并不是在开空头支票。1977 年秋天，波义耳实验室用细菌重组技术合成了人的生长激素抑制激素，证明了用细菌合成人体所需蛋白质是可能的。1978 年，美国基因工程技术公司（Genentech）的科学家把人胰岛素基因克隆进大肠杆菌，并成功地带有人胰岛素基因的大肠杆菌合成了人胰岛素。1979 年和 1980 年，人生长激素和人干扰素也先后在重组细菌中合成出来。1982 年，重组人胰岛素成为第一种获准上市的重组 DNA 药物。

1980 年，分子生物学家首次把外源 DNA 结合进了植物细胞中。由于一个植物细胞就可以克隆出一株植物，这就意味着很快就可以培育出转基因植物。三年后，第一种转基因植物（一种携带了抵抗抗生素基因的烟草）诞生了。1985 年，能抗虫害、病害的转基因作物开始了田间试验。1992 年，中国种植了世界上第一批商用转基因作物——转基因烟草。1994 年，市场上首次出现了转基因食品，一种软化缓慢的西红柿。

目前，转基因作物已得到广泛的推广、栽培和使用，最常见的是转入了抗除草剂基因的作物，这类转基因作物可以抵抗普通的、较温和的除草剂，农民因而可以用这类除草剂除去野草，而不必使用那些毒性较强、较有针对性的除草剂；其次是转入了抗虫害基因的作物，这类转基因作物多是转入了一种从苏云金芽孢杆菌（*Bacillus thuringiensis*，简称 Bt）克隆出来的一种基因，转入了这种基因的作物会生成一种毒性蛋白，这种毒性蛋白对其他生物无毒，但能杀死某些特定的害虫，这样农民就可以减少喷洒杀虫剂了。转基因技术也可应用于改变食物的营养成分，例如减少土豆的水分，这样炸出来的土豆片会更脆；降低植物油中的不饱和脂肪酸，从而延长植物油的储存期限；消除虾、花生、大豆中会导致人过敏的蛋白质，让那些对虾、花生、大豆过敏的人也可以放心地吃它们。通过转基因技术还可以让水稻变成"金大米"，含有胡萝卜素（在人体内变成维生素 A）的"金大米"有助于消灭亚洲地区广泛存在的维生素 A 缺乏症。转基因技术可提高稻米中铁元素的含量，食用这种转基因大米会大大减少以大米为主食的人患贫血症的可能性；转基因技术还可提高大米的蛋白质含量。正在进行研究、开发的其他转基因项目中，包括了用转基因技术让作物具有抗旱、固氮、抗病能力等的项目。

转基因作物由于自身的巨大优势，推广非常快。全球已有 25 个国家批准了 24 种转基因作物的商业化种植，种植面积由 1996 年的 170 万公顷发展到 2009 年的 1.34 亿公顷，14 年间增长了近 78 倍。[③] 种植最普遍的转基因作物主要是转基因大豆、转基因棉花、转基因玉米、转基因油菜。转基因大豆的种植面积大约已经占全球大豆种植总面积的 72%，转基因棉花的种植面积大约占全球棉花种植总面积的 47%。美国是转基因作物种植面积最大的国家，转基因玉米、转基因大豆、转基因棉花的种植面积都占到了同种作物种植总面积的 80% 以上。美国也是转基因食品最大的消费国，美国市场上大约 70% 的食品都含有转基因成分。

然而，在转基因作物得到迅速推广的同时，社会上也出现了很多反对的声音。和推广重组 DNA 药物遭遇不同的是，反对推广转基因作物的行为不仅没有很快消停，还在"环保组织"、政客的推动下愈演愈烈，时不时引发民众恐慌。

（中）

生物学界对转基因作物的危害性本来并不存在争议。1998 年情况有了变化，苏格兰一位名叫普兹太（Arpad Pusztai）的免疫学家在英国电视上接受采访时声称，根据他的研究结果，转基因土豆对老鼠有毒，能损害老鼠的内脏和免疫系统。这个节目播出后，在英国乃至整个欧洲都引起了轰动，舆论大哗，人们纷纷怀疑转基因食品的安全性。普兹太的实验结果以后被反对转基因作物的活动家反复提及，是反对转基因的一个"经典"研究。那么，这项研究的实质究竟是怎样的呢？

普兹太用的是转入了来自雪花莲的凝集素基因的土豆。凝集素是一类能够让血液中的红细胞凝聚起来的蛋白质，所以叫凝集素。许多植物都能制造凝集素，昆虫吃了它，

---

③　截至 2015 年，全球共 28 个国家种植了 1.797 亿公顷的转基因作物，较 1996 年增加了 100 多倍。——编者注

会被杀死，所以可以用它来杀害虫。但是许多种凝集素对人和哺乳动物也有毒副作用，因此在生产上比较少使用。不过也有例外。人们发现，雪花莲的凝集素有很强的杀虫作用，但是对人和哺乳动物无毒，因此有人往土豆转入雪花莲凝集素基因，制造出能抗虫害的转基因土豆。这种转基因土豆在上市之前，必须被确认无毒才可以。普兹太的工作就是研究它究竟有没有毒性。他向老鼠喂食这种转基因土豆，发现老鼠的消化道出现了病变的迹象（胃黏膜变厚、肠道小囊变长等），因而得出结论：这是转基因食物所导致的。

普兹太在电视上宣布他的实验结论的时候，他实际上还没有完成全部实验。按照科学界的惯例，他应该在完成实验之后，写成论文，经过同行审稿通过，在学术刊物上发表论文，然后才向大众媒体宣布他的发现。普兹太所在的研究所的领导见他违背学术规范，向公众提前公布未成熟的实验结果，引起了不必要的恐慌，因而觉得他败坏了研究所的名声，决定给他处以停职的处罚，后来又强迫他退休。普兹太当时已经 68 岁，本来也该退休了，但是在这种情况下被强迫退休，就很容易让人联想到这是因为他发表了不同的学术观点而受到的迫害。普兹太从此被反对转基因的人士当成了敢于反抗黑暗的科学界的英雄人物。

英国王家学会当即对普兹太的实验结果进行了调查，指出这项实验的设计和操作都存在着问题，并得出结论：如果根据这项实验就认为转基因食物会危及健康，这是错误的。许多生物学家也对普兹太实验提出了批评。普兹太的实验存在的问题包括：试验的动物太少，不足以得出有统计意义的结果；缺乏合适的空白对照，以及用于喂养老鼠的膳食营养结构不平衡，后者也可能导致被观察到的病变。我们做实验应该有一个对照，即一模一样的两组老鼠，一组喂转基因土豆，一组喂同一品种的非转基因土豆，然后对结果进行比较，在这种情况下结果有差异才能说明问题。普兹太没有用同一品种的两组土豆做对照，在对非转基因土豆的选择上，他用的是另一个品种的土豆。两种土豆的成分很可能本来就不一样，所以吃这两种土豆的老鼠身体变化不同，我们就不知道这是由于转基因引起的，还是因为成分差异造成的了。

值得指出的是，普兹太是用生土豆喂老鼠的，而人们一般只食用煮熟的土豆，食物中的有毒成分在加热后往往就不再具有毒性。生土豆含有一种叫作龙葵素的有毒物质，这种物质对胃肠道黏膜有较强的刺激性，还会麻痹神经和导致血细胞溶血。所以，喂食老鼠食用生土豆，老鼠不仅很不容易消化，很有可能出现胃肠道病变。由此可知，有很多因素可以用来解释普兹太所观察到的现象，因而并不能归结为就是转基因引起的。

第二年，普兹太把论文提交著名的医学刊物《柳叶刀》发表。多数审稿人都对这篇论文提出了批评，认为它的质量没有达到发表要求。对于发表这篇论文，《柳叶刀》编辑部解释：之所以决定发表这篇论文，是因为它已引起了公众关注，所以干脆公开出来让大家看个究竟，但这并不意味着他们认同普兹太的结果。然而，没想到的是，后来那些反对转基因的人反而说，《柳叶刀》作为权威的医学刊物都发表了这篇论文，可见它是没有问题的。

普兹太研究的那种转基因土豆并没有上市，即使他的研究没有问题，也无法说明已上市的其他转基因食品的安全性就有问题。其他研究组的研究结果得出了与普兹太不同的结论。有多项研究表明，转基因土豆、转基因西红柿和转基因大豆对动物的健康和生理活动都无影响。

普兹太的这项研究正式发表的时候，对转基因作物的争议已越过大西洋到达了美国。1999 年 3 月，"生物 2000 年"大会在波士顿召开之际，3000 多名示威者举行了反转基因食物大示威，这一事件引起了全美国的关注。

在普兹太事件之后，媒体和学术期刊上偶尔还会出现报道称转基因食品对实验动物造成损伤，但是这些报道都很有争议，未能获得权威机构的认可。例如，2005 年 5 月 22 日，英国《独立报》披露了转基因食品巨头孟山都（Monsanto）公司的一份秘密报告。据报告显示，吃了转基因玉米的老鼠，血液和肾脏会出现异常。这则报道引起了许多人对转基因食品安全性的担心。根据孟山都公司就此事发表的声明和提供的相关资料，所谓"血液变化和肾脏异常"其实指的是血液成分和肾脏大小的差异，这些差异都在正常范围内，并非是病变的表现。孟山都公司虽然声称由于商业秘密问题无法公布实验结果全文，但是在申请上市时，全文已提交政府有关部门审核，并获得通过。

在转基因食品安全问题上，并不存在别人无法重复的秘密实验。不管孟山都愿不愿意公布结果，其他实验室都完全可以重复、验证孟山都的实验结果。对这种转基因玉米MON863，澳大利亚新西兰食品标准局（FSANZ）在 2003 年做过安全性评估，结论是，"在评估 MON863 玉米时，未发现潜在的公共健康和安全问题。根据现有申请所提供的数据以及其他途径得到的信息，源于 MON863 的食品可被视为与源于其他玉米品种的食品同样安全和有益健康。"该评估报告特别指出，1995 年始，这类抗虫害转基因作物即已在美国种植，被美国人食用。

人们除了担心吃转基因食品会对身体健康有害之外，还担心种植转基因作物会危及生态环境。抗虫害转基因作物分泌的毒性蛋白，除了毒死特定的害虫，有没有可能也毒死其他生物？我们给作物转入抗虫害基因是为了抗害虫，例如培育抗虫害转基因玉米是为了保护玉米的叶子不让害虫吃，但是如果这种玉米的花粉飘落到周围的杂草上，那些不算害虫的昆虫，比如说大斑蝶（帝王斑蝶）④在吃杂草时把玉米花粉也吃进去，会不会把它们也毒死了呢？如果会的话，转基因玉米的花粉就可能会对生态环境造成一定的破坏。

1999 年 5 月，美国康奈尔大学洛希实验室向英国《自然》杂志报告说，他们用沾有抗虫害转基因玉米花粉的草叶喂养大斑蝶的幼虫，发现这些毛毛虫的生长变得很缓慢，

---

④　也称黑脉金斑蝶、帝王蝶，是栖息在北美地区的一种色彩斑斓、身体硕大的蝴蝶。——编者注

死亡率高达 44%。后来，这项研究成了反转基因技术的人士反复引用的"经典"研究，他们认为转基因玉米是大斑蝶数量减少的罪魁祸首。但是这个研究结果也备受非议，被揭露出来的问题包括：别人无法重复其实验结果，实验用的大斑蝶幼虫被强制只喂食沾转基因玉米花粉的草叶而没有其他选择，以及实验用的转基因玉米花粉含量过高。

2000 年起，在美国三个州和加拿大进行的田间试验都表明，抗虫害转基因玉米的花粉并没有威胁到大斑蝶的生存，在实验室里用这类花粉喂大斑蝶的幼虫，也没有发现大斑蝶幼虫的生长发育受到了什么影响。根据美国国家环境保护局的估计，草叶表面上转基因玉米花粉的数量达到 150 粒 / 平方厘米时，也不会对昆虫造成危害，而田野里的草叶，其表面所沾的玉米花粉数量只有 6 ～ 78 粒 / 平方厘米。此外，玉米的花粉非常重，扩散不远，5 米之外，草叶上的玉米花粉平均只有 1 粒 / 平方厘米。因此，在自然环境中，转基因玉米的花粉不会危害到大斑蝶幼虫，大斑蝶数量的减少，更可能是农药的过度使用和大斑蝶的生态环境遭到破坏导致的，而种植抗虫害转基因作物恰恰可以减少农药的使用，这对保护大斑蝶的生态环境是大有裨益的。

还有一项研究表明，抗虫害转基因玉米的根部会分泌毒性蛋白，这种毒性蛋白可能会在土壤中累积起来危害其他生物。这项研究的做法是，让玉米生长在培养液中，然后从该培养液中提取毒性蛋白来喂养天蛾幼虫。然而，其他研究者发现，如果让玉米生长在土壤中，玉米根部分泌的毒性蛋白会迅速被降解掉，其毒性因而也会消失。显然，就抗虫害转基因作物对其他生物的影响值得进一步研究，但前提是，研究应该尽量接近自然环境，这样才有说服力。

反对转基因作物的人士还提出了所谓基因渗透和基因污染的问题。例如，转基因作物的花粉被风或昆虫带到野草的花中，会不会使抗除草剂或抗虫害基因转入野草中，使得野草也有抗除草剂或抗虫害的能力？如果两个物种之间亲缘关系很远，是不可能杂交的，因此这种可能性极低。2001 年 2 月，英国《自然》杂志发表了一项在英国进行的长达十年的研究结果，该研究表明转基因土豆、甜菜、油菜和玉米并没有将基因污染给周围的野草。

但是如果两个物种亲缘关系很近，或者有一些共同的特征（例如染色体数目相同），则有可能产生基因交流。因此，人们担心转基因作物的基因会"污染"其同种非转基因作物，特别是其野生的亲缘物种。这种担心有一定的道理，在学术界也很受重视。2001 年 11 月，美国加州大学伯克利分校两名研究者在《自然》杂志发表了一篇论文，宣布在墨西哥的玉米中发现了转基因玉米的一段"启动子"序列和基因序列。由于墨西哥是世界玉米多样性的中心，这个发现引起了广泛的关注。反科学组织据此宣称墨西哥的玉米被转基因玉米"污染"。许多专家对这篇论文提出了批评，指出那两名研究者发现的"启动子"序列是他们采用的实验技术导致的人为假象，而那段"外源"基因序列在玉米中本来就有。

墨西哥小麦玉米改良中心对全国各地采集来的玉米样本进行检测，都没有发现"基因污染"。2002 年 4 月，《自然》杂志发表社评认为，回过头来看这篇论文，其结果不能成立，而且它本不应该被发表。

（下）

"转基因食品的安全性还没有定论"，这是媒体上常见的说法。这个说法是不准确的。国际权威机构都一致认定目前被批准上市的转基因食品是安全的。

2002 年，非洲南部一些国家的政府就转基因食品的安全性问题向联合国咨询，联合国在 8 月 27 日发表声明："根据来自各国的信息和现有的科学知识，联合国粮食及农业组织、世界卫生组织和世界粮食计划组织的观点是，食用那些在非洲南部作为食品援助提供的含转基因成分的食物，不太可能对人体健康有风险。因此这些食物可以吃。这些组织确认，至今还没有发现有科学文献表明食用这些食物对人体健康产生了负面作用。"在有关转基因食品的问答中，世界卫生组织指出："目前在国际市场上可获得的转基因食品已通过安全性评估并且可能不会对人类健康产生危险。此外，在此类食品获得批准的国家普通大众对这些食品的消费未显示对人类健康的影响。"

当前对转基因作物、转基因食品的指责和担忧，其实是在某些极端组织的有意误导之下，由于普通公众对生物学知识的缺乏，而出现的社会恐慌。围绕它的争论，并无多少的科学含量，很难再称得上是一场科学争论。

在这些反对一切生物技术的反科学极端组织中，影响最大的是"绿色和平"组织。"绿色和平"的创始人之一，前主席帕特里克·摩尔（Patrick Moore）在与该组织决裂后，反思说："环保主义者反对生物技术、特别是反对基因工程的运动，很显然这已使他们的智能和道德破产。由于对一项能给人类和环境带来如此多的益处的技术采取丝毫不能容忍的政策，他们实现了斯瓦泽的预言（即环保运动将走向反科学、反技术、反人类）。"不幸的是，普通公众并不总能认识到这一点，许多人把这些极端组织视为社会正义的化身，信任它们的程度超过了信任国际权威机构。

更不幸的是，普通公众通常缺乏评价转基因食品的安全性所必需的科学素质。许多人担心吃了转基因食品会把自己的基因转掉，甚至攻击转基因食品会让人"断子绝孙"。他们显然是害怕转入转基因作物中的那段外源基因在被食用后会跑进体内，把人体基因也给转了。这种担心是很荒唐的。所有的生物的所有基因的化学成分都是一样的，都是由核酸组成的。不管转的是什么基因，是从什么生物身上转来的，它的化学成分也和别的基因没有什么两样，都是由核酸组成的。这个基因同样要被消化、降解成小分子，才能被人体细胞吸收。所以这个外源基因是不会被人体细胞直接吸收、利用的。

国际上有一位反对转基因技术的重要人物对此很不以为然，曾在一本反对遗传工程的著作中声称"食物中的基因能被人体利用"。如果这种可能性存在的话，我们不应该仅仅担心人体会吸收、利用了被用来做转基因的那个基因，也应该担心人体会吸收、利用了食物中成千上万个其他的基因。因为所有基因的化学成分都完全一样，如果人体有可能吸收、利用某个外源基因，也就有可能吸收、利用其他外源基因。那样的话，我们吃任何食物，都有可能被转了基因！既然我们在吃其他食品时从来就不担心里面的基因会跑到我们体内，为什么偏偏要担心转基因食品呢？

有人要求保证转基因作物百分之百安全、绝对没有风险才能种植、供食用，这种要求是不合理的。转基因技术和所有的技术一样，也有可能带来风险。经常被提及的比较可能发生的风险主要有两种。一种是健康方面的风险。转基因作物往往是过量地制造某种外源的蛋白质，如果该蛋白质是对人体有害的，当然不宜食用。如果它是过敏原，也可能让某些特定的人群出现过敏。另一种是生态方面的风险。例如，人们担心转基因作物的基因会"污染"其同种非转基因作物，特别是其野生的亲缘物种。然而，风险并不等于实际的危害。转基因作物的风险是可以控制的。

为了避免健康方面的风险，对人体有害的蛋白质和已知的过敏原不会被用于制造转基因作物。转基因食品在上市之前，都需要按要求做安全性检测实验以检测其安全性。一般是先做生化实验检测，看看转基因作物与同类作物相比，在成分方面出现了什么变化，这些变化是否有可能对人体产生危害；然后须做动物试验，看看转基因食品是否会对动物的健康产生不利的影响。这其实是检测食品安全性的常规做法，不只是对转基因食品才如此。如果不信任这一常规方法，那么是不是也应该质疑其他食物的安全性？为了避免生态方面的风险，许多专家建议对转基因作物的栽种范围做出一定限制，例如不要在有野生的亲缘物种的地区种植相应的转基因作物。

转基因技术与传统育种技术相比，有其独特性，比如，它可以打破物种的界限，将动物、微生物基因转入植物中。但是，因为不同物种的基因的化学性质都是一样的，调控机理也相似，所以这种操作并不会产生什么"违背自然规律"的怪物。从总体上来说，转基因技术仍是传统育种方法的延伸，只不过比传统育种技术更为精确，更有目的性，更容易控制而已。转基因作物所面临的可能引发健康和生态问题的问题，传统作物同样也存在。例如，用杂交方法培育出的土豆新品种，有的就含有高含量的毒素，会对人体造成伤害。用传统方法培育出的新品种的基因同样也有可能"污染"其野生的亲缘物种。正如美国食品药品管理局（FDA）的报告指出的："FDA没有发现也不相信，正在开发中的、用于作为食品和饲料的新作物品种一般会带来安全或管理问题。"欧盟委员会的报告也指出："转基因作物并未显示出给人体健康和环境带来任何新的风险；由于采用了更精确的技术和受到更严格的管理，它们可能甚至比常规作物和食品更安全。"

的确，转基因技术在某些方面要比传统的育种方法更安全可靠。传统的育种技术无法控制某个基因在哪里和如何表达，同时改变了许多基因（对此我们往往一无所知），难以检测产物对环境的影响，并且可能培育出有害健康的性状（对此我们可能一时无法觉察）。而转基因技术可以准确地控制基因的表达，只动了一个或少数几个我们已知其功能的基因，容易检测产物对环境的影响。人们既然并不担心传统育种技术会造成危害，为何却要对转基因技术吹毛求疵？

事实上，已上市的转基因食品不仅是安全的，而且往往要比同类非转基因食品更安全。种植抗虫害转基因作物能不用或少用农药，因而可以减少或消除农药对食品的污染。大家都知道，农药残余过高一直是现在食品安全的大问题，而抗病害转基因作物能抵抗病菌的感染，可以减少食物中病菌毒素的含量。化学农药的过度使用，是当前环境破坏严重的主要因素。推广抗虫害转基因作物，能够大大减少甚至避免化学农药的使用，既可以减轻农药对环境的污染，又可以减少用于生产、运输、喷洒农药所耗费的原料、能源和排出的废料。2005 年 4 月 29 日，《科学》杂志发表了中美科学家合作完成的论文《转基因抗虫水稻对中国水稻生产和农民健康的影响》，论文中指出："转基因抗虫水稻比非转基因水稻产量高出 6%，农药施用量减少 80%，节省了相当大的开支，同时还降低了农药对农民健康的不良影响。"中国每年大约有 5 万农民因为使用农药而中毒，其中大约有 500 人会死亡。

当前已大规模种植的转基因作物主要是抗除草剂和抗虫害品种，它们的广泛种植大大减少了农药的使用，降低了作物的生产成本，增加了作物的产量，对于农民和环境，益处是非常明显的；对于消费者，他们所能感受到的好处还不是那么直接，但新一代的转基因作物将能改变食物的营养成分，会让消费者更切身地体会到其好处。就像普通公众当初由于从重组 DNA 药物获益而迅速消除了对重组 DNA 技术的恐慌一样，也许新一代转基因作物的出现，也能让人们更普遍地接受转基因食品。

反转人士的常用策略 ①

朱猛进 ②

【内容提要】反转人士的表现，让人不得不怀疑其目的就是要阻止中国在转基因主粮的商业化进度上赶超孟山都之类的国际巨头，企图通过这场反转基因运动，让中国在现代生物技术育种领域错失赶上和超越欧美的历史良机。

长久以来，网络媒体充斥了反对转基因的文章、帖子，中立或者支持转基因的声音却很少能听到，这可能与生命科学领域的活跃博主不多有关。在这里我分析一下反转基因者所惯用的策略。本文内容不针对任何具体的个人。

走底层路线，企图用受蛊惑民众的声音影响高层决策

反转基因者利用国内科普工作落后的环境，针对多数民众缺乏必要转基因知识的现实，对转基因大肆造谣，编造出各种版本的谎言，其中在网上广为流传的一个版本就是转基因是美帝用来灭绝中华民族的"武器"。另外，反转基因者还利用政府高层极为重视粮食安全的心理，将转基因污蔑为国外用专利陷阱来控制中国粮食安全的阴谋。很多谣言如"广西玉米 – 精液事件"等非常幼稚可笑，本来不值一驳。但俗话说，谎言重复千遍就成了真理，这些谎言在对转基因知识极度缺乏的普通民众中引发了巨大的恐慌，使得不信任转基因的民众数量呈越来越多的趋势，这无疑给政府高层决策者施加了巨大的压力。

这种走底层路线的策略是很 workable（可行）的，用褒义的话讲很高明，用贬义的话讲很阴险。这种策略极有可能奏效，很可能政府高层决策者经受不住压力，从而将中国的转基因作物新品种扼杀在摇篮里，让中国在新的历史机遇面前失去一次在生物育种领域赶超美国的机会。

选择性使用，甚至恶意篡改"证据"，以讹传讹误导公众

反转基因者们另外一个惯用策略就是表面上煞有介事地引用"证据"，实际上则是

---

① 原文发表于"科学网"，2010 年 3 月 13 日，原标题为"反转基因者的常用策略分析"，有改动。
② 朱猛进，华中农业大学动物科技学院动物医学院副教授。

故意选择性地使用"证据"，甚至恶意篡改权威"证据"，造成以讹传讹的局面，从而严重误导雾里看花的普通民众。

例如，对于欧洲发生的几个转基因玉米争议事件，反转基因者故意不用后来的众多推翻前面错误结论的权威证据。这种手段跟反进化论者故意截取达尔文关于眼睛进化的论述如出一辙。

将转基因争论泛政治化

反转基因者一般不和支持方就事论事地讨论具体问题，而是挥舞大棒，给研究、支持转基因的人扣上汉奸、卖国贼、伪精英的大帽子。这种"文革"式攻击在一些网站和论坛表现得尤为突出。令人哭笑不得的是，研究者的外籍院士身份、留学访问经历成了里通国外的"证据"。这种策略虽然很低劣，但却很奏效，能在脑袋极易充血的人群中争取到相当份额的"舆论"支持。

不顾科学事实制造噱头，死死咬定 Bt 蛋白对人体有害

由于前面苏丹红、瘦肉精、三聚氰胺等事件让人们对食品安全尤为关注，在一般人不了解真相的情况下，"连虫子都不吃"的噱头是反转基因者能够抓住多数普通民众恐惧心理的有效手段。

事实上，Bt 蛋白在人体消化道的强酸性环境中与其他食物蛋白的归宿完全一样，即被消化成氨基酸吸收。另外一个事实是，为了照顾普通民众的接受心理，现在准备局部商业化的是第三代转基因品种，而第三代转基因已经运用了组织特异性表达技术，Bt 蛋白只在茎叶部位表达，人食用的胚乳（米）部位不表达，所以即使是担心 Bt 蛋白有害的人也可以放心食用。更新的转基因培育品种不仅没有 Bt 蛋白，甚至连转入的 DNA 也可以用"外源基因去除"技术按时切除，因而所谓的"毒蛋白"担忧在技术上根本不再是问题。

今后的转基因作物在产量、品质的提升上将会取得常规育种所不能取得的效果，甚至在功能性转基因产品（如预防贫血的富铁米、预防癌症的富硒米）开发方面发挥巨大的作用。但是，反转基因者完全不顾或者故意忽略这些事实，目光短浅，看不到转基因造福国人的诱人前景，将转基因产品等同于 Bt 蛋白，不遗余力地鼓吹 Bt 蛋白对人体有害，结果在普通民众中让相当一部分人对转基因产生了不必要的畏惧。

扯虎皮拉大旗

"公车上书"时拉上一帮对转基因知识与普通民众一样严重缺乏的文科"名人"虚张声势，将毫无理性的反转基因声势推向极致。

为达目的，不择手段。

反转基因的人中既有素质高的、名气大的，当然也有素质低的。少数人在反转基因过程中为达目的，不择手段，大耍流氓手段，不顾事实对潜心于转基因研究的科学家的

人品进行恶意中伤，网上甚至还出现了做掉张启发院士的恐吓信。其手段何其毒辣！其用心何其险恶！

近来国内掀起的反转基因浪潮运用了多种策略和手段，高级的、低级的、文明的、流氓的，各种各样，应尽应有。种种迹象表明，"绿色和平"组织带着明显的政治偏见参与了这场反转基因运动中，这是一场精心组织、别有用心的阴谋，让人不得不怀疑其目的就是要阻止中国在转基因主粮的商业化进度上赶超孟山都之类的国际巨头，企图通过这场反转基因运动，让中国在现代生物技术育种领域错失赶上和超越欧美的历史良机。试问，到底是谁在充当汉奸的角色？！

化学农药与转基因杀虫蛋白的比较 ①

李飞 ②　　林克剑 ③

【内容提要】化学农药几乎都是作用于神经系统中的某个蛋白或基因，而能够作用于害虫神经系统的化学农药，也能够作用于人的神经系统。Bt 杀虫蛋白主要作用于害虫的消化系统，而人与害虫的消化系统却大不相同。

在谈论转基因水稻时，被问及最多的一个问题是："杀虫蛋白能杀虫，难道就不会对人体有毒害吗？"这个问题的由来可能与人们对化学农药的认识有关——因为农药能够杀虫，所以也可以使人中毒。已经有许多专家通过阐明杀虫蛋白的作用机理来解释其为何对人体是安全的，在这里我们想直接通过比较化学农药与杀虫蛋白的差异来分析"农药有毒，但为何说转基因水稻是安全的"。

从本质上来说，化学农药主要是有机分子进入害虫体内后，与某种重要蛋白相结合，从而影响这种蛋白在害虫体内的正常功能。如果这种蛋白是害虫生存必需的，那么就可以达到杀死害虫的目的。

杀虫蛋白（如 Bt 蛋白）本身就是一种蛋白质，其进入害虫体内，通过与害虫体内的另一种重要蛋白发生作用，影响蛋白的功能，从而影响害虫的发育，达到杀死害虫的目的。

无论是化学农药还是杀虫蛋白，对于害虫而言，都是毒药。为何科学家一再声称，杀虫蛋白对人体无害呢？这要从生物的器官系统说起。

生理学的基本知识告诉我们，人体共有八大系统：运动系统、神经系统、内分泌系统、循环系统、呼吸系统、消化系统、泌尿系统、生殖系统。害虫作为生命体，也有上述八大系统。

如果想要快速杀死一种生物，最好的毒剂应该作用于哪种系统呢？人们几乎可以不假思索就能给出答案：神经系统。的确如此，目前大规模使用的化学农药的作用靶标几乎都是神经系统中的某个重要蛋白或基因。

比如，氨基甲酸酯和有机磷类杀虫剂，主要是攻击神经系统的乙酰胆碱酯酶。2008年的日本毒饺子事件的罪魁祸首甲胺磷就是这类杀虫剂。乙酰胆碱酯酶负责清除突触间隙中的重要化学递质乙酰胆碱。如果乙酰胆碱酯酶被抑制，则可能导致生物在接受外界刺激时过度兴奋而导致死亡。有意思的是，乙酰胆碱酯酶的弱抑制剂"他克林"在临床

---

① 原载于《百名专家谈转基因》，中国农业出版社，2011 年 9 月，原标题为"农药有毒，为何说转基因水稻是安全的"。
② 李飞，浙江大学农业与生物技术学院昆虫科学研究所求是特聘教授，博士生导师，中国昆虫学会生理生化委员会委员。
③ 林克剑，新疆农垦科学院植物保护研究所所长，中国植物保护学会青年工作委员会副主席。

上用于治疗阿尔茨海默症，可以提高人的学习和认知能力。

菊酯类农药主要作用于神经系统中的钠离子通道，这类杀虫剂可能是人类直接接触最多的，因为夏天在超市中大量销售的灭蚊剂的主要成分就是菊酯类农药。烟碱类杀虫剂的作用靶标是神经系统的乙酰胆碱受体。著名的 DDT 属于有机氯类农药，其作用靶标也是神经系统中的钠离子通道。DDT 最大的问题在于其过于稳定，在环境中不容易被降解，而且可以通过食物链在不同的生物体内富集，干扰人体内分泌系统，也有生殖毒性和遗传毒性。

综上所述，因杀虫效果明显而占据大量市场份额的化学农药主要作用于神经系统的重要蛋白或基因，包括乙酰胆碱受体、乙酰胆碱酯酶和钠离子通道等。不幸的是，这些神经系统的基因在人、小鼠、昆虫等不同物种中的保守性很强。也就是说，虽然哺乳动物和昆虫的外形差异很大，神经系统的结构也大不相同，但神经信号传统机制基本上是相似的。因此，能够作用于害虫神经系统的化学农药，也能够作用于人和其他生物的神经系统。这就是农药杀虫，也能使人中毒的原因。

那为什么说转 Bt 基因的水稻不会呢？因为 Bt 杀虫蛋白来源于一种叫苏云金芽孢杆菌（Bt）的细菌，其主要作用于害虫的消化系统。相对来说，消化系统具有更大的分化度。因为不同的生物，取食的习惯明显不同，进而导致中肠的环境大不相同。比如，人的胃肠环境是酸性的，而害虫的中肠④环境是碱性的。众所周知，Bt 杀虫蛋白需要碱性环境（pH 值为 10 左右最佳）才能被加工成具有杀虫活性的晶体蛋白。另外，蛋白在环境中很容易被破坏变性，尤其是经不起紫外线的照射，不像农药化学分子那样稳定。这就大大地提高了 Bt 杀虫蛋白的环境安全性。

简而言之，化学农药主要作用于神经系统中保守的重要基因，因此既能杀虫也能使人中毒。而 Bt 杀虫蛋白作用于分化度较大的消化系统，因此只能杀虫，而对人体无毒。反对转基因的人经常问的一个问题，"既然能够杀虫为什么不能杀人？"道理就是这么简单。

也有人曾强调 Bt 杀虫蛋白可能是一种潜在的过敏源。事实上，任何一种外来物质都可能是过敏源，有人吃花生酱也过敏，甚至危及生命安全。科学家们将 Bt 蛋白的氨基酸序列与已知过敏源的氨基酸序列进行比对，毫无同源性可言，而且从 Bt 蛋白 70 多年的应用历史来看，也未曾有过其导致人体过敏的记录和报告。或许可以这样说，相对于人而言，来源于苏云金芽孢杆菌的 Bt 蛋白的安全性要远高于化学农药。

需要注意的是，这种产生 Bt 蛋白的细菌最早是从面粉厂发现的，如果这种杀虫蛋白能够杀死人，那么人类早就被这种细菌消灭了。

---

④ 中肠也称主肠，在胚胎学上为起源于内胚层的消化管的一部分，向前经前肠至口，向后经后肠达至肛门。——编者注

谈谈美国的转基因玉米 [①]

 王大元 [②]

【内容提要】美国的非转基因玉米与转基因玉米混种、混收、混加工、混出口；所谓的 Bt "毒蛋白"在美国已经不归类为农药范畴，没有残留量指标，任何食品和饮用水中的 Bt 蛋白含量均无需监测，不仅不是毒蛋白，而且属于食品蛋白范畴。

美国所有玉米食品（除了甜玉米外，下同）全部含有转基因成分，因为法律规定 10% 的非转基因玉米必须与转基因玉米混种，其结果就是非转基因玉米与转基因玉米混种、混收、混加工、混出口。

美国现在种植的 10% 非转基因玉米是法律规定的

美国转基因玉米栽种面积占玉米总面积的 90%，剩下的 10% 是非转基因玉米。转 Bt 基因的玉米能杀死鳞翅目和鞘翅目的害虫，但也存在少量存活下来的害虫，经过几代繁殖后，可能产生抗 Bt 蛋白的抗性害虫。为了解决害虫产生抗药性这个问题，美国国家环境保护局（EPA）制定了一个必须种 10% 的非转基因玉米的法规，称之为"庇护所（Refuge）法规"，其要点是：

所有出售转 Bt 基因玉米的公司（美国玉米种子的销售单位是按袋来计量，每袋可以种植 1 英亩农田），在销售转 Bt 基因玉米时，必须在销售袋里附有 10% 的非转基因玉米的小口袋。农民购买种子时要签合同，同意按规定栽种 10% 的庇护所玉米（非转基因玉米），其目的是让非转基因玉米成为害虫的庇护所，绝大部分的害虫在转 Bt 基因的玉米上被杀死后，还有 10% 的害虫在非转基因玉米上没有死，保证了没有抗性的害虫群体占统治数量。即使在转基因玉米地里有少量存活的抗性害虫，与占统治数量的非抗性害虫交配后也被稀释得没有了。[③]

若果农民不按合同规定种植庇护所玉米，一次，会接到种子公司发出的警告书；二次，会被种子公司取消三年购买转基因玉米种子的权利。

---

① 原文发表于《生命世界》杂志，2014 年 8 月，有删节。

② 王大元，曾任中国水稻所生物工程系第一任系主任、中国农业科学院第二届学术委员会委员、洛克菲勒基金会中国水稻生物工程项目首任首席科学家、项目负责人、国际水稻遗传工程学会常务理事。

③ 有专家修订如下：关于庇护所玉米的种植要求根据品种不同有 5%、10%、20%，并非都是 10%。若是非抗虫转基因玉米，例如抗除草剂转基因玉米，其种植就不一定需要种植非转基因玉米。——编者注

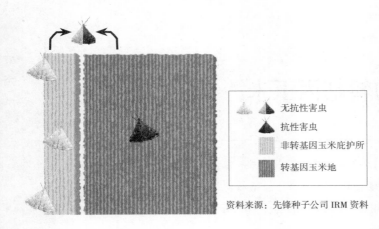

无抗性害虫

抗性害虫

非转基因玉米庇护所

转基因玉米地

资料来源：先锋种子公司 IRM 资料

◎ 庇护所消除抗性害虫
产生的原理示意图

如果 EPA 发现很多农民都不遵守"庇护所法规"，就会吊销销售该转基因玉米种子的生产销售证书。

庇护所的安排布局有多种，取决于害虫的种类。转基因玉米与非转基因玉米混栽的排列，在机械化程度很高的美国无法分开收获，所以送到加工厂去做食品和饲料的玉米，全是转基因和非转基因混在一起的。

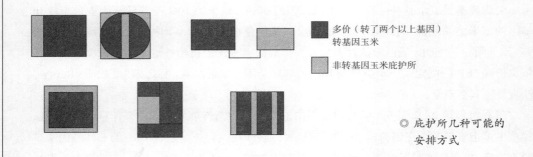

多价（转了两个以上基因）
转基因玉米

非转基因玉米庇护所

◎ 庇护所几种可能的
安排方式

美国所有玉米食品基本上都含有转基因成分

由前述美国转基因玉米与非转基因玉米混栽的"庇护所法规"措施可以知道，美国这 10% 的非转基因玉米是与 90% 的转基因玉米一起收获后，混在一起，送到各个不同加工点，混杂在一起加工成食品或饲料的。可以说美国的所有玉米食品都至少含有 90% 的转基因玉米成分，这些食品包括玉米淀粉、玉米糖浆、玉米饮料、各种玉米谷片、饮用玉米酒类、食用玉米油等等。那些说美国的玉米食品是用 10% 的非转基因玉米生产的，是没有根据的。关于美国转基因玉米混栽、混收、混加工和混出口，我还有几个根据。

EPA 测定了市场上销售的各种玉米食品——包括湿磨玉米产品、干磨玉米食品、玉

玉米渣

玉米片

玉米淀粉

玉米粉

◎ 美国超市中买到的玉米食
品均含有 Bt 蛋白成分

米面、玉米蛋卷、玉米粉，结果是基本都有 Bt 蛋白。唯一检测不出转基因成分的是玉米油。

2012 年 6 月，我向美国农业部（USDA）经济研究局（ERS）等部门发函索要美国转基因与非转基因作物出口的统计数字，USDA 的一个官员给我的回信说，美国出口的玉米是不区分转基因和非转基因的。实际上就是转基因和非转基因混在一起出口。

日本从美国进口的玉米绝大多数都是转基因与非转基因混在一起，日本称之为 GMO-not-Segregate，这类玉米基本上是不标识的。个别日本食品公司如 Zen-Noh，为了表明它的食品是非转基因的，与杜邦先锋种子公司签订了每年供应 50 万吨非转基因玉米的五年供货合同。

此外，美国最大的食品供应公司通用磨坊（General Mills），一年前声称其主要产品之一 Cheerios（燕麦食品），是没有转基因成分的，但后来发现其花了上千万美元购置的新设备也还是回避不了转基因玉米和甜味剂。

总之，现在美国生产的所有食品，只要含玉米，全有转基因成分。除非跟玉米生产公司签订长期供货合同，到一个偏远的隔离地区去种植非转基因玉米，用专用的交通工具运输，在加工厂用专用的加工生产线生产，否则没有人敢标识自己是非转基因的（如果被查出含有转基因成分，就是欺骗消费者）。

Bt 蛋白的毒性

转 Bt 基因玉米的安全性主要集中在其表达的 Bt 蛋白的毒性上，真的是"虫吃了都要死，人吃了还不死吗？"过去的回应是 Bt 蛋白经高温变性后失活没有毒，pH 值为 2 的胃酸 15 秒就可以分解 Bt 蛋白，加上哺乳类动物肠道没有 Bt 蛋白受体，所以吃转 Bt 基因的玉米是安全的。但普通人不容易理解的是什么叫变性，什么叫受体结合，本文从科学试验的结果来说明 Bt 蛋白就是蛋白，对人毫无毒性，甚至可以作为饮用水和饮料来补充氨基酸营养。

Bt 蛋白的毒性检查测定：EPA 对所有批准的转基因玉米都做了急性毒性试验检测，给小鼠一次性喂食高剂量的纯 Bt 蛋白，其结果换算成一个 50 千克的人，是一次性吃下43478 千克转 Bt 基因玉米，也不会有毒性。

Bt 蛋白已经被农药监管人员从监管的农药名录中撤销。美国国家环境保护局 2014 年年初发文公告，Bt 蛋白没有残留量的上限指标，在食品和饲料中，已经不再需要做残留量分析。意思就是说"毒蛋白"Bt，不仅不是低毒农药，而且不是农药了。FDA 已经把转 Bt 基因的作物视作与原来作为食品的非转基因玉米等同，所以现在在美国，Bt 蛋白实际上就是一种蛋白类的食品或饲料，在饮用水中也不测定 Bt 蛋白的含量了。与抗草甘膦除草剂的转基因大豆相比，草甘膦虽然是低毒农药，但仍然有残留量指标，需要测定其最大允许的残留量。在大豆等油料作物中，草甘膦的最高残留量是每千克食品 40 毫克。

我国现在大量进口玉米用于食品加工和饲料，2015 年就从美国进口玉米 46 万吨（这些玉米均为转基因玉米），但对转 Bt 基因玉米却一直不予批准种植，这是不合理的。

美国第一代转基因玉米和转基因大豆的专利已过期

美国第一代的转基因玉米和大豆的专利保护期已经到期，任何人现在都可以合法随意栽种。

根据孟山都 2013 年的年报，孟山都第一代转基因大豆 Roundup Ready 的专利保护已经到期，美国市场的专利保护 2014 年到期。孟山都第一代转基因玉米 Yield Guard 的专利保护已经到期，美国市场的专利保护 2014 年到期。孟山都的 2013 年年报还提到，他们目前的主要战略是推广多价的转基因玉米，并已在巴西、阿根廷、印度等国获得成功。

单价转基因玉米也是我国在世界转基因玉米种业中占领一席的唯一机会了。因为只要我们发现了一个优良农艺性状的基因，转入专利期已经过了的单价转 Bt 基因玉米之后，我们的新优良农艺性状的基因就有了专利保护，而且可以跟孟山都的多价转基因玉米做专利相互授权使用的交易。

根据这一信息，我们现在可以直接把美国的转基因玉米和大豆的基因在国内做杂交转换，找到我国区域适栽的品种。我国现在市场上销售的西药，基本上都是美欧等国专利已经过期的药，专业用语称之为 Generic Drug（专利过期药）。本人建议在现阶段两条腿走路（仿制与创新），在转基因作物和食品上，我用"Generic GMO"这个概念，开发我们的转基因作物和食品。

这一点，"墨西哥小麦玉米研究中心"（CYMMYT）已经在做了。比尔·盖茨与墨西哥电信大亨卡洛斯·斯利姆共同捐款 2500 万美元给 CYMMYT 开发转基因玉米，在谈到专利问题时，比尔·盖茨说道，可以先把专利快要过期的玉米开发出来。

除美国外，全世界只有中国拥有自主知识产权的转基因棉花，中国曾经在转基因作物研发行业是世界第二强国，但现在只能使用人家已经过期的专利，也是不得已而为之的。转 Bt 基因的玉米和大豆在未来新开发的转基因作物中保存下去是必然的，因为新开发的转基因性状（如抗旱、抗寒、改善品质等）都需要保持 Bt 的这种抗虫性。Bt 基因引入的作物会保存相当长的时期，这是一个不可改变的事实。

转基因食品安全有共识 ①

 林敏②

【内容提要】转基因技术与传统杂交方法本质相同，它是一种中性技术，安全不安全关键在于转什么基因。采用转基因技术可以培育出比非转基因品种更为安全的作物品种。

人类社会的发展，特别是人类的生存与健康，都离不开科技进步。在史前文明的渔猎采集阶段，每 500 公顷土地只能养活 2 人；在原始农业的刀耕火种阶段，可养活 50 人，当时世界人口以几百万计；在农耕文明的种植养殖阶段，能养活约 1000 人，当时的世界人口以千万计；在工业文明的集约经营的现代农业阶段，每 500 公顷土地能养活的人数则猛增至 5000 人。2011 年全球人口达到 70 亿，预计 2050 年将达到 100 亿。从古至今，农业发展就是人类不断改造自然条件、赢得生存空间的过程。片面追求所谓的有机农业，除非回到原始农业甚至史前文明时代。

从 20 世纪中叶起，医药生物技术、农业生物技术、工业生物技术的应用相继掀起第一次、第二次和第三次生物产业发展浪潮，成为人类认识自然、改造自然、保护自然的最有效的技术手段。转基因技术是现代农业生物技术的核心技术，在迅猛发展的同时，却饱受争议。这是为什么？

关于转基因技术及其产品，有三句话特别传神，一是"转基因技术是人类有史以来发展最快的技术"，二是"目前批准上市的转基因食品是人类有史以来研究最透彻、管理最严格的食品"，三是"转基因技术及其产业化在激烈争论中快速发展"，这三句话真实反映了转基因技术及其产业化发展的历程与现状。

什么是转基因？

基因是控制生物体性状的遗传物质。转基因就是利用 DNA 重组技术，将外源基因转移到受体生物中，使之产生定向、稳定遗传的改变，即获得新的性状。

自然界中，有一种原核微生物叫根瘤农杆菌（*Agrobacterium tumefaciens*），它是天生的转基因高手，能将细菌基因转入高等植物中，形成冠瘿瘤。科学家以根瘤农杆菌为师，

---

① 原文发表于《中国科学报》，2013 年 7 月 15 日，原标题为"转基因热点争议问题及应对策略"。
② 林敏，中国农业科学院生物技术研究所所长、研究员，国家农业转基因生物安全委员会委员。

通过偷梁换柱的策略，将外源基因插入经改造的 T–DNA（转运 DNA）区，借助农杆菌的感染实现外源基因向植物细胞的转移。因此，转基因现象在自然界中普遍存在，转基因并不违背自然规律。

转基因技术与传统杂交方法本质相同，都是在原有品种基础上对受体生物进行遗传改造。转基因技术是传统育种方法的重要补充，同时，转基因技术能解决常规技术不能解决的农业生产问题，引领现代农业发展方向。

转基因有成功范例，如转基因抗虫棉育种——不止拯救了棉农，同时减少了中国棉花的进口依赖。

传统杂交育种技术也是一种广义上的转基因技术，安全不安全的关键在于选择什么性状。采用传统杂交技术也可以培养出有毒或有害品种。1967 年，美国科学家希望利用杂交技术培养一种含水量较少的土豆品种，结果培育出了有毒生物碱含量高的品种。

转基因技术是一种中性技术，安全不安全关键在于转什么基因。采用转基因技术可以培育出比非转基因品种更为安全的作物品种，如转基因抗虫玉米可以减少害虫对玉米的侵害，因而减少玉米感染真菌的机会，在存贮过程中不会像非转基因玉米一样受真菌引起的毒枝菌素污染。

转基因安全的共识

"转基因食品的安全性还没有定论"是媒体上常见的说法，但是这种说法是错误的。世界卫生组织以及联合国粮食及农业组织认为，凡是通过安全评价上市的转基因食品，与传统食品一样安全。这是国际共识。

世界卫生组织在《关于转基因食品的常见问题》[③]中表示："目前在国际市场上可获得的转基因食品已通过安全性评估并且可能不会对人类健康产生危险。此外，在此类食品获得批准的国家普通大众对这些食品的消费未显示对人类健康的影响。"还有联合国粮食及农业组织在《粮食及农业状况 2003—2004》报告中明确指出：转基因食品是安全的也是合法的，而且迄今为止，在世界各地尚未发现可验证的，因使用由转基因作物加工的食品而导致中毒或有损营养的情况。数以百万计的人食用了转基因作物加工得来的食品——主要是玉米、大豆和油菜籽——但未发现任何不良反应。

关于抗虫转基因水稻的安全性，也有媒体这样问："虫不能吃，人能吃吗？"这是典型的不问科学问害虫！转基因食品的安全性问题，谁说了算？不是隔壁的王大妈，也不是站在道德制高点夸夸其谈的学者，更不是农业害虫。在转基因食品安全这样大是大非的问题上，科学实验说了算，国家权威机构说了算。

此外，世界上有许多国家批准进口和种植转基因作物，这个事实也从侧面证实了转

③　见 http://www.who.int/foodsafety/areas_work/food-technology/faq-genetically-modified-food/zh/

基因作物的安全性：全球共计有 59 个国家批准进口转基因作物用于食物和饲料以及释放到环境中；全世界 75% 的人口居住在已经批准种植或进口转基因作物的国家中。排名前 11 位的是美国、日本、加拿大、墨西哥、澳大利亚、韩国、菲律宾、新西兰、欧盟和中国。在大多数国家获得监管机构批准的作物种类是耐除草剂大豆，有 23 个国家批准；耐除草剂玉米和抗虫玉米，分别有 20 个国家批准；抗虫棉在全世界范围有 16 个国家批准。

2011 年全球转基因作物的商业种植面积、引进作物种植面积达 3.755 亿英亩，比 2010 年增加了 9.2%。例如：全球转基因种子市场增长——2011 年传统开发的种子市场估计实现 4.8% 的增长率，而转基因种子市场估计实现 21.9% 的增长率，达到 156.85 亿美元，即种子市场总量的 45.5%。

关于一些热点话题的讨论，如"欧洲对转基因食品零容忍"，实际上是欧洲食品安全局根据 2010 年种植季的数据判定，孟山都玉米品种 MON810 对人体健康和环境无害。而且那些数据还表明，欧洲许多国家都是进口大国。再比如"非洲饿死不吃转基因"，但在 2010 年，南非、布基纳法索、埃及等国家就在种植转基因作物，2015 年则达到 10 个（南非、布基纳法索、埃及、马里、多哥、尼日利亚、肯尼亚、乌干达、坦桑尼亚、马拉维）。还有"美国人不吃转基因食品"，实则为转基因食品在美国不用标识，美国对转基因食品接受度很高甚至还否决标识提案。

再谈谈关于转基因食品的强制标识。全球对转基因产品进行标识管理的国家和地区有：欧盟及澳大利亚、新西兰、巴西、中国、日本、俄罗斯、韩国、瑞士、美国、捷克、以色列、马来西亚、沙特阿拉伯、马来西亚、泰国和我国台湾地区。美国、加拿大、阿根廷以及中国香港特区采用自愿标识，其他国家和地区大多采用强制标识。欧盟 1990 年颁布的转基因生物管理法规，确立了转基因食品标识管理框架。1997 年颁布《新食品管理条例》，要求对所有转基因产品进行强制性标识管理，设立标识的最低限量为 1%，即当食品中转基因含量达到 1% 时，必须进行标识。2002 年，欧盟对其转基因标识管理政策进行修改，将标识的最低限量降低到 0.9%。

总之，转基因技术与传统技术一脉相承，本质上都是通过基因转移获得优良品种，但转基因技术可以打破物种界限，实现更为精准、快速、可控的基因重组和转移，提高育种效率，引领现代农业发展新方向。因而，转基因技术在抗病虫、抗逆、高产、优质等性状改良方面具有不可替代的作用，同时在缓解资源约束、保障粮食安全、保护生态环境、拓展农业功能等方面应用前景广阔。

转基因食品为什么需要安全管理？

先来看几个概念。风险评估（安全评价）：以科学为依据，对特定时期内因危害暴露而产生潜在不良影响的特征描述。风险管理：与各个利益方磋商过程中权衡立法和政策方案的过程。风险交流：利益相关方就风险相关因素和风险认知等方面的信息互动式交流的过程，内容包括风险评估结果、风险管理决定的依据。

所以我们讲，潜在风险不等于现实危害。

转基因安全监控有科学问题、技术问题，也有国家利益问题。原则有预防原则、科学透明原则、熟悉原则、分析段原则、个案分析原则、实质等同性原则和利益平衡原则等。管理模式分为美国模式、欧洲模式和中国模式。标识制度分为自愿标识、强制标识。中国采取定性标识（所有转基因食品均要标识），欧盟为定量标识，即转基因成分超过 0.9% 以上的食品需要标识）。为什么 0.9% 以上要标识，难道低于 0.9% 就安全吗？显然不是。0.9% 以上要标识与安全没有什么关系，完全是检测技术问题。总之，所有转基因食品标识制度与转基因食品的安全性无关，只是为了适应大家的消费心理。

中国为什么发展转基因技术？

在转基因这样的战略高技术领域，不发展就会落后，落后就要挨打。首先，这是国家重大需求：用占世界耕地面积 7% 的耕地养活 13 亿人。到 2030 年，我国人口将达到 16 亿，届时，全国年需粮食存在着巨大的缺口。另外南咸、北碱、东西部寒冷，半壁江山干旱的实情迫切需要转基因技术培育新品种保障我国粮食安全。

作为国家战略，2006 年转基因生物新品种培育重大专项列入《国家中长期科学和技术发展规划纲要（2006—2020 年）》。2008 年 7 月，国务院批准启动转基因生物新品种培育重大专项。2009 年 6 月，国务院发布《促进生物产业加快发展的若干政策》，提出"加快把生物产业培育成为高技术领域的支柱产业和国家的战略性新兴产业"。2010 年中央"一号文件"提出，"继续实施转基因生物新品种培育科技重大专项，抓紧开发具有重要应用价值和自主知识产权的功能基因和生物新品种，在科学评估、依法管理基础上，推进转基因新品种产业化"。

除了国家的需求，我们还需具备自主研发能力——我国已建成独立的转基因研发体系。例如，转基因棉花大规模产业化，具备参与国际竞争的能力。转基因水稻达到国际先进水平，产业化条件成熟。转植酸酶基因玉米达到国际领先水平，产业化条件成熟。转基因大豆、小麦和油菜亟待技术突破。

我国建立了转基因安全评价与管理的安全保障体系：一是建立健全法律法规，二是加强技术体系建设，三是科学规范开展安全评价，四是强化行政监督管理。

转基因安全之争的实质是什么？

1996 年，全球转基因品种开始进入产业化发展阶段后不久，国外媒体就爆出"马铃薯试验大鼠中毒""帝王斑蝶死亡""墨西哥玉米基因混杂"等一连串所谓的"转基因事件"，中国也先后出现过"先玉 335 玉米致老鼠减少、母猪流产""广西大学生精子活力下降"等虚假报道。这些所谓事件或虚假报道由于缺乏科学依据，最终被科学界和有关国家生物安全管理机构一一否定。

2009 年我国批准转基因水稻和玉米生产应用的安全证书，受到国内外广泛的关注，也引起了一场转基因水稻是否安全的大辩论。社会上确有妖魔化转基因的言论，归纳起来有三个特点。一是危言耸听：标题使用恐怖性的字眼，如广西抽检男生一半精液异常，传言是食用了转基因玉米的结果；山西吉林等地大老鼠绝迹，母猪流产，疑与转基因玉米有关；转基因大豆油致癌等。二是无中生有：毫无根据地把当今世界上发生的食品安全事件与转基因结合在一起，其理由仅仅是这些事件与转基因同时发生和存在。黑龙江省大豆协会负责人在无任何流行病学调查依据的情况下，凭"自身在粮食行业的工作经历"，将肿瘤高发原因与食用转基因大豆油联系在一起，就是一个典型。三是肇事逃逸：近几年来，反转基因的虚假报道基本上都是采取"反转基因肇事逃逸策略"，即把一个公众关注的事件与转基因联系，发表一篇极不负责任的报道，危言耸听引起公众恐慌后，就逃之夭夭，再无下文。

很多媒体常常问这样一个问题：目前批准上市的转基因食品为什么不进行人体试验？转基因食品的安全性不进行人体试验，遵循的是国际共识。国际食品法典和我国相关安全性评价指南认为，目前批准上市的转基因产品是食品，不是药品，现有的动物试验可以回答转基因产品的食用安全性问题。美国食品药品管理局（FDA）多次强调，转基因食品与常规食品实质等同，并无必要进行临床实验。对此我个人观点是，人吃五谷杂粮，就有生老病死。你不能要求自愿者只吃转基因水稻而什么食品也不吃吧，如果既吃转基因水稻，又吃其他食品，就算有负面结果，如何判定是转基因食品还是其他食品造成的？人体试验个体差异非常大，如果只吃非转基因水稻的对照组中有自愿者得了癌症，是否也证明传统水稻致癌？而采用动物试验进行转基因食品安全性评价，可以保证试验个体和试验条件一致，试验结论科学可靠。这就是为什么目前批准上市的转基因食品只做动物试验不做人体试验的原因，这也是全球科学界的共识。

转基因安全之争原因错综复杂，其中包括文化背景，如人与自然之间的关系等，新兴行业与传统行业之间的商业利益冲突，国际贸易中农产品出口国与进口国之间的矛盾，穷国富国极为复杂的关系，以及媒体舆论不可忽视的影响，加之政治家在民众支持率和国家利益间选择的政治背景。转基因安全争论的实质是贸易之争。

但是，转基因安全归根到底还是一个科学问题，即使是在转基因问题上最为保守的欧盟官方机构——欧洲食品安全局（EFSA），在历次评估报告中都指出："没有任何证据表明已经批准上市的转基因作物相比于常规作物会给人类健康和环境带来更多潜在和现实的风险。"

从美国转基因大豆流向看其安全性 [1]

 王大元

【内容提要】转基因食品的安全性，已经过了近 20 年验证，几十亿人吃了两代、数以万亿计的动物吃了超过 20 代，没有出现一例安全问题。

美国转基因大豆的栽培面积已经达到大豆总栽培面积的 91%，美国国内每年食用大豆油及其制品 655 万吨，如果把它乘以 91%，基本上就是美国国内作为食用的转基因大豆数量，即 587 万吨。美国人口为 3 亿，所以美国平均每人每年吃转基因大豆食品为 19.6 千克。

中国近年来每年进口超过 5000 万吨转基因大豆 [2]，出油率为 19%，即可生产大豆油及各类食品 950 万吨，假定中国人把这 950 万吨转基因大豆油及食品全部吃下去，那么平均每个中国人吃的转基因大豆油及各类食品的数量是 7.0 千克。换句话说，美国人平均吃转基因大豆的数量是中国人吃的 2.8 倍。

美国人吃转基因大豆安全吗？

从 1996 年开始，美国至少有上亿人吃转基因大豆 15 年 [3]。不仅如此，如果第二代从 3 岁开始吃，也至少吃了 16 年，这么一个大规模的人体试验做了 16 年，对象为二代人，这是任何一个新药开发的安全试验所无法做到的。对一个新药的安全实验来说，Ⅰ期、Ⅱ期、Ⅲ期三个临床试验所用的病人也就 500～3000 人左右，而且只做 3～5 年，也不做第二代的人体试验，还允许有轻微的不良反应。转基因大豆做了 16 年上亿人次、二代的人体试验，迄今还没有一例因副作用而引起的法律诉讼。这就是转基因大豆是否安全的现实和事实。

转基因大豆饲料（豆饼等）对动物安全吗？

豆饼在美国主要用作家禽和家畜饲料中的蛋白成分的供应，2008/09 年美国大豆饲料豆饼是 3075 万吨，这些豆饼全是来自转基因大豆，而且含有转基因大豆的所有蛋白（即转进去的抗除草剂基因所表达的蛋白基本都在这里）。

---

[1] 原文发表于《生命世界》杂志，2011 年 7 月，原标题为"转基因大豆产业化 15 年看转基因大豆食品安全性"，有删节。
[2] 2015 年中国进口超过 7000 万吨转基因大豆。——编者注
[3] 截至 2015 年已经有 19 年。——编者注

过去 15 年有多少头牛、猪、鸡吃了转基因大豆豆饼我想没人说得清楚了，我仅用 2011 年 1 月份美国数据来说明：该月美国共屠宰了 9.5 万头肉用牛、1160 万只鸡和 1880 万只火鸡。在过去 15 年，美国的家畜和家禽有多少被屠宰了就应该是一个天文数字。就是这么大的家畜家禽群体，15 年来如此大量进食转基因大豆豆饼而繁衍至今，家禽的后代起码有 20 代了，美国的家畜家禽仍然是好好的，从来没有什么"免疫力下降""失去生殖能力"的说法。

转基因大豆对环境有重大不良影响吗？

根据美国转基因大豆栽种 15 年的实践来看，现在还没有看到导入抗除草剂基因的转基因大豆对其他生物物种产生明显的不利影响。这是一个很有启发性的结果，因为在玉米和棉花上导入的主要外源基因之一也是抗除草剂基因的转基因。

欧洲对转基因作物的零容忍政策是什么？

欧洲对转基因作物的零容忍政策指的是几乎不许种植转基因作物，但对转基因食品的政策要宽松得多，只要经过欧洲食品安全委员会评估是安全并发给允许进口证书的话，就可以在欧洲作为食品和食品添加剂使用。共有来自孟山都、拜耳、先锋和巴斯夫 4 个国际种子公司的 15 个转基因大豆在欧洲食品安全委员会做了安全评估试验，其中有 3 个已经获得欧盟批准，可以进口到欧洲做饲料和食品用。至于玉米，则至少有 60 个在向欧洲食品安全局（EFSA）申请做饲料 / 食品或种植，其中有 11 个转基因玉米已经被欧盟批准可以做食品食用，2 个已经被批准可以种植。

欧洲人吃了多少转基因大豆食品？

欧洲每年从巴西、美国和阿根廷进口约 1800 万吨大豆和 2000 万吨大豆豆饼，绝大多数用于动物饲料，但是还有相当数量的大豆用于加工成食用油和无数的食品添加剂。根据此数据，以出油率 19% 来计算，欧洲进口的 1800 万吨大豆可以生产 342 万吨大豆食用油和相关食品，即每个欧洲人每年消费的转基因大豆食品为 4.7 千克，低于中国每人 7.0 千克的年消费量，但欧洲人偏爱食用菜籽油，菜籽油几乎全部是转基因的，所以欧洲人食用的转基因食用油及其制品的量是超过中国的。

中国农业生物育种彷徨在十字路口 ①

 黄大昉 ②

【内容提要】生物育种创新的真正动力来自产业化，不推进产业化也不能真正激发自主创新的活力，不能引导研究工作的不断深入。转基因产业化世界大潮中，独有中国裹足不前。

由于受到国内外所谓"转基因安全"争论的负面影响，中国生物育种产业化进程被迫放缓。中国本是世界上率先发展农业生物育种的国家，近年却落到巴西、阿根廷和印度等发展中国家之后。

在世界范围内，转基因育种正大步向前。全球转基因作物总种植面积在 2012 年达到 1.703 亿公顷（折合 25.55 亿亩，为中国耕地面积的 1.4 倍）。与产业化发展之初的 1996 年相比，17 年间面积增长了 100 倍。而以节水耐旱玉米和富含维生素 A 大米为代表、兼有多种优良性状的新一代转基因作物即将在国外投放市场。

全球生产的 81% 的大豆、81% 的棉花、35% 的玉米、30% 的油菜为转基因品种。目前除 28 个国家批准种植转基因作物外，还有 30 个国家批准进口转基因产品用于食品和饲料加工，相关人口达世界人口 3/4 以上。值得注意的是，巴西 2005 年才开始推进转基因作物发展，到 2012 年其转基因大豆、玉米和棉花种植面积已达到 3660 万公顷（为中国转基因作物种植面积的 10 倍），位居世界第二。其转基因大豆大量出口到中国、欧盟和日本，总额达 165 亿美元之巨。

另一面却是中国的裹足不前。最典型的标志事件是，转基因植酸酶玉米和抗虫水稻获得安全证书已逾 6 年，至今却因品种审定办法迟迟不能出台而无法推广；中国进口转抗除草剂基因大豆、转抗虫基因玉米数量近年快速增长，转基因食品已走进千家万户，对国内自主开发的同类产品却因担心引起"安全"争议而不敢推进；转基因重大专项已获得一批重要成果，却得不到有力支持。

---

① 原文发表于《中国科学院院刊》（中文版），2013 年 7 月。
② 黄大昉，中国农业科学院生物技术研究所研究员，博士生导师。曾任中国农业科学院生物技术研究所所长、农业部农作物分子生物学重点实验室主任、国家重点基础研究发展计划（973 计划）项目首席科学家。历任第九、十、十一届全国政协委员。

农作物生物育种是以转基因技术为核心，融合了分子标记、杂交选育等常规手段的育种技术。需要指出，国内外"转基因安全"争议并非简单的学术之争，而有十分复杂的经济、社会和政治背景。需高度警惕的是，目前社会上确有极少数人趁消费者对专业知识和真实情况缺乏了解而妖魔化转基因技术，反复炒作已为国际科学界严格检验而多次否定的所谓"转基因安全"事件，甚至恶意编造、散布耸人听闻的谣言。上述作为是将技术问题政治化和社会化以干扰政府决策。

国际经济合作与发展组织（OECD）、联合国粮食及农业组织（FAO）和世界卫生组织（WHO）近年都分别做出了"转基因育种与传统育种同样安全"的科学结论。在最为保守的欧盟方面，欧盟食品安全局（IFSA）也表态：没有任何证据表明已经批准上市的转基因作物相比于常规作物会给人类健康和环境带来更多潜在和现实的风险。

生物育种创新的真正动力来自产业化，不推进产业化也不能真正激发自主创新的活力，不能引导研究工作的不断深入。如果陷入"安全"之争而等待观望、裹足不前，中国积多年努力形成的研发优势将得而复失，结果不仅会让技术受制于人，一旦出现危及粮食安全的不测事件，经济社会的发展将会受到严重影响。

在上述前提下，中国需加快推进重大成果产业化，加大重大科技专项实施力度，加强科学传播，为生物育种发展创造良好氛围。

植物小 RNA 进入血液，
惊世发现还是南柯一梦？ ①

 孙滔 ②

【内容提要】南京大学张辰宇的研究受到国际同行后续研究的质疑，而这项研究一直被反转人士当成制胜法宝。实际上，即便这项研究结果真的成立，也不能证明食用转基因食品会在遗传学方面有某种特定的潜在危害，因为转基因食品与普通食品并无本质区别，没有任何理由认为转入的那几个基因进入血液后会迥异于其他几十万个基因而发挥某种特殊作用。

植物小 RNA 究竟有没有可能进入人的血液？这个热点起源于 2011 年南京大学生命科学学院教授张辰宇的研究。

小 RNA 是 19～24 个核苷酸的非编码 RNA，可调控蛋白质表达。2011 年，张辰宇在 2011 年 9 月出版的国内学术期刊《细胞研究》上发表研究称，稻米中的一种含量丰富的植物微小 RNA（MIR168a）在人的血清里大量存在。植物小 RNA（microRNA）可以通过日常饮食进入人体血液和组织器官，且这些小 RNA 可调控人体基因表达。

这个命题绝非小事。如果该研究成立，这就意味着正反两个方面。正面：小 RNA 可以成为药物研发的新方向；反面：小 RNA 调控基因表达带来的潜在危害。

这个研究引起国际科学界热议。一些研究者（包括张辰宇本人）迅速抓住"良机"，开始埋头于中药的小 RNA 是如何发挥"药效"的，而一些媒体迅速将该研究的负面效应放大：如果转基因食品进入人体，会不会以小 RNA 的形式来干扰人的基因表达，从而产生遗传效应呢？

然而疑团仍在。假如植物小 RNA 能够干扰人体基因表达的话，那么人类进食植物果实千万年来，其基因岂不是被攻城略地已经千疮百孔了？我们岂不是每天都在遭受小 RNA 的危害？

中国农业大学食品科学与营养工程学院院长罗云波曾就这个研究作过科学解读："2007 年，昆虫通过摄食摄入小 RNA 就有报道。开放循环系统且具有混合血体腔的昆虫，

---

① 原文发表于"基因农业网"，2014 年 9 月 4 日。
② 孙滔，"基因农业网"编辑，曾任《科学新闻》和《财经》杂志记者。

能检测到通过摄食进入体内的小 RNA 我未觉得很吃惊。但是对于人类，从概率角度而论，两个物种间形成一对 miRNA 与靶位点的一一对应关系，概率大约能有多少？从表观遗传学和系统进化生物学的角度看，这样的概率事件发生之后如何在漫长的进化过程不被湮没？"

中国科学院院士、中国科学院上海生命科学院院长陈晓亚看法谨慎：人比较复杂，而且免疫系统发达，外源的 RNA 就很难（进入人体）。现在还没有很强的证据去说小 RNA 会对人体产生很大的影响，小 RNA 能不能进入生物体内，这个可能性不能排除。这是很新的领域，需要继续研究。

科学问题就要用科学手段来论证，而非仅仅坐而论道。

目前已有两篇论文在反驳张辰宇的研究。2012 年，BMC Genomics 上发表的孟山都公司论文称，其研究结果表明，在动物体内发现的植物小 RNA 可能来源于测序操作中的污染。但由于该研究出自转基因巨头孟山都之手，许多人对此持有异样的看法。随后，2013 年 7 月，RNA Biolog 上发表的一篇论文加深了对张辰宇研究的质疑。

研究来自约翰·霍普金斯医学院的助理教授肯·威特沃（Ken Witwer），他以尾纤猕猴为研究对象进行了类似研究。他给猕猴喂食豆类制品的冰沙，并对猕猴进食前后的血液分别进行植物小 RNA（0、1、4、12 小时）分析后发现，一些植物小 RNA 低水平扩增观察到了，但这个结果高度可变：有时小分子 RNA 在低浓度存在，有时完全没有。也就是说，这些小 RNA 的扩增与预期有出入，不符合植物小 RNA 与饮食摄入量的因果关系。

这个研究显示，张辰宇的研究结果很可能是假阳性，且是技术问题。因为任何植物小 RNA 在血液里的浓度太低而不能直接测量，这些研究均使用称为逆转录 – 聚合酶链反应（RT–PCR）的技术来检测小 RNA 的浓度，即通过扩增一小段基因来检测目标基因的浓度。

更令人奇怪的是，威特沃博士还发现，从猕猴进食冰沙之前的血液样本中也发现了同样的小 RNA，这就让进食冰沙之后的样本结果失去了意义。他推测，这些小 RNA 可能是猕猴自身的基因片段，只是这些片段与植物小 RNA 足够相似，以至于可以进行复制扩增。

威特沃的实验与张辰宇研究实验为何有如此大差异？进一步求证，威特沃使用了微流体液滴数字 PCR 技术（Droplet Digital PCR），这个技术可以使千万个反应同时进行，研究者可以从其中检查这些反应结果是否一致，也就是说，能够判断实验结果是偶然还是必然。结果则是，这些植物小 RNA 的确在血液中不存在。

威特沃博士认为，这个实验还需要更多证据来求证。

不过，与孟山都的研究不同，这项否定张辰宇研究的项目支持来自美国国立研究资源中心（NCRR）、基础研究办公室（ORIP）和美国国家卫生院（NIH）。

妖魔化转基因的罪与罚 ①

 方玄昌 ②

【内容提要】"绿色和平"组织及"地球之友"对转基因技术的妖魔化间接屠杀了数以百万计的儿童和贫困人群，其性质不仅是反科学，还属于反社会、反人类。

2013 年 6 月 27 日，欧洲科学院科学咨询委员会主席、英国皇家学会前副会长布林·西普（Brian Heap）在《自然》杂志发表文章《欧洲反思转基因：欧盟不能再节节败退》，对转基因育种技术在欧洲的发展做了反思式回顾，同时对其未来做了技术解读式展望。

在此之前，6 月 20 日，英国国会议员，环境、食品和农村事务大臣欧文·帕特森（Owen Paterson）在洛桑研究所做了长篇演讲，他在系统阐述转基因技术的安全性及种种益处之后，全面反思过去十几年英国及整个欧洲在转基因领域的保守政策。

更早之前的 2013 年 1 月 3 日，英国著名科普作家、环保人士、曾经是反转运动标志性人物的马克·林纳斯（Mark Lynas），在牛津农业会议上发表了激情演讲，并为其一直以来妖魔化转基因的做法道歉。这被国际上许多媒体看作是英国及欧盟舆论界在针对转基因问题上的一个具有风向标意义的事件。

长久以来，欧洲都是反转派的主战场，因为欧洲多数国家政府的态度均趋于保守；而在欧洲所有国家中，英国更堪称反转阵营的核心——这里不仅有着世界上对转基因态度最顽固的政府，而且是诸多反转谣言的最初发源地。

作为欧洲科学院科学咨询委员会主席及英国环境大臣，由于其身份及职责所在，布林·西普和欧文·帕特森的言论在很大程度上代表着欧盟和英国的官方态度。两位官员的上述言论，以及马克·林纳斯的"倒戈"行动，共同给出了一种强烈的信号，意味着反转阵地中最坚硬的堡垒正在瓦解。

如果我们把欧文·帕特森的演讲视为英国政府有关转基因问题的第一次公开反思，那么，这一行为实际上已经晚来 13 年之久。

早在 2000 年 5 月，牛津大学生物学家理查德·道金斯就曾给查尔斯王子写过公开

---

① 原文发表于"新浪博客"，2013 年 7 月 12 日。

② 方玄昌，资深科学编辑、科普作家，曾供职于《中国新闻周刊》《财经》等媒体，专业从事科学报道十余年，2013 年创办并主编"基因农业网"。

信——《不要拒绝科学》。彼时反转行动刚冒头不久，针对查尔斯王子在一次重要演讲中提到的一些反转言论，以及对于"传统"或者"有机"农业的错误认识，道金斯批评说，对于转基因之类的科学问题，能够引导人们做出正确判断的只能是科学的思考；所有农业生产方式中，纯粹"自然"的农业是对环境与生态破坏最严重的一种，且这种农业事实上已经不存在。③

在这封公开信中，道金斯激烈地批评某些反转、反科学言论："我们当然必须保持开放的头脑，但是不能开放到脑子掉出来的程度。"这句话放到今天来依然适用——若非有"开放到脑子掉出来"的群体，则荒唐如"转基因食品让人三代绝种""食用转基因大豆油致癌""转基因玉米让老鼠绝迹"之类的拙劣谣言怎么可能会有市场？

无论是否相信这些谣言，公众都是这些谣言的直接或间接受害者。欧文·帕特森在演讲中举了黄金大米案例：黄金大米用以改善维生素 A 缺乏症，每年因维 A 缺乏而失明的儿童多达 50 万，其中一半儿童会在失明后一年内死亡。自 1999 年黄金大米研究成功（研究者后来放弃了专利，这一成果成为公益、慈善性质）至今的 15 年间，科学家一直试图向最需要的地区做推广，但所有的努力均被谣言阻挠。期间有超过 700 万儿童失明或死亡。转基因技术可以给人们带来比传统食品更环保、更安全、更健康的食品，反转谣言阻截这些产品面世，无异于间接损害了每一个人的健康。

欧文·帕特森还认为，欧盟还应该反思自己对转基因的态度对发展中国家产生的不利影响——"欧盟的态度似乎表明：转基因技术是危险的；这使得转基因技术在世界上最需要农业创新的地区遇到本不该有的阻力"。欧洲的这种态度对非洲等贫困地区的伤害最大，"此时此刻，这个星球上有十亿人长期处于饥饿状态。我们难道真的要看着他们的眼睛说：'我们拥有成熟技术能帮你们摆脱饥饿，但是这项技术太有争议了，所以实在难办'？"

与无意间对非洲国家造成误导，现在终于开始反思自己行为的欧盟相比，"地球之友"与"绿色和平"组织等所谓环保组织，则可谓罪恶滔天而永不悔改。请看《地球的法则：21世纪地球宣言》一书记述的一个真实故事：2001 年至 2002 年，非洲南部发生严重旱灾，威胁到津巴布韦、赞比亚、莫桑比克、马拉维等 7 个国家超过 1500 万人的生命。联合国世界粮食计划署提供了 1.5 万吨美国玉米作为紧急援助，其中约 1/3 是转基因玉米。然而，在食用美国救助的玉米一段时间之后，赞比亚开始拒绝继续接受这些救济粮，其总统利维·姆瓦纳瓦萨表示："即使我们的人们正在挨饿，也没有理由让我们吃这些有毒的食物。"当时的《洛杉矶时报》报道了拒绝发放转基因玉米之后赞比亚百姓的惨状，一个老年盲人在紧锁的粮食仓库外苦苦哀求："给我们食物吧，我们都快饿死了，顾不了这究竟有没有毒了！"与此同时，生活在农村的赞比亚人正在吃着草根、树皮及一些明确有毒的浆果与坚果。世界卫生组织估计，当时赞比亚一个月中就有 35000 人死于饥荒。

---

③ 纯"自然"农业是对环境与生态破坏最严重的一种，这一观点与多数人的认识刚好相反，但却是一个科学结论。这是因为原始农耕方式效率过于低下，养活当前地球人口将需要数十倍于目前的耕地，地球陆地生态将因此而迅速崩溃。——编者注

这就是反转控们迄今还津津乐道的"非洲人宁可饿死也不吃转基因食品"故事的由来。类似的故事也曾发生在印度。

是什么因素让赞比亚总统做出如此非人道的致命决策？答案在于欧洲的两大所谓"环保组织"——"绿色和平"及"地球之友"，他们通过一系列危言耸听的谣言，成功地让非洲多国对转基因作物产生恐惧；而当时的非洲政府要员又不具备足够的专业知识来做出明智决策。从最终结果看，当年"绿色和平"及"地球之友"的造谣不仅反科学，还属于反社会、反人类行为。

更让人愤慨的是，面对数以万计的无辜死难者、面对自己曾经犯下的反人类罪行，"绿色和平"和"地球之友"迄今没有任何悔罪表现，反而变本加厉，不断编造新的谣言来进一步妖魔化转基因技术，以至于让更多原本应该获益于转基因技术的人们继续生活在谣言阴影之下——欧文·帕特森所说的每年超过 50 万的因维 A 缺乏症而失明及死亡的儿童就是案例之一。

不去追究那些不明真相而跟着起哄的普通公众，这些"有意的"造谣者为什么要不顾他人死活而丧心病狂地妖魔化转基因？在我看来不外乎两个原因：为了宗教式的信仰和为了利益而反转。最初反转者多出于前一种原因，理查德·道金斯在给查尔斯王子的公开信中做了解析与批判。

谁最不愿意看到转基因技术顺利发展？除了那些崇尚"自然"生产和生活方式的教会组织（他们资助了部分反转组织），还有从事传统农产品生产及加工的行业人士，以及农药、化肥及喷洒农药和施用化肥的工具生产商——因为环境友好型转基因技术的发展，将危及这些行业从业者的饭碗。

为自身利益而反转的典型案例，莫过于来自中科院某研究所的一位"首席科学家"。作为国内知名的反转控，顶着科学家头衔的这位人士却同时在兜售自己生产的所谓"有机食品"。可笑的是，这些为个人及集团私利而反转的人士，用来攻击支持转基因的科学家及科普作家的最常见谣言就是，"他们都拿了孟山都的好处"。

与因理念偏差、被舆论误导等原因而持保守政策的英国（及欧洲各国）政府不同，我们永远不要期望因利益驱使而反转的那些造谣者能面对事实作出反思。并且，令人沮丧的是，对于这些造谣者曾经犯下的灭绝人性的罪行，目前看来也无法清算。

但有一点我们可以做到，那就是阻止同样的谣言继续横行——做到这一点，不能只依靠科学与科学传播的力量，我们还应该借助于法律。与十几年前许多国家的政府决策者尚不具备基本专业知识的状况不同，现在畅通的信息已经让各国元首可以很清晰地认识到转基因技术的本质——只要你愿意去了解，这就不是一个十分复杂的问题。今天，包括曾经拒绝美国玉米的津巴布韦在内，埃及、南非、肯尼亚等非洲国家都正在投入开发或已经开发出玉米、土豆、大豆、甜瓜、番茄、棉花等数十个转基因作物品种。在这一前提下，绝大多数国家都已经具备条件，用法律武器捍卫公众的利益，同时还原事实真相及科学的尊严。

透视塞拉利尼的新"成果"①

姜韬②

【内容提要】所有反转实验都不过是在科学共同体已经做过的实验框架内设计和炮制的，方法和思路上更没有任何超越；其实验精度和广度都远远低于已有成果并且有严重缺陷和不可重复。

近日见到反转群体又在网络上炒作塞拉利尼（Gilles Eric Seralini）"修改重发"的一篇表明抗除草剂转基因玉米导致大鼠肿瘤的论文。我大致浏览了一下，发现这篇重新发表的文章毫无新意，统计样本的数量和主要结果依然完全来自上次被撤销的文章；且对关键的缺陷毫无修正和纠正，这对于上次同行科学家的全面批评和否定性结论没有任何影响。

这篇论文发表在《欧洲环境科学》（Environmental Sciences Europe）杂志上，这本杂志比上次撤销他论文的那本《食品与化学品毒理学》（Food and Chemical Toxicology）杂志影响更低。该杂志是 1989 年创刊的德文期刊，后改为英文，没有被 SCI 收录，影响因子不会超过 3，权威生物技术数据库，如 Pubmed 没有收录。

正如我曾经质疑上次发表时和撤稿时的同行评议的严肃性，这次是否经过了严肃严格的同行评议我同样质疑。要知道如果审稿人是严谨的科学家，必然质疑塞拉利尼文章为何不提及已经有定论的草甘膦毒理学研究的结论，任何新的研究都不应无视已有的科学进展和实验结果，这是实验科学家的基本研究规范。

我们还可以结合不久前他发在《环境毒理学与药理学》上的一篇关于草甘膦对大鼠生殖细胞发育是否造成影响的文章，以及上面提及的早先被撤掉的、关于抗草甘膦玉米致癌性研究的那篇文章来讨论这个问题。这类实验，通常规范要求样本量是 50 以上。统计学上 30 以上才可以保证随机抽样后的无偏性，50 是确保抽样的非完全随机的后果也可以尽量被消除。塞拉利尼似乎没有给予认真对待，其实验在样本数量上都是不合要求的。比如，大鼠饮用草甘膦水溶液后导致芳香化酶升高的实验里，对照是 15 只，而实验组是总共 15 只，其中还有要做组织切片的，因此用于芳香化酶定量分析的样本太少。

这篇文章的基本"逻辑"是，草甘膦导致大鼠的睾丸和附睾中的芳香化酶升高，因

---

① 原文发表于"基因农业网"，2014 年 6 月 27 日，原标题为"简评塞拉利尼的新'成果'"。
② 姜韬，中国科学院遗传与发育生物学研究所高级工程师。

此导致雄性／雌性激素转换改变，故而影响到精子的发育。但这项研究的缺陷很多：精子发育是个复杂的生物学过程，激素的调控更是个多通路的促进／拮抗过程。即使实验表明草甘膦会使芳香化酶表达量提高，也不必然表明某对雄性激素和雌性激素的水平有改变，更不表明如此就影响了精子的发育；实验设计和对结果的解释，也有诸多问题：

（1）其实验用草甘膦溶液的浓度是 0.5%。但草甘膦水溶性很好，稍微清洗，作物残留量就会远远低于所谓 0.5% 的水平；

（2）草甘膦如何造成芳香化酶水平提高？既没有任何直接证据表明影响了基因表达调控，也没有体外实验表明草甘膦会直接活化芳香化酶；

（3）芳香化酶水平变化直接导致激素失调缺乏体内生物学证据；

（4）芳香化酶水平升高会导致精子发育出现问题没有其他佐证；

⋯⋯⋯⋯⋯

因此尽管表面看塞拉利尼的实验涉及分子水平，但关键证据缺乏，实质还不过是两个现象之间试图做关联。都是缺乏揭示机制的直接证据，是很弱的结果——实际上，塞拉利尼的研究经费有 320 万欧元，有足够条件可以建立直接测定雄性激素和雌性激素的方法而给出直接结果，同时全面提升其实验室的水平，而不是发表这类低水平的仅仅是草甘膦与大鼠生理变化的关联性的文章。需要提醒大家的是草甘膦是常用的除草剂，转基因作物和非转基因作物都在使用。通过质疑草甘膦毒理学结论来间接反转，真是难为塞拉利尼了。

说实话，我几乎不看这些既无美感更无科学价值的文章，很是浪费时间；之前我已经公开表示过，严肃的科学家不屑反转实验，原因是：

第一，所有反转实验都不过是在科学共同体已经做过的实验框架内设计和炮制的，他们没有能够提出科学界已有成果的不足或缺陷，没有能够否定已有成果（比如草甘膦的毒理学实验的结论），方法和思路上更没有任何超越；

第二，其实验精度和广度都远远低于已有成果并且有严重缺陷和不可重复[3]。要知道，塞拉利尼的文章上次发表，被撤销，再到现在换个杂志重新发表期间，吃转基因饲料成长的小白鼠已经正常的生活超过 10 代了。

第三，所谓"惊人发现"没有一个有下文的——因为没有分子机制的支持，也没能与其他科学成果相互印证，否则我们会看到伟大的成果了；

第四，到目前为止，反转实验都违背实验科学的根本法则：相似的条件应当获得相同的结果。这是由物理学定律的对称性所规定的。反转研究者们是不是应该先提高基本科学素质再设计实验啊。

---

[3]　参见杨晓光研究组的文章：Long-term toxicity study on transgenic rice with *Cry1Ac* and *sck* genes，http://www.sciencedirect.com/science/article/pii/S0278691513007102。

　　塞拉利尼正是热衷于做反转"实验"的科学家中的典型。与以往塞拉利尼那些"惊人"论文一样，这次他的"研究"依然没有任何学术价值，而只能继续充当反转谣言的佐料。而转基因的安全性与生命科学的其他进展和实践，特别是更加积极的转基因动物成果相互印证：转基因技术比我们以前认为的还要安全可控。在面对所谓"转基因具有不确定性"的含糊说法时，不要忘记我们对于转基因认识的那些确定性。建议广大公众不必在关注这些反转实验上浪费时间，要相信科学家、各国政府以及联合国各相关机构会对转基因的安全性做全面系统地监控。

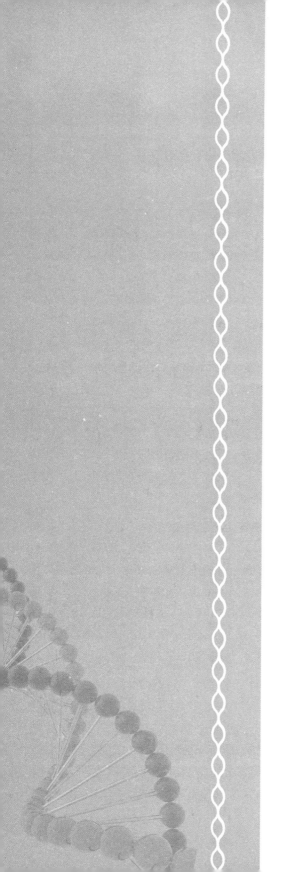

第二章 谣言与真相

谣言地图：反转谣言的来龙去脉

 方玄昌

【编者按】"好"谣言滋生焦虑；"好"谣言在意料之外情理之中；传谣言要靠轻信之人；听谣千遍，假也成真；"好"谣言因时制宜；"好"谣言简洁具体；"好"谣言难以证伪；我们喜欢听妒忌对象的丑闻；有时候传谣没有任何原因。几多荒诞，几多误导，让我们来历数那些转基因谣言的实质吧。

谣言1：阿根廷的农业完全被孟山都控制，农民纷纷破产

荒诞指数★★★★　　误导指数★★★

真相：这一谣言源于一个名叫威廉·恩道尔的美国人，他写了一本充满谎言与冷战思维的畅销书——《粮食危机：一场不为人知的阴谋》，书中说阿根廷农民因种植转基因大豆而纷纷破产。然而，事实却与此完全相反——阿根廷农民因种植转基因大豆而收入大幅增长，这一事实已成为转基因技术给农业带来切实好处的一个经典案例。

谣言2：墨西哥的传统玉米基因已经完全被转基因玉米污染

荒诞指数★★★　　误导指数★★★★

真相：这一谣言源于张柠发表在《南方都市报》上的一篇文章《食品转基因和文化转基因》。事实上，从来没有人声称在墨西哥再也找不到原生的种子了，连一贯在转基因问题上造谣的"绿色和平"组织也只声称对墨西哥22个地方的检测表明有15个地方被污染，污染率从3%到60%不等。但是科学界认为其检测结果属于"假阳性"，用更可靠的方法对墨西哥各地采集的152份样本的检测结果表明，在墨西哥任何地区都没有发现"基因污染"。

谣言3：研究证实转基因玉米影响生育能力

荒诞指数★★★★★　　误导指数★★★

真相：这是一个奥地利兽医学教授的"研究成果"，这项所谓的"成果"并未能在正式学术刊物上发表，而是被"绿色和平"组织以题为"最新科研证实转基因玉米影响生育能力"的博文形式进行了发表。没有人能重复实验得出这一结果（美国人及家畜食

用转基因玉米多年，也没有发现任何与转基因技术相关的安全问题），而一个可靠的科学研究结论，必须能够经受住重复实验。主流生物科学界的任何一个科学家，都没有把这一所谓的"新发现"当一回事，今天大家都已经理所当然地把这个所谓的研究成果当笑话看，只有那些职业反对转基因的人士，还依然把这样的笑话当作谣言的源泉。

谣言4：转基因玉米导致广西大学男生精液质量异常
荒诞指数 ★★★★★　　**误导指数** ★★★★★

真相：这是职业反转控张宏良把一则新闻《广西男性大学生精子活力下降》，加上与此原本毫无关联的事件——广西种植"迪卡"系列杂交玉米，再加上故意歪曲事实——将杂交玉米说成是转基因玉米——炮制出来的谣言（原始文章标题为"广西抽检男生一半精液异常，传言早已种植转基因玉米"）。这种说法荒诞至极，却被反转控反复拿出来重播。

谣言5：美国国家科学院论证了转基因食品有害健康
荒诞指数 ★★★★　　**误导指数** ★★★★

真相：这是一则彻头彻尾的谎言，出自职业反转控、"轮子功"成员"直言了"的《英美新报告：转基因神话走向破灭》，完全是将美国国家科学院的报告反着说——事实上，这组报告以翔实的证据明确告诉公众：转基因食品是安全性的。

谣言6：美国人不吃转基因玉米，种出来是给中国人吃的
荒诞指数 ★★★★★　　**误导指数** ★★★★

真相：这一谣言的出处已经很难追溯，虽经过无数次驳斥，至今却依然流传。由于不要求标注，美国公众很难区分市场上的转基因食品与非转基因食品，因此在美国，即便你真的想杜绝与转基因食品接触，客观上也几乎是不可能的。与这条谣言相反，实际上美国不仅仅是世界第一大转基因食品生产国，也是第一大转基因食品消费国；而单种转基因食品的消费量，又以玉米为第一。

谣言7：食用转基因大豆小白鼠后代死亡率过半
荒诞指数 ★★★　　**误导指数** ★★★

真相：类似的谣言很多，并且多数谣言均依赖于一些极不靠谱的实验。单从数据分析即可看出，这类实验基本上不可能是专业人士做的（往往低级且错误成堆）；另外的问题是，实验样本数太少，以及实验设计存在严重缺陷。

谣言8：美国已经在全面反思转基因技术
荒诞指数 ★★★★　　**误导指数** ★★★★

真相：这是彻头彻尾的谎言。这一说法也是来自"直言了"这个长年反对转基因的造谣"惯犯"。正式的报道则来自《国际先驱导报》的一篇文章。事实情况与谣言相反——

美国国家科学院在 2010 年发表的报告《转基因作物对美国农业可持续性的影响》中，再次肯定了此前十几年转基因技术为美国农业及食品行业所做出的贡献。

谣言 9：转基因玉米种植让山西、吉林老鼠绝迹，母猪产仔减少

荒诞指数 ★★★★★　　误导指数 ★★★

真相：如果真的发生这样的情形，那倒未必是坏事——只要控制好，人类就有了更好的灭鼠药；但很可惜，这又是《国际先驱导报》记者金微炮制出来的一个谣言。这篇报道拿杂交玉米（先玉 335）来当转基因玉米，且令人啼笑皆非地以为羊是多胞胎动物，然后造谣说玉米饲料导致母猪产仔量剧减——令人唏嘘的是，这种极易验证真伪的谣言，同样有人信。

谣言 10：转基因玉米灭绝帝王斑蝶

荒诞指数 ★　　误导指数 ★★★

真相：这是对一项中性研究的妖魔化解读；事实上，抗虫害转基因玉米的种植减少了农药使用，反而保护了帝王斑蝶。从基本科学原理上来说，如果帝王斑蝶及其幼虫食用含有 Bt 蛋白（转基因而来）的花粉或者叶子，是可能导致死亡的——因为斑蝶属于鳞翅目昆虫，而 Bt 蛋白正是用于防止鳞翅目昆虫危害的。但帝王斑蝶并不以玉米花粉为食，因其"主食"受花粉污染而导致的问题也远没有谣言所描述的那么严重。有关转基因的谣言大多荒诞不经，这一谣言属于罕见的一个例外——它还算没有明显违背基本科学原理。

谣言 11：美国因安全问题而坚决拒绝在本土种植转基因小麦

荒诞指数 ★　　误导指数 ★★★

真相：事实上，美国政府倒是很愿意推进具有良好品质及环境友好的转基因小麦，并且早在 2001 年就发出了第一张转基因小麦的安全证书。今天美国依然没有出现大面积种植转基因小麦的主要原因在于，已有的转基因小麦商业价值不够，没有优势。一句话解释是，美国企业不愿意种植，而不是美国政府不让种植。

谣言 12：因种植转基因棉花，印度农民 13 年自杀 20 万

荒诞指数 ★★★　　误导指数 ★★★★

真相：这个夸张的数字来源于人们的感性统计。哪儿都有人自杀，印度农民自杀率较高，主要原因是贫穷和高利贷，只是，较多农民欠下高利贷是因为他们误买了假的转基因抗虫棉种子——也就是说，事实刚好相反，印度农民原本寄希望于种植转基因抗虫棉来自救。导致农民自杀的原因之一，恰恰是相对劣质的、"非转基因"的棉花。

谣言 13：转基因大豆中的"不明病原体"导致 5000 万中国人不育

荒诞指数 ★★★★★　　误导指数 ★★★

真相：所谓"不明病原体"最原始的出处可追溯到美国普渡大学植物病理学退休教授唐·休伯博士；在中国掀起风波，则源自崔永元——他声称中国质检总局某研究人员

找到了休伯所声称的病原体，但仅以个人名义发声的范晓虹则又表示，他发现的"不明物质"并非"病原体"。实际上很容易佐证这一所谓的"发现"纯粹属于妄语式的谣言——造谣者给不出"不明病原体"样本，也没有任何科学家能通过重复实验来发现这一所谓"病原体"。如果真的能找到某种因转基因技术而产生的未知病原体，则将动摇整个分子生物学基础，诺贝尔科学奖唾手可得——按照其说法，那将是能够跨界（动物界-植物界）传染共患型疾病的病原体，完全违背分子生物学的研究成果。别说跨界，就是跨门的不同物种间的分子器件也无法通用，靠什么能同时感染动物和植物？

谣言 14：中国消费转基因大豆油的区域是肿瘤发病集中区

荒诞指数 ★ ★ ★ ★ ★　　误导指数 ★ ★ ★ ★

真相：这一谣言出自黑龙江大豆协会副秘书长王小语，属于完全没有事实依据的妄语，是典型的为利益而造谣反转。事实与造谣者所说正相反，被王小语列为"基本不以消费转基因大豆油为主的"浙江、湖北、辽宁、黑龙江却是中国癌症的高发区，列为"我国转基因大豆油的消费集中区域"的广东、青海，癌症发病率反而比较低（当然，并不能因此得出"转基因大豆油抗癌"之类的结论）。王小语的信口胡言同时反映了其缺乏流行病学的基本知识。对人群中某种健康状况进行调查统计时，必须按照"大样本，多中心"的原则进行，方可保证基本的可靠性。单一孤证不具备统计学意义，无法得出与某种因素相关的所谓结论。

谣言 15：法国研究证实转基因致癌

荒诞指数 ★ ★ ★　　误导指数 ★ ★ ★ ★

真相：这是产生于 2012 年的一则谣言，来自法国反转控"御用科学家"塞拉利尼的一篇论文，这篇论文内容在 2012 年和 2013 年被反转控疯狂传播。欧盟和法国与食品安全相关的机构无一例外郑重否定了这一所谓"实验"，其论文发表期刊也已宣布撤销该论文一事实上，如果你认真去看那篇毫无科学价值的论文，会从其数据得到一个令人啼笑皆非的结论——转基因食品抗癌。这是一篇连造谣能力都不过关的谣言"论文"，却骗倒了众多缺乏求证精神的普通民众。

谣言 16：美国人对于转基因只种不吃

荒诞指数 ★ ★ ★ ★　　误导指数 ★ ★ ★

真相：这是一个系列的谣言（包括"猫狗吃了含转基因成分的宠物粮生病""有机认证的食品绝不含转基因成分""美国许多健康恶化的人士尽最大努力避免任何可能有转基因成分食品"等），来自 2013 年 7 月 14 日《财经郎眼》节目中的郎咸平，以及崔永元与著名反转人士陈一文的所谓"赴美调查"，属于一个古老谣言"美国人不吃转基因食品"的改进版。美国既是全球最大的转基因作物种植国，也是世界第一大转基因食品消费国；美国民众实际上每天都消耗大量的转基因食品。美国斯坦福大学胡佛研究所研究员亨利·米勒2011年的一项研究显示,美国人过去十年总共消费了3万亿份转基因食品。

谣言17: 国产非转基因菜籽油有浓香更健康

荒诞指数★★★　　误导指数★★★

真相: 这是媒体长久以来的谣传。菜籽油的特殊香味来自其中的芥酸,这是一种有害健康的物质。实际上,由于进口的转基因菜籽油(芥花油)都是低芥酸、低硫苷品种,相对于有浓香的传统菜籽油来说对身体更有益。

谣言18: 转基因作物能增产是骗人的,因为没有"增产基因"

荒诞指数★★★　　误导指数★★★★

真相: 这是来自著名反转"专业人士"佟屏亚的论调。正如农药、化肥能够间接增产一样,目前种植最多的抗虫害转基因作物和抗除草剂转基因作物,由于比同类非转基因产物能更好地控制虫害和杂草,减少因虫害和草害造成的产量损失,所以能间接增产。造谣者缺乏基本遗传学知识,更没有现代分子生物学概念:产量属于数量性状,不是单一基因决定的。目前转基因作物都是属于决定质量性状的,因此转一个基因即可获得所需要的新性状。至于运用转基因方法直接提高作物产量,科学家正通过多种途径在进行研究,目前中国和其他国家的科学家已经克隆了多个与产量形成相关的基因,正在用于高产品种培育。比如,结合植物发育生物学进展的对C3植物做C4改造就是其中一个方法,但其目前还有很多基础研究方面的问题没有解决,尚处于实验室的探索阶段。

谣言19: 李家洋担任杜邦顾问,帮跨国公司"推销"转基因

荒诞指数★★　　误导指数★★★★

真相: 这条谣言也是来源于"直言了"。2013年,该谣言被国防大学朱国林教授旧话重提,某报纸给予了报道,并说在国内种植最多的玉米杂交品种先玉335(杜邦先锋公司研发)是转基因品种。李家洋2007—2011年担任中科院副院长期间曾任杜邦顾问,这是一个不拿钱的名誉职位,与"推销转基因"毫无关联。2011年李家洋担任农业部副部长后终止了这一职位。另外,先锋公司的先玉335根本就不是转基因玉米品种。

谣言20: 黄金玉米是转基因玉米,导致湖南怀化通道玉米绝收

荒诞指数★★★　　误导指数★★★

真相: 此谣言出自时任《每日经济新闻》记者的著名反转人士金微所写的报道。进口"黄金玉米"(美国的一种甜玉米)并非转基因玉米,且被公安部门查处的三无种子公司的不合格玉米种子也与转基因毫无关系。

谣言21: 欧洲绝对禁止转基因食品

荒诞指数★★★　　误导指数★★★★

真相: 这是老调重弹式谣言,具体源头已经难以考证,却一直是职业反转控手头的常

备武器。事实上，欧盟不仅进口、食用转基因食品，还种植转基因作物——2013年，五个欧盟国家（西班牙、葡萄牙、捷克、斯洛伐克和罗马尼亚）种植了近15万公顷转基因玉米。

谣言22：美国转基因大豆出口，从中国进口非转基因大豆做药
荒诞指数★★★★　　误导指数★★★

真相：出自甘肃张掖市市委书记陈克恭和新闻评论员苏文洋的言论。实际上，美国转基因大豆产量占其大豆总产量的93%，美国大豆约45%用于出口。造谣者说美国转基因大豆不能用来提取异黄酮，只能依靠从中国进口大豆来提取异黄酮作为医药原料。事实上，转基因大豆并不改变大豆的营养成分和生物活性成分，据日本研究结果显示，转基因大豆中的异黄酮含量与非转基因大豆的没有差异。中国出口的少量非转基因大豆，因为其含油量较低，被他国用作传统食品，比如用非转基因大豆做豆腐。

谣言23：美国人多数要求标识转基因
荒诞指数★★★　　误导指数★★★

真相：此谣言来自"崔氏调查"。呼吁强制标识转基因成分的，多是有机食品推销商等利益群体，美国普通大众根本不在乎食品是否含有转基因成分。2012年，参加加州投票的1200多万选民中，有51.41%的人反对强制标识转基因食品，因此议案最终没能通过。2013年大选日，华盛顿州也为要不要强制标识转基因食品举行了公投，结果有51.09%的人投票反对。

谣言24：斯诺登爆料基因战才是对华绝杀
荒诞指数★★★★★　　误导指数★★★★

真相：网络谣言，纯粹属于无中生有，源头已经难以查找。以转基因作物为生物武器，恐怕是人类目前能想到的最吃力不讨好的一种攻击手段。

谣言25：联合国粮食及农业组织官员称转基因食品对人体不安全
荒诞指数★★★★　　误导指数★★★

真相：出自记者金微发在《每日经济新闻》的报道。一位与联合国粮食及农业组织毫无瓜葛的新西兰坎特伯雷大学教授，在反转人士顾秀林等人组织的一次以妖魔化转基因技术为主题的所谓"国际研讨会"上发表的言论，被该记者演绎成是联合国粮食及农业组织官员的观点。

谣言26：转基因大豆浸泡了不会发芽，人吃了也会绝育
荒诞指数★★★★　　误导指数★★★

真相：出自2013年7月14日《财经郎眼》节目的嘉宾石述思之口。转基因大豆只是转入了抗虫、高含油量或抗除草剂基因，并不会让大豆不育。即使种子是绝育的，跟人绝育也毫无关系，谁相信吃了骡子肉就会不育？

谣言 27：种植过转基因作物的土地会寸草不生

荒诞指数 ★ ★ ★　　误导指数 ★ ★ ★

真相：这也是流传甚广的老谣言的重新翻新，它与另一经典谣言"种植转基因作物的土地会出现超级杂草"相互矛盾。两者源头不明。全球转基因作物种植面积 16 年增长了 100 倍，发展速度远远超过以往任何一类粮食作物，这个发展速度源于转基因作物具有几方面优势，其中之一便是，农业系统对环境的影响。转基因作物种植对环境的影响比传统作物种植对环境的影响小——某些传统作物（比如高粱）的种植会对其他植物的生长具有很强抑制。这可以通俗理解为植物之间竞争的化学战，是植物长期进化出的一种竞争机制。

谣言 28：非洲人饿死也不吃转基因食品

荒诞指数 ★ ★ ★ ★ ★　　误导指数 ★ ★ ★

真相：这则谣言来自一个真实发生的、由反转人士造成的惨剧。详见本书《妖魔化转基因的罪与罚》一文。类似的故事也曾发生在印度。

谣言 29：中国农业部官员已经全部被孟山都收买

荒诞指数 ★ ★ ★ ★ ★　　误导指数 ★ ★

真相：这也是由来已久的一则谣言，已经难以追查其最早出处。反转急先锋张宏良曾经断言中国农业部已经成为孟山都的宣传部。2013 年 6 月份，一则扬言破获大案《农业部官员的子女在美国收受孟山都公司 1 亿美元公关费》的网帖让这一谣言沉渣泛起，并迅速被反转大 V 们在微博上疯传。任何一个头脑正常的人都能想到，对于一个农业部官员的子女就要贿赂 1 亿美元，那么买通整个农业部及其所属院校和研究单位的数十万名员工，孟山都得出多少钱？

谣言 30：上海世博会与北京奥运会、大运会均严禁转基因食品

荒诞指数 ★ ★ ★　　误导指数 ★ ★ ★ ★ ★

真相：这是对几则消息的有意误读。实际上，世博会、奥运会主办方曾声称他们有技术对供应的食品做转基因检测（实际上完全没必要），而非杜绝转基因食品。一个简单的事实就可以击破这一谣言：上述三会，指定供应的食用油均包括转基因大豆油。

谣言 31：转基因是"共济会"用来减少世界人口的重要武器

荒诞指数 ★ ★ ★ ★ ★　　误导指数 ★ ★ ★

真相：这也是流传已久的一则荒诞谣言，出处不明。关于"共济会"的阴谋论已经有很多，乃至于这个组织已经被严重妖魔化与神秘化。但这个组织不管怎样神秘，其成员无论如何有钱有权，他们在科学方面的认识不可能高过全球那么多的科学家，他们更不可能控制全球科学家；与此同时，任何一个头脑正常的人，只要上过中学生物课，就都会知道，用转基因技术来减少世界人口，恐怕是最愚蠢也最不可行的一种"手段"了。

转基因研究中八个"安全性事例"分析 [①]

陈茹梅 [②]

【编者按】本文列举的这些事例发端的实验设计不严谨，存在缺陷和失误，所以实验结果和结论是不足为信的。

在生物技术育种二十多年的发展中，在千千万万个关于转基因的科学研究中，仅有为数不多的几个所谓"转基因的安全性问题"事例。本文挑选的八个事例，其中六个与食用安全相关，两个与生态安全相关。本文将通过对这些事例进行剖析，还公众一个真相。

食用事例 1：巴西坚果与转基因大豆，发生于美国，发端于科研论文

大豆是营养丰富的食物，富含蛋白质，但大豆蛋白质缺乏含硫氨基酸。因为巴西坚果所含的蛋白质富含甲硫氨酸和半胱氨酸，所以，为了提高大豆的营养品质，1994 年 1 月，美国先锋种子公司的科研人员尝试将巴西坚果中编码为 2S albumin 的蛋白质的基因转入了大豆中，文章摘要发表于《细胞生物化学杂志》（Journal of Cellular Biochemistry）。研究结果显示，转入了巴西坚果基因的转基因大豆，其所含的硫氨基酸明显提高了。但是，按照国际通行的做法，这种大豆在进入产业化开发前必须要明确其食用的安全性，且须遵循各国的法规规范，否则不能获准商业化运作。

研究人员对转入巴西坚果基因的大豆进行测试之后发现，对巴西坚果过敏的人同样会对这种大豆过敏，由此可知，2S albumin 蛋白质可能正是巴西坚果中的主要过敏原，研究结果发表于 1996 年的《新英格兰医学杂志》（The New England Journal of Medicine）。因此，先锋种子公司立即终止了这项研究计划。此事件后来一度成为"转基因大豆引起食物过敏"的事实依据，时常被反转人士拿来利用。但实际上，"巴西坚果事件"正是转基因作物安全性可保证的一个经典案例，这种转基因大豆因为被发现有致敏性物质而未被商业化，恰恰说明转基因作物的安全管理和育种体系具有自我检查和自我调控的能力，这一能力能有效地防止转基因食品成为过敏原。

事实上，巴西坚果被认为是人类天然的食物，它本身就含有这种过敏原，因此，天然食物也并非对所有人都是安全的。

---

① 原文发表于《科技创新与品牌》杂志，2011 年 8 月。
② 陈茹梅，中国农业科学院生物技术研究所研究员。

食用事例 2：普兹泰土豆事件，发生于英国，发端于电视新闻

1998 年秋天，苏格兰罗伊特（Rowett）研究所的科学家阿帕得·普兹泰（Arpad Pusztai）通过电视台发表讲话，说他在实验中用转了雪花莲凝集素基因的马铃薯喂食大鼠，随后大鼠"体重和器官重量严重减轻，免疫系统受到破坏"。此言一出，即引起国际轰动，"绿色和平"组织等环保非政府组织（NGO）立刻大肆宣传说这种土豆是"杀手"，并策划了破坏转基因作物试验地等行动，焚毁了印度两块大试验田，甚至美国加州大学戴维斯分校的非转基因实验材料也遭破坏，以致学校研究生的毕业论文都无法答辩。欧洲掀起反转基因食物热潮。

但普兹泰的实验很快遭到了权威机构的质疑。英国皇家学会对"普兹泰事件"高度重视，组织专家对该实验展开同行评审。1999 年 5 月，评审报告指出其实验主要存在六个方面的失误和缺陷：不能确定转基因与非转基因马铃薯的化学成分有差异；对实验用的大鼠仅仅食用富含淀粉的转基因马铃薯，未补充其他蛋白质以防止其饥饿；供实验用的动物数量太少，饲喂几种不同的食物，且都不是大鼠的标准食物，欠缺统计学意义；实验设计差，未按照该类实验的惯例进行双盲测定；统计方法不恰当；实验结果缺乏一致性。通俗地讲，该实验设计不科学，实验的过程错误百出，实验的结果无法重复，也不能再现，因此结果和相应的结论根本不可信。

普兹泰在尚未完成实验、没有发表论文的情况下，就贸然通过媒体向公众传播其结论，这一行为是非常不负责任的。不久之后，普兹泰本人就此不负责任的说法表示道歉。罗伊特研究所宣布普兹泰退休，并不再对其言论负责。

食用事例 3：孟山都转基因玉米事例一，发生于法国，发端于科研论文

2007 年，法国分子内分泌学家塞拉利尼（Gilles Eric Seralini）及其同事对孟山都公司转了抗虫基因的玉米的原始实验数据作统计分析时，得出结论：老鼠在食用转基因玉米后受到了一定程度的不良影响。文章发表于《环境污染与毒物学文献》（Archives of Environmental Contamination and Toxicology）。当时，一些科学家和监管机构就指出他们的工作存在着大量的错误和缺陷。来自美国、德国、英国和加拿大的 6 位毒理学及统计学专家组成同行评议组，对塞拉利尼等人及孟山都公司的研究展开复审和评价，认为塞拉利尼等人仅仅是对孟山都公司原始实验数据做重新分析，并没有产生有意义的新数据得出转基因玉米在三个月的老鼠喂食研究中，对老鼠产生了不良副作用。评价结果随后发表在《食品与化学品毒理学》（Food and Chemical Toxicology）上。

2009 年，塞拉利尼及其同事再次把欧盟转引的美国孟山都公司的实验数据重新做了一个粗浅的统计分析，然后在 2009 年第 7 期的《国际生物科学学报》（International Journal of Biological Sciences）上发表了一篇文章。文中指出，食用了 90 天转基因玉米（抗除草剂玉米 NK603，抗虫玉米 MON810 和 MON863）的老鼠，与食用转基因玉米不到 90

天的老鼠，其肝肾生化指标有差异。据此把这种差异解释成是食用转基因玉米造成的。

该文发表后，便受到了监管机构及同行科学家的批评。法国生物技术高级咨询委员会指出，论文中仅列出了数据的差异，却没能给予任何生物学或毒理学上的解释，而且这种差异仅反映在某些老鼠和某个时间点上，不能说明任何问题。此外，塞拉利尼及其同事没有进行独立实验，仅仅是对孟山都公司原始数据做了重新分析，显得粗略、证据不足或解释错误，根本不足以推导出转基因产品会导致某些血液学上的、肝肾的毒性迹象这样的结论。总之，其论文没有任何新的科学信息。

另外，澳大利亚新西兰食品标准局通过对塞拉利尼等人论文数据的调查分析指出，此论文的统计结果与组织病理学、组织化学等方面的相关数据之间缺乏一致性，且没能给予合理解释。该机构同时认为，喂食转基因玉米后老鼠表现出的差异性是符合常态的。对于这篇文章最大的质疑在于，塞拉利尼等人的实验结果仍然和 2007 年的文章一样，不是建立在亲自对老鼠进行独立实验的基础之上，文中进行统计分析的数据，仍然是借用源自孟山都公司之前的实验，他们仅仅是对数据选择了不合适的、不被同行使用的统计方法做了重新分析，结果和结论都是不科学的。

食用事例 4：孟山都转基因玉米事例二，发生于奥地利，发端于研究报告

2007 年，奥地利维也纳大学兽医学教授约尔根·泽特克（Juergen Zentek）领导的研究小组，对孟山都公司研发的抗除草剂转基因玉米 NK603 和转基因 Bt 抗虫玉米 MON810 的杂交品种进行了动物试验。在经过长达 20 周的观察之后，泽特克发现转基因玉米对老鼠的生殖能力存有潜在危险。

事实上，关于转基因玉米是否影响老鼠生殖的问题，共进行了三项研究，而仅有泽特克负责的其中一项发现了问题。该研究结论发布时，尚未经过同行科学家的评审，泽特克博士在报告时自己都表示，其研究结果很不一致，显得十分初级和粗糙。

欧洲食品安全局评价转基因安全性的专家组对泽特克的研究发表了同行评议报告，认为根据其提供的数据不能得出科学的结论。同时，两位被国际同行认可的专家（Drs. John DeSesso 和 James Lamb）事后专门审查及评议了泽特克博士的研究，并独立地发表申明，认定其中存在严重错误和缺陷，该研究并不能支持任何关于食用转基因玉米 MON810 和 NK603 可能对生殖产生不良影响的结论。

食用事例 5：俄罗斯之声转基因食品事件，发生于俄罗斯，发端于电台新闻

这一案例与其说是一个事例，倒不如说是一则虚假新闻。2010 年 4 月 16 日，俄罗斯广播电台"俄罗斯之声"以"俄罗斯宣称转基因食品是有害的"为题报道了一则新闻：由全国基因安全协会和生态与环境问题研究所联合进行的试验证明，转基因生物对哺乳动物是有害的；负责该试验的阿列克谢·苏罗夫（Alexei Surov）博士介绍说，用转基因大豆喂养的仓鼠第二代成长和性成熟缓慢，第三代失去生育能力。"俄罗斯之声"还称"俄

罗斯科学家的研究结果与法国、澳大利亚科学家的研究结果一致；当科学家证明转基因玉米有害时，法国立即禁止了其生产和销售"。

实际情形是怎样的呢？通过目前掌握的资料我们了解到，苏罗夫博士所在的谢韦尔佐夫生态与进化研究所（Severtsov Institute of Ecology and Evolutio）并没有任何研究简报或新闻表明苏罗夫博士曾发布过这样的信息，"俄罗斯之声"报道的新闻事件也没有在任何学术期刊上发表过研究论文。此外，"俄罗斯之声"用的标题是"俄罗斯宣称转基因食品是有害的"，而其他新闻报纸则用的是"一个俄罗斯人宣称"。显然，"俄罗斯宣称"与"一个俄罗斯人宣称"是有显著区别的。至于新闻中提到法国禁止了转基因玉米的生产和销售，这与事实不符。法国政府并没有对转基因食品的生产和销售下禁令，恰好相反。欧盟已经于 2004 年 5 月 19 日决定允许进口转基因玉米在欧盟境内销售。

食用事例 6：广西迪卡 007/008 玉米事件，发生于中国，发端于网络媒体

无独有偶，同样的一则虚假新闻发生在中国。从 2010 年 2 月起，一篇题为"广西抽检男生一半精液异常，传言早已种植转基因玉米"、署名张宏良的帖子在网络上传播开来。这个帖子的广泛传播引发了公众对转基因产品的恐慌情绪。文章称，"迄今为止，世界上所有国家传来的有关转基因食品的负面消息，全都是小白鼠食用后的不良反应，唯独中国传来的是大学生精液质量异常的报告。"

从帖子的标题到内容，作者将广西大学生精液异常与种植转基因玉米这两件事联系了起来。而广西种植转基因玉米之说，作者依据的材料是，有网络报道称"广西已经和美国的孟山都公司从 2001 年至今在广西推广了上千万亩'迪卡'系列转基因玉米"；广西大学生精液异常之说，则依据的是广西新闻网 2009 年 11 月 19 日登出的题为"广西在校大学男生性健康，过半抽检男生精液不合格"的报道。但从了解的情况来看，第一个说法不属实，第二个说法有明确出处但和转基因没有关系。

迪卡 007/008 为传统的常规杂交玉米，而不是转基因作物品种。对此，孟山都公司、广西种子管理站、农业部分别从不同的角度予以了证实。

2010 年 2 月 9 日，美国孟山都公司在其官方网站公布了《关于迪卡 007/008 玉米传言的说明》。说明指出，迪卡 007 玉米是孟山都研发的传统常规杂交玉米，于 2000 年春天通过了广西壮族自治区的品种认定，2001 年开始在广西推广种植；迪卡 008 是迪卡 007 玉米的升级品种杂交玉米，2008 年通过了审定，同年开始在广西地区推广。广西种子管理站在随后的《关于迪卡 007/008 在广西审定推广情况的说明》中确认了这一说法，并介绍 2009 年迪卡 007/008 的种植面积分别占全区玉米种植总面积 760 万亩的 14.5% 和 3.5%。

2010 年 3 月 3 日，农业部农业转基因生物安全管理办公室负责人在接受中国新闻网记者采访时表示：网上关于"农业部批准进口转基因粮食种子并在国内大面积播种"的

消息不实，农业部从未批准任何一种转基因粮食种子进口到中国境内种植，国内也没有转基因粮食作物种植。

对于广西抽检男生一半精液异常的说法，确有出处，来自由广西医科大学第一附属医院男性学科主任梁季鸿领衔完成的《广西在校大学生性健康调查报告》。从广西新闻网那篇文章的内容来看，研究者根本没有提出广西大学生精液异常与转基因有关的观点，而是列出了环境污染、食品中大量使用添加剂、长时间上网等不健康的生活习惯等因素。这从另一个材料中也能得到印证。参与该报告调查的梁季鸿的助手李广裕根据该调查报告完成了 2009 年硕士学位论文《217 例广西在校大学生志愿者精液质量分析》。其在论文的最终结论中写道："广西地区大学生精液质量异常的情况以精子活率和活力低比较突出。其精子的活率明显低于国内不同地区文献报道的结果。广西地区大学生精子活率、活力低及精子运动能力减弱，可能与前列腺液白细胞异常，精索筋脉曲张，支原体、衣原体感染，ASAB（+）有关。"

生态安全事例 1：帝王斑蝶事件，发生于美国，发端于科研论文

1999 年 5 月，康奈尔大学昆虫学教授约翰·洛希（John Losey）在《自然》杂志发表文章，称其用拌有转基因抗虫玉米花粉的马利筋杂草叶片饲喂帝王斑蝶幼虫，发现这些幼虫生长缓慢，并且死亡率高达 44%。洛希认为这一结果表明抗虫转基因作物同样对非目标昆虫产生威胁。

然而，洛希的实验受到了同行科学家们和美国国家环境保护局（EPA）的质疑：这一实验是在实验室完成的，并不反映田间情况，且没有提供花粉量数据。EPA 组织昆虫专家对帝王斑蝶问题展开专题研究，结论是，转基因抗虫玉米花粉在田间对帝王斑蝶并无威胁，原因是：（1）玉米花粉大而重，因此扩散不远。在田间，距玉米田 5 米远的马利筋杂草上，每平方厘米草叶上只发现有一粒玉米花粉。（2）帝王斑蝶通常不吃玉米花粉，它们在玉米散粉之后才会大量产卵。（3）在所调查的美国中西部田间，转抗虫基因玉米地占总玉米地面积的 25%，但田间帝王斑蝶数量却很大。

同时，EPA 在一项报告中指出，评价转基因作物对非靶标昆虫的影响，应以野外实验为准，而不能仅仅依靠实验室数据。

生态安全事例 2：墨西哥玉米事件，发生于墨西哥，发端于科研论文

2001 年 11 月，美国加州大学伯克利分校的微生物生态学家戴维·查佩拉（David Chapela）和戴维·奎斯特（David Quist）在《自然》杂志发表文章，指出在墨西哥南部瓦哈卡（Oaxaca）地区采集的 6 个玉米品种样本中，发现了一段可启动基因转录的 DNA 序列——花椰菜花叶病毒（CaMV）"35S 启动子"，同时发现与诺华（Novartis）种子公司代号为"Bt-11"的转基因抗虫玉米所含"adh1 基因"相似的基因序列。

墨西哥作为世界玉米的起源中心和多样性中心，其当时明文禁止种植转基因玉米，只是进口转基因玉米用作饲料。此消息一出，便引起了国际间的广泛关注，"绿色和平"组织甚至称墨西哥玉米已经受到了"基因污染"。

然而，查佩拉和奎斯特的文章发表后受到了很多科学家的批评，指出他俩在实验在方法学上有很多错误。经反复查证，文中所言测出的"CaMV35S 启动子"为假阳性，并不能启动基因转录。另外经比较发现，二人在墨西哥地方玉米品种中测出的"adh1 基因"是玉米中本来就存在的"adh1–F 基因"，与转入"Bt 玉米"中的"adh1–S 基因"序列并不相同。

对此，《自然》杂志于 2002 年 4 月 11 日刊文两篇，批评该论文结论是"对不可靠实验结果的错误解释"，并在同期申明"该文所提供的证据不足以发表"。

同时，墨西哥小麦玉米改良中心也发表声明指出，通过对其种质资源库和新近从田间收集的 152 份玉米材料进行检测，并未在墨西哥任何地区发现"35S 启动子"。

结论

通过对以上这些所谓"转基因安全性事例"的剖析，大家可以知道：

"巴西坚果"事例中的转基因大豆的研究已经中断，该事例表明生物技术育种体系可以自我检查和自我调控，能够做到确保安全。

其他的事例均被权威机构否定，因为这些事例发端的实验设计不严谨，存在缺陷和失误，所以实验结果和结论是错误的，不足为信。因此只是所谓的"事例"。但是有些或不明真相或别有用心的组织、机构和部分人云亦云的媒体，却经常断章取义地把事件的发生和经过抛出来吸引眼球误导老百姓，从来不提及事件最终被权威机构否定的结果。

特别是发生于俄罗斯和中国的两例，发端于电台和网络媒体，根本就是虚假新闻，但是却被以讹传讹，误导了公众。本文的目的是为了使更多受众能够深入了解这些所谓"事件"的来龙去脉，客观理性地对待转基因技术和生物技术育种产品。

反转控公然篡改美国国家科学院报告 ①

 浏星雨 ②

【内容提要】对公共产品的质疑是公民的责任，对不符合自身利益的决策表达反对意见是公民的权利，但请不要篡改最基本的事实，以下三烂的手段来反对。

随着"转基因"事件争论的深入，有人开始玩起"高科技"，竟然篡改美国国家科学院报告的内容，为反"转基因"提供科学理论依据。一位笔名为"直言了"的写作者，其在两篇文章中，编造了同样的内容。一篇文章是《英美新报告：转基因神话走向破灭》，另一篇文章是《转基因官员：从不说到瞎说（兼谈美国转基因食品消费）》。

"直言了"在文章中编造了下述内容：

"美国国家科学院 2004 年的调查报告以充分的、包括美国在内的全球案例说明，转基因食品对人类健康、动物健康和生态环境已经造成危害损失，而人类尚无能力纠正和弥补那些危害损失；更还有潜在的安全威胁，超出人类现有科技知识和预控能力。

"正因为如此，如前说，从美国国家科学院发布那报告后的 2005 年开始，美国等西方国家开始逐年减少 Bt 转基因食品作物种植面积比例，其他增加的转基因作物绝大多数都属于'经济作物'而不是'食品作物'。就此，美国等西方社会把美国国家科学院的那份报告称为'转基因食品作物的命运转折点'。"

被广泛转载的《1997 年以来全球转基因食品健康损害事件一览》和《转基因食品的研究现状》（出现在"第三媒体"网和"人民网"的"强国论坛"），也篡改美国国家科学院报告。这些文章称，转基因食品让老鼠血细胞和肝细胞异常，中西部农场出现猪假孕或不育，德国母牛非正常死亡，鸡死亡率高 2 倍，英国过敏症上升 50%，菲律宾出现小肠和呼吸系统异常反应和细菌基因 / 蛋白可能遗传给下一代。

真相如何？事实是，2004 年 7 月 27 日，美国国家科学院的确发表了研究报告《转基因食品的安全性：评估健康受非预期因素影响的方法》（Safety of Genetically Engineered Foods: Approaches to Assessing Unintended Health Effects），但该报告结论是，基因工程本

---

① 原文发表于"新语丝"网站，2010 年 3 月 11 日，原标题为"'转基因'反对者竟然篡改美国科学院的报告"。
② 作者系"新语丝"网友。

身并不具有特殊危害性，仅根据培育技术对食品安全作出评估缺乏科学根据。

报告认为，任何技术，无论是用基因工程还是传统方法对食物的改造都会有不可预测的风险。因而建议对基因工程改造过的食品进行逐个考察，确保其安全性，然后再决定是否上市。

报告还给出了一个图表说明，传统的核辐射育种（包括太空育种——作者注）、化学诱变育种要比转基因更具风险性。

报告还列出了一个传统选育的芹菜品种危害人类健康的例子：传统育种家不断选择补骨脂素表达水平高的品种，用以抵抗病虫害。结果这种高水平表达的芹菜却使农民和菜场工作人员产生严重的皮肤过敏反应。

撰写该报告的专家小组负责人贝蒂·休·马斯特斯（Bettie Sue Masters）表示："改造动植物的任何培育技术，不论采用基因工程还是其他技术都有可能使食品组成部分的质量或数量产生非预期的变化，有可能危及人类健康。"

美国国家科学院的报告里面，根本就没有"老鼠血细胞和肝细胞异常""中西部农场出现猪假孕或不育""德国母牛非正常死亡""鸡死亡率高 2 倍""英国过敏症上升50%""菲律宾出现小肠和呼吸系统异常反应"和"细菌基因 / 蛋白可能遗传给下一代"等等内容。转基因反对者却将这些内容编造进《1997 年以来全球转基因食品健康损害事件一览》和《转基因食品的研究现状》等文章中。

"直言了"还编造了一个美国 Bt 转基因作物种植面积下降的数据，他写道："（美国）Bt 转基因玉米种植面积从 2005 年度的 27% 降低到 2009 年的 17%，减少了 10% 左右；同期，Bt 棉花则从 18% 降低到 17%。"

事实上，在美国农业部网站，有一个表格说明了无论是 Bt 转基因玉米，还是 Bt 转基因棉花的种植面积比例，从 2005 年到 2009 年都是上升的。Bt 玉米从大约 36% 上升到59%；Bt 棉花从大约 45% 上升到 62%。

种植转基因作物关系到我们身处的环境和我们自身的健康，每一个人都有权利发表自己的意见和看法。对公共产品的质疑是我们公民的责任，对不符合自身利益的决策表达反对意见是我们公民的权利。但我不明白，他们为什么要使些下三烂手段来表示反对？

谣言造成转基因恐慌 ①

方舟子

【内容提要】如果动物吃了"先玉335"玉米之后身体会出现损伤乃至死亡，这是很容易用实验证实的。记者花了4个月时间去搜集没有说服力的道听途说，却不愿找实验室做一下简单的实验看看究竟，表明他们其实并没有把问题搞清楚的诚意。

每隔一段时间，媒体上就会出现有关转基因食品如何有害的传闻。最近的这一个尤其恐怖。《国际先驱导报》记者声称，他们经过4个月的调查，发现山西、吉林部分地区出现大老鼠消失、母猪爱生死胎、狗肚子里都是水等等动物异常现象。他们认为这是由于3年前那些地区开始种"先玉335"玉米引起的。这种玉米是杂交玉米，其母本为PH6WC，父本为PH4CV，但是记者查了美国专利商标局网站上关于PH4CV的专利介绍，发现它是转基因玉米，"如果是这样的话，山西、吉林等地的各种动物异常反应就有了比较合理的解释。"

转基因玉米让动物大量死亡！这则消息在网上疯传，并且成了一些报纸、网站的头条新闻。这些人传播之前也不想想，其可信度有多高？如果该报道的结论能够成立，那将是震惊世界的重大发现。作为一个有科学头脑的人，在听到耸人听闻的说法时，不能轻信，要抱着怀疑的态度，多问几个为什么。

第一个问题是，那些动物异常现象是否真的出现了？记者所谓的调查，其实只是采访了几个农民，听了他们的说法。这并不是一个客观的调查，更没有定量的统计、对比。别人做类似的调查，可以得出相反的结论。山西农业厅针对该报道，组织11名专家成立了联合调查组，根据报道中提到的线索进行了调查取证，对乡、村防疫员和养猪户进行了询问，近年来都未发现有普遍的母猪产仔少、死亡率高的现象。这就说明，所谓动物异常现象并不是一个可以确认的事实，至少是有争议的。

即便真的出现了动物异常现象，就是由于种植"先玉335"玉米引起的吗？记者提供的理由是二者是同时发生的。但是同时发生的事件并不等于存在因果关系。山西农业厅组织的调查似乎认可老鼠变少变小的现象，但是却提供了另一个解释：当地乡、村干部和农民普遍认为是由于猫的饲养量增加产生生物抑制作用，以及农村基础设施和村民住

① 原文发表于《中国青年报》，2010年9月29日，原标题为"转基因恐慌"。

房由砖瓦结构改善为水泥结构，老鼠不易打洞做窝而造成的。这个解释显然更为合理。

如果动物吃了"先玉335"玉米之后身体会出现损伤乃至死亡，这是很容易用实验证实的。记者花了4个月时间去搜集没有说服力的道听途说，却不愿找实验室做一下简单的实验看看究竟，表明他们其实并没有把问题搞清楚的诚意。而对于别人来说，完全没有浪费时间去做动物试验的必要，因为没有理由相信一种被广泛种植、食用的玉米品种有如此吓人的毒性。

对《国际先驱导报》的记者来说，似乎只要证明了"先玉335"的父本PH4CV是转基因玉米，就找到了问题所在。但是在这里他们摆了一个巨大无比的大乌龙。他们知道去查美国专利说明，却看不懂或有意歪曲了专利的内容。专利说明很清楚，PH4CV是自交系玉米，是由单株玉米连续自交多代培育而成的"天然"玉米，既非杂交玉米也非转基因玉米。专利内容里提到转基因，是在权利说明里头的，意思不过是说该自交系玉米可以用作培育转基因玉米的材料。如果因此就说它是转基因玉米，那么在权利说明里还说到该自交系玉米可以用来培育杂交玉米，它岂不又成了杂交玉米？

中国目前没有批准转基因玉米的种植。如果研发出"先玉335"的杜邦先锋公司胆敢拿转基因玉米冒充杂交玉米，这是很容易被揭穿的非法行为。做一个分子检测实验就可以测定一个玉米品种是否含有转基因成分。记者与其在那里凭空推测，何不花点钱找一家检测机构坐实杜邦先锋公司的罪名？经常声称在中国市场上检测出食品含"非法转基因成分"的"绿色和平"组织这回却不好意思出声了。

和中国不同，美国大面积种植转基因玉米已有14年的历史。2010年年美国种植的玉米中约86%是转基因玉米。美国种植的玉米大量地作为食品和饲料供人、畜食用，却至今没有发现任何异常。《国际先驱导报》的报道声称："美国国家科学院和美国卫生部等部门发表的文献说明了世界各地由于使用转基因饲料出现异常的案例，包括内脏发生异常的老鼠，假孕或不育的猪和非正常死亡的母牛。"这纯属谣言。这些部门从未发表过这样的文献，恰恰相反，它们发表的报告都一再确认了现有转基因食品的安全性，否则根本不可能批准其上市。联合国粮食及农业组织的报告也指出："迄今为止，在世界各地尚未发现可验证的、因食用由转基因作物加工的食品而导致的有毒或有损营养的情况。"

"转基因食品的安全性还没有定论"是媒体上常见的说法，但是这个说法是错误的。国际权威机构都已认可了已上市的转基因食品的安全性。正如联合国粮食及农业组织的报告指出的："人们认为食用当前存在的转基因作物及其食品是安全的，检测其安全性所采用的方法也是恰当的。这些结论反映了国际科学理事会所研究的科学证据的共识，而且与世界卫生组织的观点一致。"

新的事物往往会让无知者感到恐惧。中国政府已把推广转基因作物作为农业政策，但是这并不能打消许多人的疑虑，在某些不负责任的媒体的推波助澜之下，谣言还会一再出现，恐慌也还会一再发生。

美国在全面反思转基因技术吗？①

 不是钟馗也打鬼 ②

【内容提要】从总体情况来看，与不使用转基因技术的传统农业相比，转基因技术为美国农民创造了巨大的环境收益和经济收益。显然，美国不会全面反思，相反只会全面推进其转基因产业的发展。

2010 年 7 月 6 日，《国际先驱导报》刊登了记者金微的一篇报道《美国全面反思转基因技术挑战天然转为尊重天然》，声称"美国的转基因技术已经转向，正从挑战天然和违背自然的发展思路转变到尊重天然和服从自然的框架中"。认真读罢全文，却发现并没有什么新鲜内容，不外乎什么转基因产生超级杂草和转基因食品危害健康等老调重弹，毫无任何证据支持其报道中关于"美国全面反思转基因技术"的论调。

首先看一看金记者在该报道开篇中讲述的一个"长芒苋超级杂草的出现与灾害"的荒诞科幻故事："'我们过去用不了一滴农药就能杀死的小草，如今被转基因转成了对所有农药都刀枪不入的超级大草'。安德森是美国田纳西州西部的农民，从去年开始，他就开始为一种叫作长芒苋的超级杂草头疼，这种粗壮的超级杂草非常结实，在转基因种植区蔓延，一些耕地被迫荒芜。"

事实上，长芒苋是最常见的杂草之一。虽然对草甘膦产生耐药性的长芒苋在美国田间开始蔓延，但另一种快速广谱除草剂"百草枯"对付具有草甘膦抗性的长芒苋的效果明显。草甘膦对付不了的长芒苋，用百草枯就可以有效灭杀，根本就不存在所谓对所有农药都刀枪不入的"超级杂草"。金微炮制谣言的品牌标志之一就是"危言耸听"。

金记者在这篇报道中还列举了转基因产业化发展过程中的几个安全性争论事例。该报道介绍，2005 年俄罗斯公布了转基因大豆喂养小白鼠的实验报告。俄罗斯女生物学家伊丽娜·叶尔马科娃（Irina Ermakova）在研究中发现转基因食品影响小白鼠及其后代的健康：在小白鼠交配前两周以及在它怀孕期间，喂食经过遗传基因改良的大豆，一半以上的小白鼠幼崽刚出生后就很快死亡，幸存的 40% 生长发育也非常迟缓，且它幼崽的身体都比那些没有吃这些大豆的小白鼠所生下来的幼崽小。

---

① 原文发表于"新语丝"网站，2010 年 7 月 26 日。
② 作者系"新语丝"网友。

欧盟新食品与加工咨询委员会评估了叶尔马科娃的转基因喂养小白鼠的实验报告，认为该报告没有提供对测试饮食营养组成方面的足够的信息。啮齿动物被饲喂大量大豆原材料时会由于遭受各种营养不平衡而导致生长速度降低及其他不利效果，确保平衡其营养成分是至关重要的。但叶尔马科娃的研究忽略了这个关键环节。

此外，叶尔马科娃研究所采用的转基因大豆和非转基因大豆样品是通过不同的来源获得的。因此，委员会认为除了测试材料的转基因与非转基因差别之外，叶尔马科娃的初步研究结果可以有其他的解释，不能得出转基因大豆对小白鼠健康有害的结论。值得一提的是，叶尔马科娃毫不掩饰她的"绿色和平"组织成员身份。

另外一个所谓的转基因安全事件是 2009 年法国卡昂大学的研究团队在《国际生物科学学报》上发表了三种转基因玉米品种对哺乳动物健康影响的报告。为什么说是所谓的转基因安全事件？一是因为他们并不是做了实验，而只是把孟山都公司 3 个转基因玉米 90 天大鼠喂养数据进行统计学重新分析；二是他们在致谢中明确其研究受"绿色和平"组织的资助，因此，该研究动机和结果可信性受到公众质疑。欧洲食品安全局转基因小组在 2009 年针对该工作形成了一个决议：法国卡昂大学的研究团队提供的数据不能支持作者关于转基因玉米对大鼠肾脏、肝脏造成伤害。

2009 年 10 月，欧洲食品安全局转基因生物小组按照转基因植物及相关食品和饲料风险评估指导办法，以及复合性状转基因植物风险评估指导办法提出的原则，对转基因抗虫和除草剂作物给予了一个权威性的科学意见：在对人类和动物健康环境影响方面，转基因与非转基因一样安全。金记者漠视新闻记者客观公正的原则，不把事件的来龙去脉交代清楚，刻意渲染不安全的数据，却只字不提事件后期权威机构的否定性意见和评价结论。金微炮制谣言的品牌标志之二就是断章取义。

在极力渲染转基因超级杂草和健康危害后，金记者援引 2010 年 6 月 8 日杜邦公司的信息：其子公司开发的"新一代转基因"大豆获得美国农业部与食品药品监督管理局（FDA）的批准，将于 2012 年上市，标志着转基因作物开发真正进入"环境友好"和"保障健康"的发展阶段。金记者由此推断：显然美国的转基因技术已经转向，正从挑战天然和违背自然的发展思路转变到尊重天然和服从自然的框架中。

在发展迅猛的转基因技术领域，不断有新技术和新产品问世是再自然不过的事了，而且新一代转基因产品能否最终占领全球市场还是一个未知数，金记者在报道中宣称"美国的转基因技术已经转向"还为时过早，尽管新一代转基因技术必将成为转基因产业发展的制高点和增长点。

美国是否在全面反思转基因技术？美国国家科学院于 2010 年 4 月 13 日在网络媒体上发表的最新报告《转基因作物对美国农业可持续性的影响》（Impact of Genetically Engineered Crops on Farm Sustainability in the United States）最具说服力。该报告从农户视角对美国发展转基因作物 14 年来的环境、经济和社会效益作了全面和客观的分析，指出从总体情况来看，与不使用转基因技术的传统农业相比，转基因技术为美国农民创造了巨大的环境收益和经济收益。显然，美国不会全面反思，相反只会全面推进其转基因产业的发展。

此外，具有抗虫和抗除草剂性状的第一代转基因产品仍然是全球转基因市场的主力军，2009 年，25 个国家种植了 1.34 亿公顷的转基因作物，比 2008 年增长了 7%。美国仍然是最大的转基因作物种植国，种植面积为 6400 万公顷。抗虫和除草剂转基因玉米占据了美国玉米种植面积的 85%，抗虫转基因棉花占据了美国棉花种植面积的 90%。明明是在"一如既往和全面推进"，但在金记者变戏法的报道中就变成了"开始转向和全面反思"。金微炮制谣言的品牌标志之三就是"颠倒黑白"。

金记者无视国际转基因技术及其产业飞速发展的现状，无视我国政府推进转基因产业的决心，也不顾中国人多地少的基本国情，炮制"美国全面反思转基因技术"论调，依据何在？是何居心？

"美国人不吃转基因玉米"的谣言可休矣[①]

方舟子

【内容提要】美国人即使在知情的情况下，也不怕吃转基因甜玉米。有试验表明，把转基因甜玉米做了说明和非转基因甜玉米放在一起销售，转基因甜玉米的销售份额仍然能占 44%。

美国种的玉米大部分（80% 以上）都是转基因的，这个事实连反转基因人士都无法否认，于是他们改散布谣言称：美国种的转基因玉米都是当饲料和工业用的，人是不吃的。比如参加深圳卫视转基因辩论节目的三个反方代表郑风田、罗媛楠和熊蕾都那么说。虽然经过我多次驳斥，这种谣言仍然阴魂不散。直到现在，被科学网博客编辑置顶隆重推荐的熊蕾《恐惧的不是转基因》一文，仍然如此说：

"有网友从美国农业部的网站下载材料表明，美国的转基因玉米，主要用于饲料和酒精，而供人食用的玉米，全是天然玉米。——我本人 2 月初去夏威夷旅游时，碰到一位来自堪萨斯州的农场主，我跟他谈起转基因作物的问题，他也说，他种的转基因玉米和大豆，都是饲料和工业用，没有让人直接食用的。"

我不知道熊蕾引以为证的那个网友是何许人（别又是那位职业骗子"直言了"吧？），美国农业部的材料又在哪里。美国农业部网站上根本就没有"供人食用的玉米，全是天然玉米"这种说法。至于用一位美国农场主的话为据，就跟美国记者拿一位中国农民的话来证明全中国的农业状况一样的荒唐。

我以前说过，美国转基因玉米品种大部分都是以可供人食用的标准被批准上市的，只有一种被限定为只当饲料用。后来这种玉米（商品名 Starlink 玉米）被发现流入了快餐市场中，被撤下了，所以现在美国的转基因玉米都是可供人食用的。当然，美国的转基因玉米和非转基因玉米一样，大部分是用来当饲料和工业用的，少部分供人食用。美国并不要求食品标识转基因和非转基因，供人食用的玉米中究竟有多少是转基因的，难以有准确的数据。只要美国的玉米还没有 100% 都种转基因玉米，反转基因人士就觉得可以狡辩说供人吃的都是非转基因玉米。

但是我们可以用两个理由证明美国人吃了转基因玉米。

---

① 原文发表于"新语丝"网站，2010 年 4 月 12 日。

第一个理由是间接的。美国种的玉米很难控制是当饲料还是当食品，批准只供做饲料的 Starlink 玉米尚且流入了食品市场中，何况那些批准可供人食用的转基因玉米。

第二个理由是直接的。玉米有一个品种叫甜玉米，这个品种的玉米几乎 100% 是供人不做加工就直接吃的（煮着吃的玉米棒、玉米粒基本上都是这个品种）。那么甜玉米有没有转基因的呢？另一个职业骗子"亦明"曾经造谣说，美国人吃的甜玉米都是"天然"的。其实，转基因甜玉米在美国市场上多得是。第一种 Bt 转基因甜玉米由诺华种子公司研发，于 1998 年 2 月 27 日获得商业化种植批准，商品名 Attribute，由 Rogers 公司销售。目前市场上有多种 Attribute 甜玉米品种销售（例如 BC0805，WH0809，GH0851，GSS0966，BSS0977，BSS0982，WSS0987），品种目录里还强调它们吃起来有多好吃。先正达种子公司研发的 Bt 转基因甜玉米 Bt-11，也于 1998 年在美国获得商业化种植批准，在美国、加拿大、南非、阿根廷和日本都有种植，并出口到瑞士、澳大利亚、新西兰、菲律宾和韩国。

由于 FDA 不要求对转基因食品做特殊标志，这些转基因甜玉米都被美国人不知不觉吃下去了。美国人即使在知情的情况下，也不怕吃转基因甜玉米。有试验表明，把转基因甜玉米做了说明和非转基因甜玉米放在一起销售，转基因甜玉米的销售份额仍然能占 44%。

你要反对转基因作物是你的权利，但是至少不要靠谣言来反。

再说说美国人吃不吃转基因玉米 [1]

■ 方舟子

【内容提要】每个美国人平均每天吃掉的玉米约有 220 克，其中 45 克是直接吃的，175 克是间接吃的（加工食品中的果葡糖浆等）；而美国种的玉米基本上都是转基因的，我们有理由说美国人吃的玉米基本上都是转基因的。

2012 年，美国种植的玉米高达 88% 是转基因品种，其中 15% 是抗虫转基因玉米，21% 是抗除草剂转基因玉米，52% 是抗虫兼抗除草剂转基因玉米。反转基因人士无法否认这一事实，但他们说，美国种的玉米都是出口、做饲料或做生物燃料的，美国人是不吃玉米的，最多吃点爆米花。

我在 2010 年曾写过一篇《"美国人不吃转基因玉米"的谣言可休矣》驳斥过这种说法。但两年来这一谣言仍然在不停地传播，直到现在，仍有些人在我的微博上发评论，教育我"美国人不吃转基因玉米"。所以现在很有必要根据最新的数据再写一篇驳斥文章。

美国是世界上最大的玉米生产国，自己消费不了，当然要出口。但是和反转人士说的相反，美国玉米出口量只占总产量的一小部分，2011/2012 年度（2011 年 9 月—2012 年 8 月）美国玉米出口量只占总产量的 13%。美国玉米用途的大头是用来生产酒精燃料，占了总产量的 39%，其次是做动物饲料，占了 37%。

剩下的 11% 的其他的用途主要分四部分：一部分是用来生产果葡糖浆、葡萄糖，作为甜味剂加到食品中，这部分当然都是用来吃的。一部分是用来生产淀粉，进而用于生产纸张、塑料、蜡烛等，有些也作为食用淀粉加到食品中。一部分是直接吃的，比如玉米粒、爆米花、谷物早餐、玉米片、玉米饼。玉米其实是美国人的主粮之一，一般美国人早餐吃的谷物早餐，就含玉米，而风靡全美的墨西哥餐，就是以玉米饼、玉米片为主食的。说美国人只是偶尔吃吃爆米花的人，肯定没有在美国生活过。还有一部分是用来酿酒的。

那么美国人吃掉了多少玉米呢？我们忽略食用淀粉和酒的部分，只看看直接吃的玉米和间接吃的糖浆部分。根据美国农业部的数据（原数据以蒲式耳为单位，1 蒲式耳玉米为 25.4 千克），可以算出，2011/2012 年度，每个美国人平均每天吃掉的玉米约有 220 克，

---

[1] 原文发表于"新语丝"网站，2013 年 9 月 15 日。

其中 45 克是直接吃的，175 克是间接吃的（加工食品中的果葡糖浆等）。

那么美国人吃的这么多玉米中，有多少是转基因的呢？不幸的是，这个问题没人能够确切地知道，因为美国食品药品管理局认定转基因食品和同类非转基因食品没有实质区别，不要求对转基因食品做特殊标识，所以转基因玉米和非转基因玉米在使用中是不做区分的。既然二者在使用中不做区分，而美国种的玉米基本上都是转基因的，那么我们有理由说美国人吃的玉米基本上都是转基因的。

在一种情况下我们可以准确地知道吃的是不是转基因玉米，那就是从沃尔玛超市买甜玉米来吃。孟山都公司推出的转基因甜玉米在 2013 年首次上市，沃尔玛高调宣布在其超市出售这种甜玉米。这其实也不是美国市场上的第一种转基因甜玉米，先正达公司研发的转基因甜玉米已在美国市场上销售了十多年了。

反转人士会不会从此不再传播"美国人不吃转基因玉米"呢？我看不会，因为整个反转基因运动就是靠谎言在维持着的。

印度棉农为何自杀 [1]

bsz [2]

【内容提要】印度农民陷入经济困境才是自杀原因，与转基因抗虫棉的种植之间没有相关性；相反，转基因抗虫棉客观上改善了相当多农民的经济状况。

2010 年 6 月 20 日，《新京报》以整版刊登了题为"转基因棉花酿印度农民自杀潮"的文章。随后，6 月 21 日，中央电视台新闻频道于下午时段播出了题为"因转基因棉花印度农民 13 年自杀 20 万"的报道。

两则不同形式的报道内容相同，语言近似。这两则报道都是先介绍了两个贫困农民的自杀案例，然后讨论了这两个农民自杀案例相同的直接诱因，即贫困和无力偿还高利贷。报道指出，在印度，没有土地所有权的农民无法从银行里贷款，只能在年初借高利贷，而高利贷的利息可高达 100%。由于转基因棉的一些特性，大部分农民宁愿花比较高的价钱也要买转基因棉种。但是这两则报道称，印度市场上非正规品牌中只有 26% 的转基因棉种是第一代纯正转基因，46% 都混杂有非转基因棉种。一旦借钱买来的假棉种因质量差而导致歉收，贫穷的农民将还不上年初所欠下的高利贷，最后在走投无路的情况下选择自杀。

同时，两则报道结尾都提出转基因棉花可能是引发农民自杀的诱因，但不是唯一的因素。虽然转基因棉花使这些年印度的棉花整体产量翻了一番，但是由于各种原因有些农民仍然没有摆脱贫困。在印度城市化发展的大背景下，政府和社会未能对农民的生存状况给予足够关注和帮助。另外，由于城市生存压力的增大，有一些城市居民选择了去农村种田，但是由于不具备足够的农业生产知识而无法生存。同时由于社会保障机制的不健全，自杀则成了部分贫困农民的最终选择。

关于印度农民自杀数目增加的报道始于 2005 年印度的一些当地报纸和广播。在印度中部和南部有 4 个问题较为严重的省份，自杀方式主要为喝有毒农药。随后，这些新闻在国家和国际报道中很快被转载和转播。有的报道指责转基因棉花，有的指责现今作物

---

① 原文发表于"新语丝"网站，2010 年 7 月 24 日，原标题为"关于印度种植转基因抗虫棉农民的自杀问题"。
② 作者系"新语丝"网友。

和农业的工业化生产，有的则埋怨跨国公司和发达国家压低棉花的价格。该类报道出现的初期，政府部门和一些印度国内、国际的非政府组织都对这一现象进行了研究。有的试图发现转基因棉花种植和自杀的关系，有的则着重强调农民的生活条件和自身原因，或者着眼于印度现代社会中农民整体的社会经济地位。

无论是什么原因，自杀都是一个悲剧，而这种悲剧一直都在发生。自杀的悲剧不是新的社会现象，高利贷在印度也不是一个新的社会现象。这些年里新的社会现象是农民现在希望借高利贷来种植新的高投入品种以期得到高额农业回报后，还清债务并改变生活。毕竟这几个被报告自杀高发的地区同时也是转基因棉花种植区，很多专家和学者对转基因棉种植农民自杀原因做了深入探究。最全面、深入且有针对性和参考价值的研究应该是国际食品政策研究院（IFPRI）在2008年10月出版的印度转基因棉和农民自杀的研究，该报告分析了印度全民、农民以及4个特殊地区农民的自杀情况、转基因棉花种植的经济影响，以及农民自杀和转基因棉花种植的相关性。

德国乔治·奥古斯塔大学的苏布拉马尼安（Arjunan Subramanian）和马丁·伊姆（Matin Qaim）在《世界发展》（World Development）杂志上发表了以印度转基因棉花为例探讨农业转基因在村落一级影响的文章。另外，印度英迪拉·甘地发展研究院也出版了对马哈拉施特拉邦（Maharashtra）地区农民自杀的研究报告，详细分析了该地区农民所面临的困境。这些研究公认的结论是，农民自杀的最主要原因是贫穷和高利贷。统计数据明确显示，在中部和南部4个地区的农民，借高利贷的比例明显高于全国平均。直到最近几年，政府部门在两个自杀最高发区只提供了少得不能再少的国家贷款帮助。农民陷入经济困境是多种因素共同作用的结果，但是有一点比较明确的是，农民自杀与转基因抗虫棉的种植之间没有相关性。单纯的转基因抗虫技术的引进，既不是导致农民走上绝路的必要条件，更不是充分条件。

追求转基因棉花的高额利润回报应该是农民借高利贷的诱因之一，但是这些地区所遭受恶劣气候的影响才是农民蒙受损失的主要原因，尤其是2002年和2004年干旱的发生。问题最严重的马哈拉施特拉邦和安得拉邦（Andhra Pradesh）原本是以低成本的旱作粮食作物为主，但是这些年来受经济作物的利益驱动，当地农民逐渐改种经济作物，也包括花生和油料作物等。而棉花种植只适合在降雨充分或灌溉充分的地区，并不是在所有地区都适合，转基因棉花和非转基因棉花在这一点上没有区别。因此，2002年在全国66%地区受严重干旱影响的年份里，两个原本常年就受干旱困扰的地区受灾极为严重。虽然人工灌溉已经开始在印度推广，马哈拉施特拉邦仍主要依靠季候风带来的天然降雨，只有6%～8%的农户有灌溉系统。因此在2004年全国没有大的旱情的年份里，该地区仍然受灾严重。这直接导致了两个地区的自杀人数提高。

IFPRI的研究对印度家庭事务部的国家犯罪记录局的自杀数据进行了详尽的分析。自

1997 年印度开始种植转基因棉以来，印度农民的自杀数目为每年 1.4 ～ 1.8 万，占印度全国自杀比例的 14% ～ 16%。过去的 5 年里，国家统计数据显示整体的农民自杀数其实并没有增长的现象，而且比例基本固定。在 2002 年和 2004 年，马哈拉施特拉邦和安得拉邦的自杀数的确比其他年份高，但是这和全国的自杀数目以及当年旱情是一致的。FPRI 的研究员纪尧姆·P. 格吕埃尔（Guillaume P. Gruère）在接受英国《卫报》对其研究报告的采访时说："根本没有理由把转基因抗虫棉和农民自杀联系到一起，简单地把这一切都归咎到一个转基因抗虫技术的种子上完全就是错误的。另外，印度农民的自杀率并没有像媒体宣传的那样极度攀升，虽然这些报道得到了很多社会组织甚至是政治团体的重视，但事实上根本就没有一个相关的数据表明印度在过去 5 年里自杀率像媒体宣传的那样'复苏'了。在近几年，尤其是 2006 年以后，随着转基因棉花更为迅速地推广普及，以上提到了几个地区的农民自杀数目也随之下降。"

搞清楚了农民自杀的主要原因是高利贷之后，很多学者和专家针对高利贷问题进行了研究。研究显示，印度政府没有帮助小农户和贫困农户从国家机构贷款的机制，因此他们唯一的选择是当地的私人高利贷者，而高利贷的利息是惊人的。高利贷和农业营销系统在印度的管理机制也很不完善，农民受多层中间人的层层盘剥，所以，选择高投入高回报的农户一旦遭受天灾影响不能得到预期的回报，他们的高利贷就偿还无望；同时，地方的私人高利贷提供者对借贷人是不提供社会性援助的。即使是大灾之年，讨债的期限也不曾推迟一天，这给负债者极大的压力和负担，甚至让他们走投无路。

2007 年以来，印度政府开始从政策层面主动帮助小的贫困农户，例如减免贷款等政策，但是几个新举措在一些学者眼里仍然收效甚微，受到了一些机构的谴责。值得欣慰的是，2009 年，自杀数最高的韦达巴（Vidarbha）地区的自杀数目第一次降到了 1000 人以下（有 960 个案例发生），比最高年份减少了 34%。这其实和政府的帮助以及良好的收成分不开。此外，美国的公共卫生学专家曾通过大规模研究得到一个结论：贫困其实是比癌症、心血管疾病及车祸等因素都要凶恶的人类第一杀手。贫困问题应该是政府和科学家最应该重视的问题。

最后有一点特别需要指出的是，自 1997 年印度引入转基因抗虫棉以来，印度的很多学者对其经济影响进行了详尽的研究。1997—2009 年，印度棉花总产量翻了一番。在印度所有地区都显示了转基因棉花的产量优势。根据年份不同，转基因棉比非转基因棉的产量高 16% ～ 60% 不等。同时，这些年来杀虫剂的使用减少了 40%，农民整体经济回报也翻了一番，为印度解决贫困问题做出了贡献。目前印度已经超过美国成为世界上最大的棉花种植国，一跃从棉花进口国成为棉花出口国。

新闻记者没有进行深入调查与分析，为吸引眼球在新闻题目中突出转基因技术，而对深层次的社会原因轻描淡写，这不仅与事实不符，同时也有悖于新闻报道客观公正的原则。

美国不种转基因小麦的原因 ①

浏星雨

【内容提要】美国早已批准转基因小麦的商业化种植，但孟山都主动撤回，原因在于转基因小麦的三大问题：技术困难、商业价值低、国外消费者接受度低。

根据美国农业部的统计，2009 年，转基因大豆、玉米和棉花的种植面积分别占全部种植面积的 91%、85% 和 88%。这三种转基因作物的总种植面积为 10.26 亿亩，相当于全中国耕地面积的 57% 种植了这三种转基因作物。

可是，在美国，至今还没有转基因主粮——小麦的商业化种植。原因何在？

第一是技术困难。小麦是六倍体，在粮食作物中，小麦属于遗传转化最为困难的作物，加上转基因研究起步较晚，基因工程育种进程明显落后于其他作物。直到 1992 年，美国科学家才成功获得第一株转基因小麦。而且因为长期缺乏有重要应用价值的目的品质基因，导致其应用不佳。

其次是商业价值低。应用最广的两种外源基因——抗除草剂和 Bt 抗虫基因对小麦的价值相对不大。小麦是密植作物，杂草危害相对不大；小麦主要是容易患病，虫害影响相对较小，而且 Bt 蛋白对小麦害虫毒杀作用不如对玉米、棉花以及水稻害虫那么有效。

直到今天，美国农场主对于抗除草剂和 Bt 抗虫转基因小麦兴趣仍不大，而希望商业公司研制抗旱、抗冻、增加产量和品质改良方面的转基因小麦。

第三是国外消费者接受度低。欧洲、日本和韩国公众对于转基因小麦的抵触情绪直接导致了 2004 年孟山都公司放弃抗除草剂转基因小麦的推广。

与中国公众所理解的正好相反，美国一直在积极研制和推广转基因小麦，直到 2004 年受挫。

美国政府早在 2001 年就给转基因小麦（硬质红色春小麦）颁发了安全证书，比中国政府给转基因水稻颁发证书足足早了 8 年。

此外，2004 年，美国政府准备批准转基因小麦（硬质红色春小麦）的商业化种植，但孟山都公司主动撤回了申请。市场反应不佳，导致孟山都公司投资失败，而不是美国

---

① 原文发表于"新语丝"网站，2010 年 3 月 1 日，原标题为"美国不种'转基因'主粮——小麦的幕后"，有删节。

政府和美国公民不许在美国土地上种植转基因小麦。

对于孟山都公司在 2004 年 5 月 11 日放弃转基因小麦大规模推广计划的原因，孟山都的执行副总裁卡尔·卡萨尔（Carl Casale）说，孟山都发现转基因小麦计划的商业机遇"的确并不那么具有吸引力"。放弃这一计划，将有利于其他转基因小麦的开发。

消费者的消费习惯短期内难以改变，使得美国小麦生产者对此绝对不敢轻易尝试。当时，欧盟、日本等美国小麦主要进口国表示，假如美国生产转基因小麦，它们将会拒买美国小麦，寻找其他麦源。

一些国家对于转基因食品的严格措施，使得小麦种植业者胆战心惊，也推高了食品加工业的成本。在转基因强制标注国家，需要从生产、流通、存储、加工、消费的各个环节对非转基因小麦和转基因小麦进行分离管理。"从田间到餐桌"的小麦"双轨"分离管理将十分复杂困难。涉及的粮食面广量大，成本开支剧增，使得转基因小麦无利可图。

但到了 2009，美国转基因小麦种植出现了起死回生的迹象：2009 年 3 月，美国小麦种植户协会的一项调查结果显示，美国小麦农户中的 3/4 农户赞成批准转基因小麦种植。2009 年 7 月，孟山都公司宣布加快转基因小麦的研发步伐。这一举措，受到了美国、加拿大和澳大利亚的小麦组织的欢迎。美国小麦农户协会主席表示，他们正抓紧时间赢取民众对转基因小麦的接受。

发生变化的原因主要有三个：其一，由于没有好的转基因小麦品种，导致美国麦农转种转基因大豆、玉米，致使美国小麦种植面积连年下降。其二，2008 年的粮食危机使得各国决策者及一些国际组织对转基因食品的看法有所改变。其三，经过 5 年的转基因作物的发展和实践，消费者的态度慢慢松动，能接受转基因食品者增加。

然而，阻力仍然存在。当孟山都公司宣布重新启动转基因小麦计划之后，日本约 300 家小麦进口组织联名向孟山都抗议：如果孟山都一意孤行，他们就将钱袋投给别的国家。

除了美国之外，澳大利亚在 2007 年批准了转基因小麦的种植试验，印度在 2008 年批准了 Mahyco 种子公司的两种转基因小麦的申报。

转基因玉米灭绝帝王斑蝶？[1]

 拟南芥[2]

【内容提要】科学结论是，转 Bt 基因玉米对于帝王斑蝶的负面影响可以忽略不计；相反，随着美国转 Bt 基因玉米种植面积的增长，帝王斑蝶在美国的数量不仅没有减少，反而显著增加。

1999 年，康奈尔大学的科学家约翰·洛希（John Losey）在《自然》杂志上发表了一篇论文。他的实验室发现，用撒有 Bt 转基因玉米花粉的叶片喂养帝王斑蝶幼虫，幼虫会死亡或者发育迟缓。

文章很快引起了公众的高度关注。帝王斑蝶很受美国人的喜爱，其幼虫的食物是一种叫作马利筋的小灌木。马利筋很爱长在玉米田附近甚至内部。如果 Bt 转基因玉米的花粉真的会对帝王斑蝶幼虫造成威胁，那当然是一个严重的问题。不过，洛希在论文中强调，还需要更多的研究来确认转基因玉米对帝王斑蝶的危害。他在接受记者采访的时候也表示："我不认为我的研究能预测任何东西，转基因玉米对帝王斑蝶的影响也许很严重，也许小到可以忽略。我们的文章只不过说明我们需要更加深入的研究而已。"可惜，很多极端环保组织却故意夸大了这项研究，似乎转基因作物很快就要让帝王斑蝶灭绝了，甚至有人说，人类也会面临类似的灭顶之灾。

于是，美国国家环境保护局和美国农业部组织了一大批来自不同大学、研究所、环保组织和工业界的科学家开展了一项为期 2 年的研究。实验表明，如果马利筋叶片上的转基因玉米花粉密度低于 1000 粒 / 平方厘米，那它就不会对帝王斑蝶幼虫产生任何影响。对于一些更新的转基因玉米品种，即使花粉密度高达 4000 粒 / 平方厘米，帝王斑蝶幼虫的发育也只是受到微小的影响。

科学家们发现，即使在玉米田里，平均每平方厘米的马利筋叶片上也只有 171 颗转基因玉米花粉。99% 的叶片样本上玉米花粉的密度低于 900 颗 / 平方厘米。玉米花粉也很难扩散。在离玉米地 2 米的地方，马利筋叶片上所沾的转基因玉米花粉只有 14 颗 / 平方厘米。同时，玉米花粉也很容易被雨水冲走。

---

[1]　原文发表于《新京报》，2011 年 2 月 20 日。
[2]　作者系旅美生物学研究人员。

在当时已经上市和仍在检验的 6 种 Bt 转基因玉米中，有 5 种对帝王斑蝶没有构成实质性的危害。只有一种叫作 Bt–176 的转基因玉米在野外会对帝王斑蝶幼虫造成能观测到的威胁。不过，即使是 Bt–176 玉米也比传统的杀虫剂安全。马里兰大学的科学家发现，如果对玉米田使用一种常用的杀虫剂，田里几乎所有的帝王斑蝶幼虫都会死亡。从这个意义上说，Bt 转基因玉米对帝王斑蝶的影响和极端环保组织所宣传的恰恰相反，大规模种植转基因玉米减少了杀虫剂的使用，有助于保护帝王斑蝶。

最终，科学家得出结论，已经种植的 Bt 转基因玉米对于帝王斑蝶的负面影响可以忽略不计。他们的研究结果经过了独立科学家的评议，发表在了 2001 年的《美国国家科学院院刊》上。值得一提的是，最初发现转基因玉米花粉可能对帝王斑蝶幼虫有害的洛希，正是这 6 篇文章的作者之一。

2000 年到 2003 年，美国的 Bt 转基因玉米种植面积的比例从 18% 增至 25%，增长了近 40%；与此同时，帝王斑蝶在美国的数量不仅没有减少，反而增加了 30%。

造谣无助于中国大豆种植业 ^①

 陈茹梅

【内容提要】中国进口大豆由国内需求决定，进口与否，以及进口多少均属于市场行为；寄希望于通过政策保护来改变大豆产业垮台的局面不是办法，妖魔化转基因大豆也不可能助推这一政策的出台。

黑龙江省大豆协会副秘书长王小语2013年6月接受媒体采访时表示，依据自身"在粮食行业20年的工作经历"，认为中国癌症发病率的上升可能与转基因大豆油消费有极大相关性。

报道中，王小语副秘书长发表了诸多论断，但很遗憾，这些反对转基因大豆的言论显著缺乏数据与证据支撑，因而显得牵强、滑稽，甚至荒唐——听起来多少让我觉得和"养生大师"张悟本的言论如出一辙。

从黑龙江大豆协会网站《大豆协会章程》可以查得，该协会并非专业协会，而是"由黑龙江省内从事大豆生产、加工、流通、科研、服务、管理等企事业单位和个人"自愿组成的行业性社会组织。隔行如隔山，粮食行业的工作经历与致癌原因、流行病学调查之间相差何止十万八千里。

关于转基因大豆安全性是否有保证的问题，国家农业转基因生物安全委员副主任委员彭于发研究员在6月15日的《经济日报》上做了科学、翔实和准确的回复；针对转基因大豆油消费与致癌原因是否有极大相关性这一问题，陈君石院士在6月21日做了解释和反驳，同时强调了王小语引用的两例陈旧的转基因作物安全性问题的实验是已被权威机构否定了的，王副秘书长不过是老调重弹、以讹传讹罢了。

作为一家大豆协会的副秘书长，王小语缘何无端攻击转基因大豆？善意猜测，他是为了保护本土大豆种植产业。然而，通过这样的手段不可能获得他所期望的结果。针对中国的大豆产业如何被摧垮，已经有很多报道，种种迹象表明，市场这只无形之手的调控，不会因为政府以保护价收购国产大豆的政策而乏力，也不会改变目前国内80%大豆靠进口、本土产量逐年萎缩的现状。

---

① 原文发表于"搜狐博客"，2013年6月23日。

在此，再次总结彭于发研究员曾经谈到的，中国为什么选择进口转基因大豆的原因：我们的品种和技术水平相比其他国家还有差距，多、乱、杂和混收混种问题突出，劳动力成本上涨；中国每年大豆的播种面积在 1.2 亿亩左右，国内的播种面积满足不了需求。中国每年被迫进口 5000 多万吨大豆，按我国现有的品种和技术水平来测算，产出这些大豆需要 4 亿多亩耕地来种植，而中国没有这么多后备耕地资源。

在这一系列前提下，中国进口大豆由国内需求决定，进口与否，以及进口多少均属于市场行为。笔者认为，现在寄希望于通过政策保护来改变大豆产业垮台的局面不是办法——当然，妖魔化转基因大豆也不可能助推这一政策的出台。作为国产大豆主产地的大豆协会副秘书长，应该投入更多的时间和精力，组织力量在国产大豆新品种的培育上下工夫。如果有朝一日，国产大豆新品种在出油率、油脂品质等方面能够和转基因大豆媲美，那才会有"收复河山"的资本。

欧盟禁止转基因产品吗？ ①

 孙毅 ②

【内容提要】欧盟不仅没有禁止转基因作物种植和销售，还在一定程度上积极稳妥地推进转基因作物的深入研究和商业化开发。

社会上流传着一种论调，认为欧盟对转基因产品是禁止的，特别是对其栽培和食用。这种说法是完全错误的。

笔者曾在英国牛津大学、荷兰瓦赫宁根（Wageningen）大学和捷克帕拉茨基（Palacky）大学做访问学者、短期培训或讲学，并且还走访过法国、德国和丹麦等其他一些欧洲国家，期间了解了一些有关欧洲国家对农业生物技术领域在研究和商业化种植及销售的情况，现介绍给大家。

从研究角度来看，欧盟国家中对转基因研究的支持力度很大，在笔者走访的大学和育种公司中都有较大规模的相关研究项目在进行。

欧盟对转基因作物的种植和销售也持开放态度，允许各国以个案申请转基因品种的种植、进口及上市，各国有权决定是否种植或进口转基因产品。欧洲现在已有西班牙、葡萄牙、捷克和罗马尼亚 4 个国家批准了转基因作物种植。对所有作物，欧盟的批准书中都明确指出"该品种与常规品种同等安全"。

欧盟各国对转基因种植和商业化的态度变化表现出以下特点：

宗教信仰影响较大，如有人就坚持认为，基因乃上帝所赐，人类不应随意改变——他们不明白，一部人类农业的发展史就是对各种农业生物体的基因不断进行择优汰劣的历史；

政府和民众确实受到形形色色的利益团体的左右，如绿党、动物保护主义者、有机产品生产者等；

欧洲自然条件相对优越，用世界 30% 的耕地养活着 9% 的人口，农产品生产和供应充足，用荷兰和捷克大学教授的话说，他们是被"宠坏了"，因而很多人都认为"没有必要"推广转基因作物；

① 原文发表于"基因农业网"，2014 年 11 月 11 日。
② 孙毅，山西省农业科学院生物技术研究中心研究员，博士生导师，兼国家农业部科技委员会委员，中国作物学会理事。

受政治影响。一些国家的转基因政策有时会由于政党轮替或为争取某部分人群的支持而改变，如法国、德国和波兰原本已经批准转基因玉米品种种植，但后来上台的政府因需要绿党的支持，又暂停了对转基因品种的种植许可；

需求导向明显，如处于南欧地区的西、葡两国虫害较重，农民种 Bt 转基因玉米的积极性就高，而其他一些西欧、北欧国家没有严重的虫害问题，农民就没有感受到种植转基因品种的必要性；

对自己处于优势的转基因品种较容易得到批准，且敢为天下先。如马铃薯是欧洲人的主食之一，德国人均每年消费 70 千克马铃薯。1989—2010 年，欧洲国家有 293 例转基因马铃薯的田间试验申请，其转基因性状包括抗病毒病、抗真菌病、抗线虫和改变淀粉成分等。其中德国艾格福（AgrEvo）公司培育的改变淀粉成分的马铃薯（Amflora）得到欧盟批准进行商业化生产，并已在德国、瑞典和捷克种植，仅限于工业化加工使用。这是世界上首例被批准商业化种植的转基因马铃薯。

欧洲已经深入开展安全性评价研究。欧盟资助的一个研究项目"转基因风险评估与交流"（GMO Risk Assessment and Communication of Evidence，GRACE）已完成利用两个 MON810 衍生系饲喂小鼠 90 天的实验，证明其无任何毒副作用。他们又委托德国、斯洛伐克、意大利、西班牙、法国等国科学家开展为期一年的转基因是否具有慢性毒性（chronic toxicity）的实验。GRACE 项目还和一个欧盟资助的项目 G–TWYST、一个法国资助的项目 GMO90+ 联合开展转基因安全性评价方法的研究，并随时将其研究结果公之于众。

欧洲国家对转基因作物的态度分为三类：第一类以西班牙和葡萄牙为代表，持积极开放的态度；第一类以法、德等国为代表，其态度摇摆不定；第三类是奥地利、希腊、卢森堡和匈牙利等国，在这几个国家转基因作物种植仍然被禁止。

尽管有多数欧盟国家对转基因品种的种植持谨慎态度，但欧洲的转基因作物种植面积却一直保持增长态势。2013 年比 2007 年增长了 35%，其最主要的原因是西班牙和葡萄牙的种植增长速度迅猛。

欧盟国家种植转基因作物主要为玉米和大豆。

大豆：截至 2010 年，欧洲有 5 个国家对 22 个转基因大豆品种进行了田间试验，主要性状为抗除草剂和改变脂肪组成，其中一个品种被批准田间种植，3 个被批准作为食用或饲用。

玉米：1992—2010 年，17 个欧盟国家已开展 895 例田间试验。实验性状主要有，抗除草剂、抗虫、抗旱和分子制药等。在 22 例商业化种植申请中，被批准的有 17 例，主要是用于食用或饲用的品种。

西班牙是欧盟第六大玉米生产国，玉米种植面积达 40 万公顷。西班牙农民 1998 年开始做抗虫 Bt 玉米栽培，到 2013 年，Bt 玉米已经占到西班牙玉米产量的约 1/3。Bt 转基

欧盟转基因植物种植面积

单位：公顷

国家＼年份	2007	2008	2009	2010	2011	2012	2013
西班牙	75 148	79 269	76 057	76 575	97 325	116 306	136 962
法 国	21 147	—					
捷 克	5 000	8 380	6 480	4 680	5 090	3 080	2 800
葡萄牙	4 500	4 851	5 094	4 868	7 723	9 278	8 171
德 国	2 685	3 171	—	—	—	—	—
斯洛伐克	900	1900	857	1 248	760	189	100
罗马尼亚	350	7 146	3 244	822	588	217	834
波 兰	320	3 000	3000	3000	3 900	4 000	—
总面积	11 0050	10 7717	94 732	91 193	115 386	133 070	148 867

资料来源：Industrieverband EuropaBio, ISAAA, USDA / Foreign Agriculture Service (2010, 2011, 2012, 2013)

因玉米已在一些西班牙地区种植超过十年。西班牙 Bt 玉米主要用作动物饲料。农民要种 Bt 抗虫玉米，他们必须在种子上支付更多，但这一额外的支出可以由使用较少的杀虫剂、机械、劳动力以及更少的虫害损失所补偿。2011 年，在以前害虫侵扰不太严重的卡斯蒂利亚－拉曼恰地区，埃斯特雷马杜拉和安达卢西亚害虫的增加，使得更多农民转向种植 Bt 玉米。

2012 年，葡萄牙的 Bt 玉米种植面积增加到 9278 公顷，但在 2013 年又回落到 8171 公顷。其主要原因是 2012 年虫害较轻，以及政府对共存种植条件的严格管理。

在捷克共和国，MON810 玉米的种植保持在较低的水平。在罗马尼亚和斯洛伐克也有一些较小面积的田间试验。

从以上情况可以看出，欧盟不仅没有禁止转基因作物种植和销售，还在一定程度上积极稳妥地推进转基因作物的深入研究和商业化开发。

转基因拯救了阿根廷农业 [①]

■ 方玄昌

【内容提要】如此颠倒黑白的帖子能反复流行，只能说明一个问题：无论多么颠倒是非的谣言，反转人士都敢造；无论怎样荒唐无稽的谣言，中国都有人愿意信。

最近几年，微信上一则题为"全球第一个被转基因毁掉的国家已出现！"的谣言帖被反复传播——并且往往配以一张吓人的大鼻子图片。

不夸张地说，这个帖子绝对可以参评"有史以来颠倒黑白之最"的竞选。它颠倒黑白到了怎样一个程度呢？到了许多知名职业反转人士都不好意思公开传播，甚至不敢公开提及的程度。

这个帖子的雏形早在七八年前就已经出现，当时已经有人批判过 [②]；但鉴于这个帖子一再传播，并且常传常新，笔者认为有必要再批判一次，为此笔者专门采访了来自阿根廷的行内人士。

帖子说，"阿根廷种植的是孟山都的转基因抗农达大豆。孟山都最初免费派送种子，在成功占领99%市场份额之后又开始收取高额专利费；与孟山都种子配套的杀虫剂破坏了生态环境，杀死了其他庄稼，引起动物后代器官畸形，使人出现恶心、腹泻、呕吐和皮肤损伤等症状。""机械化的单一种植大豆的农作方式迫使数十万农民离开土地，贫困和营养不良现象大量出现"。

事实究竟是什么样儿的呢？在2015年4月21日举办的"国际大豆种植者联盟论坛"上，来自阿根廷大豆协会的代表及农场主代表接受了笔者采访，并简单介绍了实情：阿根廷在过去15年间，大豆种植面积扩大了两倍，产量增长了3倍——其产量增加的60%与转基因育种直接相关，另40%与抗除草剂转基因技术造就的免耕种植，以及新的作物品种能更好抵抗恶劣天气等因素有关。转基因技术让免耕成为可能，这显著减少了水土流失，不但提高了土地质量，还保护了生态环境。总体计算，单单在大豆这一种作物上，阿根廷在过去15年中因为以转基因品种替换常规品种，就直接多获得超过700亿美元的利润，

---

① 原文发表于"基因农业网"，2015年5月14日。
② "基因农业网"转载过文章，并且将此谣言收入"谣言与真相"——编者注

其中 60% 以上为农民所得，剩下的主要好处归于消费者及中间商，而种业公司只获得其中的很小一部分（不超过 3%）。

总结来自阿根廷的行内人士的话：与谣言帖所述刚好相反，是转基因技术拯救了阿根廷的农业，尤其是出口农产品生产行业。

谣言帖还说："在阿根廷的大豆核心业务区，对在农村社区 65000 人开展的调查发现，癌症发病率高于全国平均水平两到四倍，以及甲状腺功能减退症和慢性呼吸道疾病率较高。"

求证这个问题的是非，其实更应该问问中国人——因为目前他们种植的转基因大豆更多用于出口，阿根廷可是中国进口转基因大豆的三大生产国之一（巴西、美国、阿根廷）！这一谣言怎么有点像是跟王小语学的？

谣言帖的结尾说："阿根廷，欲哭无泪！！！"但从阿根廷访问回国的罗云波教授介绍说，在阿根廷，对于转基因的态度已经成了大选中拉票的重要砝码——如果你在转基因问题上稍微表现出保守态度，那么你的选票将受到显著的负面影响。莫不是阿根廷百姓都是受虐狂？

如此颠倒黑白的帖子能反复流行，只能说明一个问题：无论多么颠倒是非的谣言，反转人士都敢造；无论怎样荒唐无稽的谣言，中国都有人愿意信。

第三章　科学的态度

让科学回归科学

黄大昉

【内容提要】对于转基因的讨论应该基于三个事实：转基因育种经过了 17 年的发展，已经取得巨大的经济、社会效益和显著的生态效益；没有任何证据表明已经批准上市的转基因作物相比于常规作物会给人类健康和环境带来更多的潜在的和间接的风险；中国初步建成了世界上为数不多的独立完整的生物育种研发体系。

"让科学回归科学"这句话在当前尤其重要。怎么样让科学回归科学，我觉得一定要说清楚基本的事实和真相，因为科学不能有虚假，必须要从真实的情况出发，我们要尊重事实。就转基因育种来说，我想谈三个基本的事实，从这三个基本事实来反映转基因研究的现状和未来的发展。

第一，转基因育种经过了 17 年的发展，巨大的经济、社会效益和显著的生态效益已经进一步显现，它推广应用的速度之快更是创造了近代农业科技发展史上的奇迹。转基因技术已是科学技术发展的必然、大势所趋，不可逆转。现在，世界上 81% 的大豆是转基因的，81% 的棉花是转基因的，转基因玉米已经超过玉米总产值的 1/3，转基因油菜已经接近油菜总产值的 1/3。这四大转基因作物的种植规模已经有目共睹。为何转基因作物种植的速度增长如此之快，因为转基因对增产增收、消除贫困、节约耕地和改善环境等方面都有积极的贡献，这一贡献都有数据可以佐证。就增产增收这一项来说，增产增收是个综合效益，不一定转了某一个基因，马上就直接增产，而是综合的效益发挥出来，最后对粮食的增产起到了很大的作用。1996—2011 年，15 年间农业转基因技术的收益是 982 亿美元，这 982 亿美元是怎么来的呢？一半是得益于降低成本，比如种了转基因的抗虫作物减少了农药的使用。另外一半得益于农作物增收了 3.28 亿吨。这是转基因技术在农业产业化中的真实业绩！

第二，关于所谓转基因的安全性。每年亿万公顷土地种植转基因作物，数亿吨转基因产品进入国际市场，数十亿人群食用含有转基因成分的食品，到目前为止没有发现任何有真正科学证据的安全问题。实践证明，经过科学评估、依法审批的转基因作物是安

① 根据作者 2013 年 7 月 11 日在中国科学技术协会举办的"科学家与媒体面对面"活动上的讲话整理，文字略有改动。

全的，风险可以预防和控制。

有人说，转基因安不安全到现在还没有定论，笔者认为以上事实应该算是一个安全定论了，那就是经过科学评估、依法审批的转基因作物是安全的，它的风险是可以预防和控制的。转基因安全问题在国际上都是被高度重视的。世界卫生组织、联合国粮食及农业组织、经济合作与发展组织每年都会公布大量的报告来讨论这个问题，结论在最近几年里也差不多都是这样的。此外，欧盟有一个食品安全局，是一个专门管食品安全的权威机构，该机构对于转基因安全问题的研究结论也是如此：没有任何证据表明已经批准上市的转基因作物相比于常规作物会给人类健康和环境带来更多的潜在的和间接的风险。

第三，中国发展的情况。在转基因生物育种上，中国可以自豪的是已经初步建成了世界上为数不多的独立完整的生物育种研发体系。世界上有这个研发体系的国家不多，只少数几个发达国家有。其他发展中国家正在建设这个体系，而我们已经基本建成了。当然，和跨国公司、发达国家比，我们在开发的整体实力上还有相当大的差距，但我们已经拥有了抗病虫、抗除草剂、抗旱耐盐、营养品质改良等重要功能基因的自主知识产权和科学技术，我们的棉花、水稻、玉米等转基因作物基础研究和应用研究已经形成了自己的比较优势和特色。另外，第二代转基因生物育种正蓬勃发展，其已成为各国竞争的新的领域、新的焦点。我们国家研制的可以生产人血清白蛋白的转基因水稻是第二代转基因的代表。

人血清白蛋白是重要的蛋白类药物，中国现在的需求量非常大。以前，中国所需的人血清白蛋白主要是从血液中提取来获得，那满足我们国家的人血清白蛋白的需求量，需要多少血液供给呢？约需1亿人每人献血200毫升才可以。利用转基因水稻来获取人血清白蛋白就容易多了。只要种植转入了人血清白蛋白基因的转基因水稻，把它作为一种生物反应器来生产，即可以大量提取所需的人血清白蛋白了。现在从转基因水稻中提取的人血清白蛋白的纯度已经达到99%，完全达到了目前医药的要求。目前，科学家们正在对这种转基因水稻进行一些临床试验。这种转基因水稻已经出口其他很多国家，在国际上供不应求，它给农民带来了巨大的附加值：种植1亩这种水稻能够获得的价值，就相当于200个人每人献了200毫升血。而农民辛辛苦苦种植普通的水稻，能获得多大产值呢？

从以上事例可知，随着科技的不断创新，生物育种不仅会对农业的自身发展产生重大影响，而且还会进一步向食品、医药、化工、能源、环保和材料等领域进一步扩展，应用前景将十分广阔。

现在，转基因育种已经到了十分关键的时刻，中国再也不能等待了。中国是世界上率先研究农业生物育种的国家之一，转基因作物种植面积居国际前列，转基因抗虫棉作为生物育种创新的成功事例曾在国内外产生广泛影响，可是现在却由于在转基因安全问题上受到诸多复杂因素的影响和牵制，中国农作物生物育种的产业化进程明显变缓。因此，如果我们现在还继续犹豫观望、停滞不前，结果不仅我国转基因技术的发展水平与发达国家的差距重新拉大，发展速度也会渐渐落后于巴西、印度等发展中国家。

我们应该加快实施转基因生物基因组的重大专项，积极推动转基因新品种新技术的推广应用，如果陷入安全之争而止步不前，就将失去发展的难得机遇。中国多年努力形成的研发优势将会得而复失，结果不仅会让生物育种发展与市场受制于人，一旦出现国家粮食安全不测事件，中国经济社会发展必将受到严重影响。可是只要我们坚定不移推进实施重大专项，大力推动产业发展，一定能够像当年开发抗虫棉一样，不仅能够与国外公司抗衡，抢占市场发展先机，而且能够抢占技术制高点，引领中国种业创新和科研水平的提升，加快农业发展方式的转变。

情绪渲染和斗争精神 [①]

李成贵 [②]

【内容提要】人文意识一旦泛滥，就可能是对科学精神的生硬骚扰。在大多数情况下，科学精神都比简单化了的人文意识更为珍贵，真正的科学人不可能没有人文意识，他们的人文意识甚至更为靠谱和着调。

转基因食品的安全性问题本来是一个科学问题，但由于它牵涉了多种利益和价值，产生的影响远远超出了科学的边界，故而在这个话语渠道和话语方式多元化的光怪陆离时代，它所引发的争论也是巨大的。在以"转基因"为关键词的话语场中，除了大众的一些懵懂的说法外，我们既可看到科学家的解释和辩护，也可看到民间人士的质疑和抵制；在这里，一方是以科学为基础的理性主义，另一方则基本是以价值为基础的"行动主义"，二者的争论似乎还没有结论。

关于转基因的争论，让我们来看两个典型案例。

首先让我们了解一下约瑟·博维和他惊世骇俗的"壮举"吧。

这是一个在法国和世界各地都拥有极高知名度的"另类"。2001 年 9 月初，在古巴哈瓦那国际会议中心召开的世界小农联盟论坛上，本人曾专门与博维进行了会谈。这个留着金黄色小胡子、烟斗似乎总不离手的小个子法国农民代表看起来其貌不扬，说话语调平缓，但所说内容却总有好勇斗狠之嫌，与主流世界南辕北辙、枘凿不入。博维原本是一个阿尔卑斯山山脚下的牧羊人，20 世纪 60 年代法国爆发的学生运动，让就读中学的博维激动不已，他由此成了个乐此不疲的运动积极分子。1968 年，他与同学联合起来占领了巴黎市郊学校。成年以后，他的斗争更加丰富多彩，在反主流的道路上越走越远。他反对全球化、反对快餐、反对转基因技术的应用等，在民间的反主流活动中，几乎都有他兴奋的身影。比如，1999 年，麦当劳在博维农场附近的一个小镇上开设分店，他带领一群人以"扫荡垃圾食品"为由捣毁了这家麦当劳店。同一年，他还带领着一帮追随者毁坏了法国南部种植了转基因玉米的农田。2001 年 1 月，在巴西阿里格里参加首届世界社会论坛（World Social Forum，WSF）期间，他率众连夜毁坏了附近农田的一片转基因

---

① 原文发表于《浙江日报》，2008 年 12 月 1 日，原标题为"转基因的迷雾"。

② 李成贵，北京市农林科学院院长，全国政协委员，民盟中央委员，曾任中国社会科学院农村发展研究所副研究员、农村政策研究中心主任，农村政策研究室主任。

大豆，成了论坛上最让人乐道的事件。

博维的事情干得越来越大，斗争搞得如火如荼，似乎没有穷期。在这个流行多样化的年代里，他显然代表了一种重要的力量，是世界舞台上一个独特的角色。现在，他是"法国农民联盟"主席，"世界小农联盟"的发言人，也可算是有世界影响的领袖和公众人物。

更令人惊奇的是，2007年，博维成了法国总统候选人之一，他竟然出人意料地拿到500个以上大大小小市长、镇长、议员及官员的支持签名（在离提交登记表只有一天之时，还差8个签名，但他最终还是凑够了500个）。他的竞选口号充分体现了他的激进态度："为反对经济自由化而发动竞选起义"，与WSF的口号"另外一个世界是可能的"如出一辙。竞选期间，他正处于被起诉状态，原因是2006年7月他与38名追随者在法国南部的农田里狂砍转基因玉米。这样，罕见的一幕就出现了：上午，博维站在法院的被告席上听审；下午，博维举行竞选集会，宣传自己的理念，接见媒体，与观众讨论，与其他党派候选人辩论……俨然一出多元社会总统竞选的活话剧在上演。

与博维的激进形成鲜明对比的是"绿色和平"组织的共同创建者和前领导人帕特里克·摩尔（Patrick Moore）。这位加拿大人是国际"绿色和平"前主席，他当主席达7年之久。在"绿色和平"当职期间，摩尔组织了多项运动，例如拯救鲸鱼、停止猎杀海豹、反对核舰艇和结束铀矿开采等。但是，1986年他离开了"绿色和平"，并于1991年创建了名为Greenspirit的环保咨询公司，主要提供环境政策、生物多样性、自然资源和气候变化方面的咨询。当摩尔决定不再妥协并且毅然从"绿色和平"离开时，他很快被自己的同盟贴上了叛徒和"环境生态的犹大"的标签（"绿色和平"组织有关人士骂他是叛徒、寄生虫和妓女）。与此同时，摩尔也变成了一个"绿色和平"的坚决批判者。摩尔曾经如此评价"绿色和平"组织："环保主义者反对生物技术、特别是反对基因工程的运动，很显然这已使他们的智能和道德破产。由于对一项能给人类和环境带来如此多的益处的技术采取丝毫不能容忍的政策，他们的运动将走向反科学、反技术、反人类。"

摩尔曾指出，2001年，欧洲委员会发布了由400个科研小组花费了6500万美元而得出的81份科学研究报告。研究报告表明，与传统的杂交作物所带来的不确定性相比，转基因作物并没有给人类的健康或者环境带来任何新的风险。反而，因为转基因技术是更加精确的科技，同时也经过更加严格的科学检查和制度规范，这有可能使得转基因产品相对于杂交作物和食品更加安全。摩尔这样评价自己：我感觉到我的思想得到了革命……

博维和摩尔二人的鲜明对比，令人不由得去思考，究竟应该采取什么样的态度去对待转基因技术和转基因产品的安全问题。我的看法是，既然转基因食品的安全性问题是一个科学问题，对它的发言和评判，首先应该基于科学，而不能是凌空蹈虚的价值偏好和所谓的正义关怀，更不能是出于"行动主义者"的激情渲染和斗争精神。显然，在某个旗号下，极端话语、思潮和行动往往更容易吸引大众的兴趣，让大众跟着吆喝，形成热闹的场面，通常科学素养非常有限的民众（包括一些媒体记者）是易于情动而难以理服的，因而煽情和危言耸听的东西往往能够大行其道。而在科学的世界里面，求真是唯一被推崇的灵魂，理性是其最高的原则。科学需要的是踏实、勤勉和不懈的努力，需要务实笃行、慎思明辨；科学作为改造世界的力量，不应该被滥用，但是更不能被禁用，否则人类将无法得到进步，只能停留在茹毛饮血和结绳记事的状态而享受"原始的正义、温馨和天人合一"。

转基因技术及其应用无疑是人类科技发展史上极为重要的创新，进入 21 世纪以来，全球生物技术产业的年增长率高达 30% 左右，已成为增长最快的经济领域。过去十年，全球转基因农作物的种植面积增加了 40 倍，显示了转基因技术的巨大潜力和不可阻挡的发展趋势。也正因如此，中国《中长期科学技术发展规划纲要（2006—2020）》才将其作为 16 个重大专项之一予以重点支持。目前，一般民众对转基因的恐惧完全是因为缺乏对转基因技术本身的常识性了解，而个别"立意在反抗，旨归在行动"的非政府组织（NGO）不遗余力地抵制转基因技术及其应用，则是对转基因的执意误读，比无知更为有害。我认为，人文意识一旦泛滥就变成了廉价甚至无聊的东西，就是对科学精神的生硬骚扰。在大多数情况下，科学精神都比简单化了的人文意识更为珍贵，何况真正的科学人不可能没有人文意识；不仅如此，他们的人文意识更为靠谱和着调。

我为以前反对转基因的行为道歉 ①

马克·林纳斯 ②

【编者按】本文作者是一位英国环保人士，原本是反转基因运动的标志性人物，后来态度发生了转变。在 2013 年 1 月 3 日的牛津农业会议上，他发表了这篇演讲，为其一直以来妖魔化转基因的做法道歉。

我要以道歉来开始这场演讲。这是因为，有好些年我强烈地反对转基因作物种植，还在 20 世纪 90 年代中期发起过反转基因运动，我的这些行为妖魔化了一项重要的技术，而这项技术却是对我们的环境是非常有利的。

作为一名环保主义者，我相信在这个世界上，每个人都有权利去选择健康营养的饮食，而我的选择却适得其反，我现在很后悔。

所以，我猜你们会想知道，1995 年至今的这段时间里在我的身上究竟发生了什么，使我不仅彻底改变了看法，且还站在这里承认这一切。答案其实非常简单：我发现了科学，并在这个过程中希望自己成为一名更好的环保主义者。

我清楚地记得，当我第一次听到关于孟山都公司的转基因大豆时我在想些什么——这是一家素行不良的美国大公司，在我们不知情的情况下，就把一些实验性的新东西放到我们的食物里。将不同物种的基因混到一起，似乎是目前能做到的最非自然的事了；在这件事上人类获得了太多的技术力量，必然有些要成为可怕的错误。这些基因将会像某种生物污染般传播起来，而那就是噩梦。

恐惧不胫而走。短短几年间，转基因作物在欧洲基本被禁止，我们的恐惧也通过一些非政府组织，譬如"绿色和平"组织与"地球之友"扩散到了非洲、印度及其他亚洲地区。在以上地域，转基因作物直到今天仍然被禁止。这是我曾参与过的最成功的运动。

但这实际上是一场反科学的运动。我们在脑海中构想了很多场景：科学家们在他们的实验室里如魔鬼般咯咯笑着，将各种生命部件拼接到一起。贴上"恶魔食物"③这一标签——完全是人们对这种秘密用于非自然的科技力量的深层次恐惧。彼时我们并没意识

---

① 原文发表于《科技日报》，2013 年 2 月 1 日，为作者在 2013 年 1 月 3 日牛津农业会议上的演讲，由张梦然、常丽君、张巍巍翻译。

② 马克·林纳斯（Mark Lynas），英国科普作家、环保人士，曾因出版《上帝的物种：在人类纪拯救地球》而引起反响。

③ 反转基因人士对转基因食物的称呼，指一旦食用就中了科学怪人的魔咒。—译者注

到，真正的恶魔不是转基因技术，而是我们反对的态度。

于我而言，这种反科学的环保主义，渐渐与我当初针对气候变化进行的科学环保主义背道而驰。2004 年，我出版了自己第一本关于全球变暖的书，立志使其具有科学性和可信度，而不是只是一本收集了一些奇谈轶闻的攒书。

所以我必须用海冰的卫星数据去核对我在阿拉斯加的旅行故事，我也必须证明我那关于安第斯山脉消失的冰川照情况属实，因为在此地，高山冰川原本长期都是处于质量平衡状态的。这意味着，我必须学习如何去阅读科学论文，了解基本的统计学知识，并在海洋学、古气候学等不同领域都有所涉猎。而我之前得到的政治与现代历史的学位，基本毫无帮助。

我开始经常与那些被我认为是"不可救药"的反科学分子进行辩论，因为他们既不相信气候学家，也不承认气候变化的事实。所以我告诉他们"同行评审"之价值、"科学共识"之关键，以及在最杰出学术期刊上发表的关乎事实重要性的论文。

我的第二本关于气候的书《改变世界的6℃》，具有了一定的科学性，并以此获得过皇家协会科学奖。与我关系较好的一些气候科学家和我开玩笑说，我在这个领域知道得比他们还多。然而，难以置信的是，2008 年，我却在没有做过任何学术研究的前提下，仅凭一点有限到可怜的个人理解，就在《卫报》上长篇累牍地攻击转基因作物的科学性。即使在更晚的阶段，我也没看过一篇生物技术或植物科学领域"同行评审"的论文。

显然，这些对于转基因的批判是站不住脚的。真正触动我的，是我最后发表在《卫报》上的那篇反转基因文章下的评论。特别是一个评论家的反问：如果你是基于它是由大公司生产的而反对转基因作物，那么你也反对那些由大汽车公司生产的轮胎吗？

于是，我查阅了一些资料。我发现我所珍视的信仰已逐渐从那个绿色都市神话变为了转基因。

我曾认为转基因作物会增加化学药剂的用量，但事实是抗虫害的棉花和玉米需要的杀虫剂更少。

我曾认为转基因作物只是为了使大公司受益，但事实是广大农民投入得更少收入得更多，转基因技术让他们的收益增加了数十亿美元。

我曾认为所谓的"终极科技"会让农民每年保留良种的习惯变得毫无必要，但在很早以前杂交技术出现时，它也被认为可以做到这一点，事实是直到现在也从未"得逞"。

我曾认为没有人需要转基因作物，但结果是由于农民迫切需要，抗虫棉在印度被非法盗用，抗农达大豆则在巴西被盗用。

我曾认为转基因是危险的，但结果是它们比传统育种，如诱变技术更为安全和精确。转基因生物中仅仅转移了几个基因，但传统育种的错误方式却会污染到整个基因组。

但将不相关物种的基因混合到一起又会怎样呢？譬如说鱼和番茄？实际上，病毒一直都在做这样的事，包括植物与昆虫，甚至我们自身——这就是所谓的基因漂流。

但这仅仅只是一个开始。因此，在我的第三本书《上帝的物种：在人类纪拯救地球》中，我抛弃了那些所有环保卫士们所谓的正统观点，一开始就试图以最大化的角度来看待这个问题。

今天我们所面临的挑战是，到 2050 年，必须用现有的耕地面积，利用有限的肥料、水和农药，在气候迅速变化的背景下，养活 95 亿人口，希望其中贫困人口的比率会比现在大幅下降。

让我们稍微分析一下。我知道，在上一年的会议上有一项发言的主题是关于人口增长。这是个连神都感到困扰的课题。人们认为，发展中国家的高生育率是个大问题，换句话说，贫苦的人们生育的孩子太多，因此需要计划生育或更严厉些的举措，如大规模的独生子女政策。

现实的情况是，全球的平均生育率已降至 2.5——如果考虑到（人口）自然更迭率为 2.2，那么目前的生育率数据并没有超过太多。那么如此庞大的人口增长又是哪里来的呢？其来自婴儿死亡率的不断下降，即是说，现在有更多的孩子能够长大成家生儿育女，而不是在幼年就死于某些可预防的疾病。

婴儿死亡率的快速下降，堪称是我们这十年里最好的消息之一，特别是这一伟大成就发生的中心地带，就在撒哈拉以南的非洲地区。这也并不意味着当地还会有大量孩子的出生——实际上，用汉斯·罗斯林（Hans Rosling）的话说，我们已经达到了"儿童的峰值"。即是说，目前大约有 20 亿个孩子，由于生育率下降，这个数字不会再刷新了。

但这 20 亿个孩子很多都能长大成家并拥有自己的子女。到 2050 年，他们会为人父母，这就是预测中那一年人口将达到 95 亿这一数字的来源。你不能丢弃其中任何一个孩子，上帝不会允许，而即使不需为人父母者，也能知道婴儿死亡率下降是件好事。

那这些人将需要多少食物呢？依照去年发表在《美国科学院院报》（Proceedings of the National Academy of Sciences of the United States of America）上的最新预测，到本世纪中叶，我们面临的全球需求增长将超过 100%。这将几乎彻底抵消了 GDP 增长，尤其对于那些发展中国家。

换言之，我们需要生产更多的粮食，不仅仅为了同步满足人口增长，更要根除贫穷。普遍的营养不良问题，意味着今时今日仍有近 8 亿人每晚"枕着饥饿入眠"。任何一个身处富裕国度中的人，敢于说贫穷国家的 GDP 增长是件坏事的话，我都将表示谴责。

然而，这种增长的后果，就是我们需要克服严重的环境问题。土地流失是温室气体排放的巨大源头之一，或也是生物多样性丧失的最大原因。我们必须在有限的耕地上种植更多粮食，从而保护热带雨林和自然栖息地不被开发为耕地。这也是提倡土地集约化的另一个关键原因。

我们还必须解决水资源有限的问题——不只是正在消失的地下含水层，还有由于气候变化导致的大陆农业中心区土地旱灾变得越来越厉害的问题。但如果我们从江河中取水，那些本已脆弱的栖息地上，生物多样性的丧失又会加剧。

我们还必须更合理化地利用氮：人工肥料对养活人类而言是必需的，但是其使用效率低下，使得墨西哥湾以及诸多海洋区成为一片死寂，也酿成了水体的富营养化。

我们不能只是坐在这里，静候科技革新来解决所有问题。我们必须更加积极并讲究策略。我们必须确保科技革新加速到来、方向正确，并为最需要它的人们服务。

从某种意义上来说，我们之前已经意识到了这点。1968 年，保罗·埃尔利希在《人口炸弹》一书中写道："养活全人类的战争已经结束。尽管从现在开始采取应急措施，到 20 世纪 70 年代，上亿人口仍将饿死。"他的建议直言不讳——在困难重重的国家，如印度，人们可能终归要饿死，倒不如更早取消向他们提供食物援助，以减缓人口增长。

埃尔利希未必就是错误的。事实上，如果每个人都听从了他的劝告，上亿人口可能就不会死。不过在这件事上，要归功于诺曼·博洛格和他的绿色革命，营养不良大幅度下降，印度也成为能够粮食自给的国家。

需要提到的是，博洛格也像埃尔利希一样担忧人口的增长。只是他认为，我们应该为此而努力，切实采取一些措施才是有价值的。他是个实用主义者，因为他清楚什么是可能做到的；同时他又是个理想主义者，他认为无论哪里的人们都应得到充足的食物。

那么，博洛格做了些什么呢？他转向了科学和技术。人类是能制造工具的物种——从衣服到犁具，技术是区别人类和猿猴的主要特征。这项工作的大部分，都是集中在驯化作物的基因组上。举个例子，如果小麦长得更矮，就能将更多能量用于结出果实而不是秸秆上，那么产量将会提高，因倒伏而引起的粮食损失也可减少。

博洛格于 2009 年去世，其生前花了很多年时间与那些因为政治或观念原因而反对现代农业改革的人做斗争。用他的话说："如果反对者设法阻止农业生物技术，他们可能将导致近 40 年来一直预言的饥荒以及全球生物多样性危机的提前到来。"

同时，由于富裕国家所谓的环保运动的蔓延，我们现在已经到了相当接近这种危险的地步。虽然生物技术并未停止发展，但因各种限制现已成本高昂，只有那些最大型的公司才能负担。

目前，在许多国家，一种作物获得监管体系的许可都要花费数千万美元的资金。事实上，我在《作物生命》（Croplife）上看到的最新数据显示，从发现一种新的作物性状到完全商业化，这一过程要花 1.39 亿美元，所以开源的或公共部门的生物技术确实没有任何机会。

这是个可悲的讽刺，那些从事反对生物技术的人抱怨大公司垄断了转基因作物市场，而造成这一局面的原因更多却是因为他们自己。

官僚主义的负担日益严重。欧盟监管系统一直处于停滞状态，许多转基因作物要等十年或更长时间才能获得批准，而在反对生物技术的法国和奥地利等国，由于扭曲的国内政治环境，转基因作物的批准被无限期推迟。在全球范围内，由监管造成的延迟已经由 2002 年的 3.7 年上升到现在的 5.5 年。

请记住，法国长期以来拒绝接受马铃薯，只因为它是从美国进口的。就像一位评论家最近所说的，欧洲即将变成一个食品博物馆。我们营养充足的消费者们被过去传统农业的浪漫怀旧蒙蔽了，因为有充足的食物，我们才能沉浸于美好的幻想。

但与此同时，上个月乔纳森·福利等人在《自然·通讯》杂志上发表的研究显示，全世界多种主要粮食作物的产量增长已经出现停滞。如果我们不能让产量增长恢复以往，就会跟不上人口增长的速度和由此带来的需求增长，随之而来的就是物价上涨以及更多的自然土地被转化为农业用地。

再次引用博洛格的话："我现在可以说，世界上已经有了可持续的、养活 100 亿人口的技术——不管是已有的，还是那些正在研究中的先进技术。目前更值得我们关心的问题是，农民和农场主能否被允许使用这一新技术。那些富裕国家当然可以承担得起采取超低风险策略的成本，花更多钱购买以所谓的'有机'方法生产出来的食品，但那些来自低收入、食物短缺国家的长期处于营养不良状态的 10 亿人口却承担不起。"

正如博洛格曾经说的，也许所有神话中最有害的就是"有机产品对人类或环境更好"这一说法。在很多科学文献中，有机产品更健康的观点已经被反复批驳。从许多研究中我们也知道，在相同的土地面积上，有机生产的作物的产量要低得多，甚至减产达 40% ～ 50%。土壤协会（Soil Association）最近发表了一份报告，其用了很大的篇幅来描述用有机食物来养活世界，却没提到有机食物的产量缺口。

如果从整体上考虑土地置换的影响，有机生产对生物多样性的危害可能更大。该报告对此也未提及，反而在谈论着一个理想的世界，即西方人整体上少吃点肉并减少些热量的摄入，这样发展中国家就可以有更多的食物。这完全是肤浅无知的妄想。

如果你仔细想想，就会发现有机运动本质上只是一种拒绝主义，原则上，它拒绝接受许多现代技术。就像宾夕法尼亚州的阿米什人坚持将技术停滞在 1850 年的马车时代一样，有机运动实际上是期望将技术停留在 1950 年左右，且提不出什么更好的理由。

然而，他们也未能始终如一地贯彻这一理念。我在最近一篇土壤协会杂志的文章中读到，他们赞同用喷火器或是电流来烧掉杂草，但是良性除草剂，如草甘膦的使用仍然是禁忌，因为它们是"人造化学药品"。

认为不用化学药品会对环境更好根本是毫无理由的，事实上正相反，洛克菲勒大学耶西·奥索贝尔及其同事最近的研究发现，印度农民如果使用 1961 年的耕作技术达到现在的总体产量的话，要额外增加 6500 万公顷的土地，这相当于整个法国的面积。

在中国，由于采用了现代技术，农作物的产量获得了很大的提高，种植玉米的农民可以节约出 1.2 亿公顷的土地，这是整个法国面积的两倍。从全球范围来说，1961—2010 年，耕地面积仅增加了 12%，而人均卡路里摄入量却从 2200 卡上升到了 2800 卡。在此期间，由于农作物产量提高了 3 倍，即便增加了 30 亿人口，每个人仍然能得到更多食物。

所以说，化学药品的使用对产量的大幅度提升起了关键作用，由此为全世界节约出了多少土地呢？答案是 30 亿公顷，或者说相当于两个南美洲的面积。如果没有农作物产量的提高，那么今天亚马孙热带雨林也许就消失了，印度不会有任何老虎，印度尼西亚也不会有猩猩。这就是我不明白为什么那么多反对科学技术在农业中使用的人还自称为环保主义者的原因。

那么，这些反对到底是来自何方呢？好像有一个流行的假设，即现代技术等于更高风险。事实上，也有许多非常自然且有机的方法会带来疾病和致人早死，2011 年德国有机豆芽带来的混乱即可以证明这一点。这是一次公共卫生的大灾难，死亡和受害人数与切尔诺贝利事件相当，原因是从埃及进口的豆芽种子受到了可能是来自动物粪肥中大肠杆菌的污染。

这次事件导致 53 人死亡，3500 人肾功能严重衰竭。为何这些消费者选择有机食品？因为他们认为这更加安全健康，他们更担心来自被严格管控的化学杀虫剂和化肥的微乎其微的风险。

如果你能毫无偏见地审视这种情况，那么就会发现大部分的争论，无论是反生物技术还是有机论，仅仅是建立在自然主义谬误的基础之上的——坚信自然的就是好的，人工的就是坏的。这是一种谬误，因为也有很多纯天然的有毒物质和自然的死亡方式，正如那些死于大肠杆菌中毒的受害者的亲友们告诉你的一样。

对于有机论者，自然主义谬误被提升到了整个运动的核心指导原则的位置。这是非理性的，而我们美其名曰"为了地球和我们的孩子而做得更好"。

这并不是说有机农业没有任何贡献——已经开发出来的许多好的技术，如间作和伴植，即使这往往需要很高的劳动强度，环境效益仍是显著的。农业生态的原理如养分循环利用和促进种植多样性等，无论在哪里都应受到更多重视。

但是，现在有机论已经到了拒绝革新、阻碍技术发展的地步。这里再次用转基因作物这个最显著的例子，许多第三代转基因作物让我们能不用危害环境的化学药品，因为这些作物的基因组发生了改变，可以保护自身免受虫害。这为什么不算有机农业呢？

我完全赞成世界的多样性，但这意味着一个农业系统不能宣称具有垄断的优势，并且排除所有其他的选择。我们为什么不能和平共存？特别是当我们被传统技术所桎梏，而其比新技术存在更高的内在风险时。

几乎所有人都好似对"有机"充满敬意，并认为质疑这种正统观念不可思议。那么今天，我就要在这里质疑它。它最大的风险在于，我们因为现实中的盲目偏见没有利用各种机会进行创新。我举两个例子，很遗憾二者都涉及"绿色和平"组织。

去年，出于一贯的原因，"绿色和平"组织在澳大利亚损毁了一种转基因小麦。我对此十分熟悉，因为我自己也曾这样做过。不管如何，这是英联邦科学研究所依靠公共资金开展的研究。他们反对它，是因为它属于非自然的转基因作物。

很少有人知道另外还有一项试验正在进行，幸运的是，那些带着割草机的"绿色和平"组织积极分子没能破坏这项试验，科学家因而意外发现一种小麦可以增产30%。试想，如果"绿色和平"组织成功破坏了此次创新，这些知识或许根本无从产生。英国全国农场主联合会（NFU）主席彼得·肯德尔近日表示，这就像人们在尚未阅读图书馆中的书籍之前就烧掉它们一样。

以英国洛桑研究所为例。去年洛桑研究所进行了一项抗蚜虫转基因小麦的试验，这种小麦无需杀虫剂便能对付这种严重的虫害。

但因为其是转基因作物，所以反对者决定要破坏它。而由于约翰·皮克特教授及其团队的勇气，反对者失败了。教授等人利用 YouTube 和媒体告诉人们为什么他们的研究很重要，为何其不应被损毁。他们的请愿收集了成千上万人的签名，反对派则只聚集了企图破坏的数百人，因而白白耗费了心思。

一个入侵者设法越过栅栏，他正是典型的反对转基因抗议者——一位伊顿公学的老贵族，他多彩的过往使我们牛津当地的布兰德福德侯爵看起来像是具有责任感的公民典范。

这位出身高贵的积极分子将有机小麦种子撒在试验点的四周，作为象征自然的一种声明。皮克特教授的团队告诉我，他们以非常低技术的方式解决了这个问题——使用无线便携吸尘器将这些种子清理干净。

今年，除了重复小麦试验，洛桑研究所正致力研究一种欧米伽－3油籽。其或能取代鲑鱼养殖饲料中的野生鱼类。这样可以基于陆地种植的原料进行水产养殖，帮助减少过度捕捞。是的，这是转基因作物，所以可以预料反对转基因者还会呈抵触态度，即使该研究具有明显的潜在环境效益，有利于维系海洋生物多样性。

我不了解各位，但我已经说得够多了。所以我今天的结论很明确：关于转基因作物的争议已经结束，我们不应该再来讨论它是否安全。在过去的15年中，人们吃了3万亿份转基因食物，但没有一例被明确证实是有害的，吃转基因食物有害的几率比你被小行星砸到的几率还低。更重要的是，有食用有机食品致死的例子，但却没有人因为吃了转基因食物而死亡。

正如十年前我的所作所为，"绿色和平"组织和土壤协会声称其被科学共识所引导，就像他们对气候变化所宣称的一样。但对于转基因作物而言，同样还存在一种坚如磐石的科学共识，其由美国科学促进会、英国皇家学会和世界各国的卫生机构及国家科学院所支持，不过，这种不容忽视的科学共识却因为与他们的意识形态相冲突而被忽略。

最后一个令人难过的例子是转基因抗枯萎病马铃薯的故事。这种马铃薯由爱尔兰一个公共基金支持的研究所培育出来，但是爱尔兰绿党（他们的领导人经常参加这个会议）极力反对，最后甚至诉之于法律以抵抗转基因马铃薯。

尽管抗枯萎病马铃薯能使种植者每季少用 15 次杀菌剂；尽管马铃薯属于无性繁殖，花粉污染可谓无稽之谈；尽管抗性基因来源于马铃薯的一个野生近亲。

19 世纪中期，在爱尔兰发生的马铃薯饥荒致使上百万人死亡，因此抗枯萎病马铃薯具有很好的历史共鸣。这本来是一件美好的事情，可使爱尔兰成为消灭枯萎病的国家。但因为爱尔兰绿党的反对，这一切都化为了泡影。

不幸的是，现在官僚也站在了反对者这边。威尔士和苏格兰公开排斥转基因作物。本应由科学来指导的政府机构却把中世纪迷信作为了战略的需要。

非洲和亚洲同样不幸。印度拒绝种植转基因茄子，尽管它能减少农药的使用并降低果实的农药残留。印度政府如同凡达纳·希瓦一样，逐渐陷入了"向后看"的意识形态。希瓦认为，工业化之前的村庄农业是理想的——但在历史上那是一个饥荒和动乱频发的年代。

在非洲，"不含转基因"仍然是许多政府的座右铭。比如，肯尼亚因为可能存在"健康风险"，已经禁止了转基因食品。尽管事实上它们可能减少这个国家广泛蔓延的营养不良问题，而营养不良对健康的影响不言而喻。在肯尼亚，如果你培育出营养更丰富或者产量更高的转基因作物来帮助贫困农民，那么你将在监狱中待上十年。

因此，急需的农业创新正被一系列令人窒息的管制所扼杀，而这种管制并不是基于合理的科学风险评估。现在的危险不是转基因食物会危害到谁，而是富裕国家的少数人由于想让他们的食物如设想般自然，而使数百万人遭受食物缺乏的危害。

我希望事情正在改变。比尔及梅琳达·盖茨基金会最近为约翰·英尼斯研究中心提供 1000 万美元以启动使主要粮食作物具有固氮能力的研究，并且从玉米开始尝试。是的，"绿色和平"组织，这也是转基因的。忽略它，如果我们能减少全球氮污染的问题，并使主要农作物自己固氮，那将是一个有价值的目标。

我知道，从政治方面而言这是不正确的，但我们需要在国际上破除谎言并解除管制。当我与认识的植物学家谈论这些的时候，他们总是把头埋在双手之中。因为政府机构和很多人的风险意识是完全错误的，其正在阻止一项极其需要的技术。

诺曼·博洛格已经离世，但我认为当我们拒绝屈服于政治上正确的正统观念时（因为我们知道那是错误的），是在向他的记忆和视野致敬。现在风险依然很高，如果我们继续这样错下去，数十亿人生存的前景将受到损害。

所以我敢请今天在座的各位问问你们自己对这个领域的看法，看看是否经得起理性的检验。凡事要讲证据，这样才能确保你们能超越那些非政府组织的自我参照式报告。

但是最重要的是，农民应该能自由选择想要采用的技术。如果你认为旧有的方法最好，那没关系，这是你的权利。但你没有权力阻止其他人，妨碍他们努力尝试其他不同的方式，而这些方式有可能更好。农民懂得人口增长的压力和世界变暖的问题，他们知道每公顷产量是最重要的环境指标，了解技术永远不会停止发展，也知道电冰箱和马铃薯都曾作为新鲜事物引发过恐慌。

所以，对那些反对转基因的游说团，从英国贵族、美国美食界的明星大厨再到印度农民，我想说的就是这些。你完全可以有自己的看法，但你们现在应该清楚，科学不支持你们。我们即将到达一个危急时刻，无论是为了广大人民还是这个星球，现在请你们让开道路，让我们这些余下的人继续以可持续的方式养活这个世界。

谢谢各位！

转基因需要标识吗？ [①]

方舟子

【内容提要】所谓"知情"是建立在获得准确的信息基础上的，而不是在有偏见的舆论误导下提出的不合理的要求。目前并无任何证据表明转基因食品会比同类非转基因食品更有害健康，要求强行标识一种无害的成分，这本身就不是一个合理的要求。

　　目前这场反对转基因食品的恐慌源于欧洲各国的政客与美国打贸易战的需要，以及一些反科学组织、伪环保组织的推波助澜。当这场恐慌波及中国消费者时，却又添加了新的内容：反科学组织在中国的代理人有意煽动民族自尊心，声称欧美企业对中国实行歧视政策，暗示欧美各国把自己不敢吃的转基因食品倾销到中国来，拿中国人做人体试验，以致有义愤填膺的中国消费者惊呼"中国人不是小白鼠"。事实上，美国不仅是世界上转基因食品最大的生产国，也是最大的消费国。从第一种转基因食品——一种不容易软化的西红柿——在 1994 年进入美国市场算起，美国人食用转基因食品已有十年的历史，目前美国市场上的食品中，大约 60%～70% 含有转基因成分。而且与欧洲各国不同的是，美国政府并不强求对转基因食品加以标识，而只允许商家自愿做含转基因成分或不含转基因成分的标识。只有在转基因技术改变了食物的营养成分或引入可能导致过敏的成分时，美国食物药品管理局（FDA）才要求将这种新成分标出。

　　美国民间一直有人呼吁对转基因食品进行强制性标识，也有议员提出有关议案，但未获通过。要求标识的理由是消费者有权知道自己吃的是什么，也就是国内现在正在热炒的"知情权"。但是所谓"知情"是建立在获得准确的信息基础上的，而不是在有偏见的舆论误导下提出的不合理的要求。目前并无任何证据表明转基因食品会比同类非转基因食品更有害健康，反而有许多证据表明已上市的转基因食品对人体无害甚至更有益处（例如提高了食物的营养价值），因此，要求强行标识一种无害的成分，这本身就不是一个合理的要求。尊重消费者的知情权，也不等于就必须强制标识某种食物成分，有时，甚至对有害成分的这种"知情权"也未能得到满足，更何况无害成分。例如，已知腌制、

---

①　原文发表于《环球》杂志，2004 年第 11 期，原标题为"转基因，标不标记？"。

油炸食品都富含致癌物，但是奇怪的是，却没有人要求对腌制、油炸食品或含腌制、油炸成分的食品强行标志"含致癌物"。

一般人对"转基因"为何物，所知甚少，甚至误以为是要转人体的基因，再加上反科学组织的误导，那么人们见到"含转基因成分"的标识时的心理，就和见到"含致癌物"的标识时一样，会以为是有害成分，导致恐慌而加以排斥，这对并无害处的转基因食品是不公平的。而且，要强制标识转基因成分，并不只是简单地贴个标签，还要有检测、分流（与非转基因食品分开）、管理、监督等方面的投入。加拿大政府资助的一项研究表明，这将会使食品价格上涨 10%。将这部分额外费用摊在所有消费者身上，对那些并不在意吃转基因食品的消费者来说，也是不公平的。

对那些不管因为什么原因而不愿吃转基因食品的人，他们已有了选择，可以去吃有"有机食品""绿色食品"或"不含转基因成分"标识的食物，有这类标识的食物据称都不含转基因成分。他们却强求所有消费者为他们对转基因的特殊"知情权"买单，就像那些不愿吃施过化肥、农药的食品的人，不去吃"有机食品""绿色食品"，却要求对所有其他食品强行标识"化肥食品""农药食品"一样，是不合情理的。

有人担心，如果不标识转基因成分，会使素食者无意中吃下动物基因、穆斯林无意中吃下猪基因等等。目前已上市或研发中的转基因作物都不用动物基因，以后如果用到，可以视为改变了食物的营养成分，而参照 FDA 的规定要求加以标识。这种特殊情形，并不构成强行标识一切转基因成分的理由。如果有人故意往清真食品中转入猪基因而不标明，那是在搞破坏，也许可算是一种"恐怖主义"行为。对蓄意破坏者来说，任何规章制度都是一纸空文。

美国科学促进会理事会
关于转基因食品标识的声明[①]

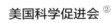
美国科学促进会 [②]

【内容提要】食用含有转基因作物成分的食品，与食用含有常规育种技术培育的作物成分的食品相比，并不具有更大的风险。FDA 并不要求对含有转基因作物成分的食品进行标识。在法律上强制要求做这样的标识只会误导和虚假地警示消费者。

最近有几股势力要求对含有转基因作物成分的食品进行标识。这些势力并不是由于有证据表明转基因食品有实际的危险而驱动的。事实上，科学是清楚的：用现代分子技术改良的作物是安全的。相反的，这些势力是被各种因素驱动的，从坚持认为这种食品"不自然"、有潜在的危险，到意图立法做标识警示以获得竞争优势。要求标识的另一个理由是，转基因作物未经检验，但这种观念是错误的。

例如，欧盟已花了 3 亿欧元用以研究转基因生物的生物安全性。它最近的报告声明："从涵盖超过 25 年的时间、涉及 500 多个独立研究小组的 130 多个研究项目得出的主要结论是，生物技术，特别是转基因技术，其自身并不比常规育种技术风险更大。"世界卫生组织、美国医学会、美国国家科学院、英国王家学会以及其他每一个受尊崇的机构已检验了证据，得出了相同的结论：食用含有转基因作物成分的食品，与食用含有常规育种技术培育的作物成分的食品相比，并不具有更大的风险。

人类文明有赖于人们有能力改良作物，让它们更适于做食物、饲料和纤维，而所有这些改良都是遗传的。遗传学在 20 世纪的进展开辟了使用化学和辐射手段加速遗传变化的方法，产生了像富含番茄红素的柚子这样的提高营养的食物，以及成千上万的其他改良过的水果、蔬菜和粮食品种。现代分子遗传学和大规模 DNA 测序技术的发明大大加速了我们对基因如何工作和它们在做什么的了解，使得我们掌握了新的研发方法，得以非常精确地给作物加入有用的性状，例如抵抗某种害虫或病毒疾病的能力，就像给人做免疫接种抵抗疾病一样。

---

① 原文见 https://www.aaas.org/sites/default/files/AAAS_GM_statement.pdf，由方舟子翻译。
② 美国科学促进会（American Association for the Advancement of Science，AAAS），成立于 1848 年，是世界上最大的科学和工程学协会的联合体，也是最大的非盈利性国际科技组织。美国科学促进会也是《科学》杂志的主办者、出版者。

　　为了在美国获得管理部门的批准，每一种新的转基因作物都必须经过严格的分析和检验。它必须证明与用以研发它的亲本作物是一样的，而如果一种新的蛋白质性状被加了进去，该蛋白质必须被证明既无毒性，也不会引起过敏。其结果与人们常有的错误观念相反，转基因作物是历来被用作食品的作物当中，被检验得最为充分的。偶尔会有人声称给动物喂食转基因食品导致了从消化紊乱到不育、肿瘤和早死等异常。虽然这样的声称通常很耸人听闻并获得媒体的很大关注，但是没有一个能够经得起严格的科学审查。事实上，最近有研究者回顾了十几项设计良好的动物长期喂食研究，对比喂食转基因和非转基因土豆、大豆、大米、玉米和小黑麦，结果发现转基因和它们的同类食物在营养上是等同的。

　　美国食品药品管理局（FDA）长期以来的政策是，如果某种食品由于缺乏相关信息而对健康或环境具有特殊的风险，那么就要求对其做特殊的标识。FDA 并不要求对含有转基因作物成分的食品进行标识。在法律上强制要求做这样的标识只会误导和虚假地警示消费者。

　　美国科学促进会理事会 2012 年 10 月 20 日通过

欧洲正在错失转基因良机 ①

 欧文·帕特森 ②

【编者按】本文全面反思英国及欧盟过去十多年间在转基因政策方面所走的弯路。从这篇讲演中我们可以清楚地看到，即使在反转呼声很高的英国，研究人员与国际生命科学界的观点也从来没有分歧。

谢谢大家今早来到这里。

这里是洛桑研究所（Rothamsted Research）③和诺曼·博洛格④全球食品安全研究所（Norman Borlaug Institute for Global Food Security）的联合实验室，没有任何一个地方比这里更适合讨论有关转基因，以及其在未来面对各种挑战时所扮演的角色这一话题了。

20世纪40年代，在战争、饥荒、政局不稳的背景下，诺曼·博洛格引领了后来被称为"绿色革命"的运动，将一系列先进的农业技术带到发展中国家，大大提高了作物产量。博洛格因此被称为拯救了十亿生命的人，这个说法毫不夸张。他的事迹充分展示了人类在科学应用上所取得的巨大成就。

那项开创性的运动已过去70多年，如今我们正面临更加艰巨的挑战。到2050年，世界人口将从现在的70亿增长到90亿。正如最近的前瞻性报告所述，养活这么多人口必须实现粮食的"可持续集约化"生产，粮食生产的无忧时代已然结束。

我认为，现在对转基因作物的潜力开展新一轮更为可靠及有依据的讨论正是时候。我们应当基于对转基因风险和益处的公正认识，对这项技术进行全面彻底的考量。

尽管我坚信转基因技术对于经济、环境和国际发展非常有益，但我同时也很清楚人们对此仍存忧虑。我认为我们的政府、产业部门和科学界以及其他机构，有义务向英国公众证明转基因是一项安全、可靠和有益的发明。我们必须引导这场讨论，并向公众解释什么是转基因技术，以及转基因技术有什么作用。

---

① 本文是作者2013年6月20日在洛桑研究所发表的讲演，由王琳琳翻译。

② 欧文·帕特森（Owen Paterson），英国国会议员，环境、食品和农村事务部国务大臣。

③ 英国洛桑研究所是一所世界领先的农业科研中心，是英国生物技术和生物科学研究委员会重点资助的8家研究所之一，拥有多名英国皇家学会成员，是英国最大的农业研究中心，至今已有160年的历史，是世界上历史最悠久的农业研究所。——编者注

④ 诺曼·博洛格（Norman Borlaug，1914—2009），美国著名农业科学家、植物病理学家、遗传育种专家，1970年获得诺贝尔和平奖，培育出丰产、抗锈病小麦品种，1986年创立世界粮食奖基金会。——编者注

技术的进步

经合组织（OECD）与联合国粮食及农业组织（FAO）最近联合发布的《2013—2021年农业展望》报告指出，为了满足日益增长的粮食需求，农业生产产能需要在未来40年增长60%。全球人口的增长，将对土地、水资源和能源的需求日益增加，进而导致食品安全风险。为了应对挑战，我们必须采用新的技术，转基因技术正是其中之一。

博洛格和其他参与绿色革命的人利用新技术彻底改变了人们的耕种方式。例如，与1961年相比，现在同一种作物要达到同样的产量所占用的土地面积减少了65%。世界粮食产量在1967—2007年之间增加了115%，而土地的使用仅增加了8%。美国经济学家伊多尔·高克兰尼（Indur Goklany）曾经做过计算，如果试图用20世纪50年代的生产方式来养活目前的人口，需要使用所有土地面积的82%来作为耕地，而不是现在的38%。

最近几十年来，英国的政治争论都是基于一个错误的前提：我们要么增加作物生产，要么保护环境。事实上我们需要两手同时抓。但是如果我们不主动在农业、农业科学、商业和技术领域进行全面革新，我们将无法实现这一点。

人类使用遗传学方法进行植物育种已有几个世纪之久。最新的进展是英国科学家完成了小麦基因组测序工作，剑桥大学全国农业植物学会研发了"超级稻"，展示了传统杂交育种的进步。然而，如果我们要解决所面临的严峻挑战，就必须利用一切可利用的工具。

对先进的转基因植物育种技术的正确运用，是保证或提高作物产量的有效途径。转基因技术还可以用来抵御未知气候和疾病对作物的破坏性影响，减少化肥的使用，提高农业生产效率并减少采后损失。

更令人振奋的是，如果我们更有效地使用耕地，就能为自然、荒野和生物多样性释放出更多空间，这正是一些评论员一直在呼吁的事情。洛克菲勒大学（Rockefeller University）的一个小组研究发现，如果未来50年全球范围内采用新的农业技术，将能节省出相当于法国国土面积2.5倍的耕地。

转基因技术的全球地位

自1996年以来，转基因作物在全球的种植面积增长了上百倍。去年全球共有28个国家的1730万农民种植了转基因作物，占地约1.7亿公顷，为全球耕地总面积的12%，相当于英国国土面积的7倍。

如果没有从转基因作物中获得实际利益，农民不会种植这些作物。

如果没有清楚地了解转基因技术的经济效益、环境效益和公共利益，各国政府不会给这些技术颁发许可证。

如果没有觉得转基因产品安全和实惠，消费者们不会购买这些产品。

此时此刻，欧洲正在错失良机。全球转基因作物的种植只有不到0.1%发生在欧洲。

当世界其他国家都已抢先种植转基因作物并从新技术中获得收益时，欧洲正在冒着被甩在后面的风险。我们决不能让这种事情发生。转基因技术的使用是革命性的，其影响不亚于最初的农业革命。英国应当也像当年一样在这场变革中处于领先的位置。

我希望英国在养活世界人口、实现粮食增产上发挥主导作用，而不是在别的国家已经开始采取行动时袖手旁观。英国是科学研究的天然家园。我希望研究机构和跨国公司知道英国是他们开展科研工作的最好地点，我们的政府会帮助他们扫清一切障碍。

经济利益推动技术进步

当前范围的转基因作物旨在帮助农民更快、更好、更省地控制害虫或杂草。有证据表明它们已经起到了作用，为农民同时也为消费者带来了经济收益。

转基因作物在世界其他地方的种植也极大地惠及了欧洲。欧盟的农产品净进口居于世界首位，因为欧洲依赖大量的农产品以支持畜牧业生产。据欧洲饲料制造商协会（FEFAC）统计，目前欧盟约85%的复合牲畜饲料都标明含有转基因或转基因衍生物成分。

今年4月，英国有四家大型连锁超市公开表示他们将不再对自有品牌的禽类产品使用转基因饲料做限制，因为那样既难以确保执行又花费昂贵。超市的做法是必要而且正确的，这个举动非常明确地表示转基因相关产品丝毫不构成食品安全问题。这种透明行为可以确保消费者对转基因产品做出知情选择。

今年年初，我在柏林遇到了巴西农业部长。他告诉我，与传统方式相比，采用转基因技术种植大豆能节省30%的生产成本。大豆是牲畜的重要蛋白质来源，是全球粮食系统不可或缺的组成部分。

出于商业目的考虑，世界各地的农民都在种植转基因大豆。其中巴西采用转基因技术生产大豆的比例占到了83%，美国是93%，阿根廷更是达到了100%。

出于经济目的考虑，欧洲从这些国家进口转基因大豆。在非转基因大豆比转基因大豆成本高出每吨100到150英镑的情况下，如果不进口转基因作物，我们的食物价格、特别是肉产品价格将更加昂贵。

转基因话题并不仅仅涉及食物。一个非常成功的典型案例就是转基因棉花。目前全球超过2/3的棉花生产都基于转基因技术。因此在座的绝大多数人所穿的衣服都有可能来自转基因作物。

如果不是转基因技术给予作物内在的抗虫性，棉花的产量将减少一半。抗虫害转基因棉花不仅因为降低成本、减少损失而有益于棉农，也因为减少农药的使用而有益于环境。

转基因棉花的种植对发展中国家的影响尤其深远。从2002年批准种植转基因棉花至今，印度已从棉花的净进口国转为棉花的主要出口国。据估计，这十年印度转基因棉花的产量增长了约216倍。

这意味着转基因棉花为印度棉农增加了126亿美金的收入，亩产增加24%，小农户的盈利也增加了 50%。与此同时，用于控制棉铃虫的农药使用量减少了 96%，从原来的每年 5700 吨降至 2011 年的 222 吨。

抗病虫害与环境效益

转基因技术已被普遍用于使作物能够抵御特定的病虫害。科学家们包括英国的专家正在研发转基因的其他抗性。

马铃薯晚疫病（即枯萎病）是一种严重的真菌病害。为防治晚疫病，种植户需要使用重型喷雾器在田间来回喷洒药物、烧柴油、压实土壤、熏烟、对作物和周围的植物、昆虫使用杀真菌剂，达每年 15 次之多。

尽管英国每年花费 6000 万英镑来控制这种毁灭性的植物病害，却仍不能避免作物受到感染。剑桥塞恩斯伯里实验室（Sainsbury Laboratory）和巴斯夫植物科学公司（BASF）已经在英国开展了田间试验，种植不同类型的抗晚疫病转基因马铃薯。成功部署这种类型的作物将带来经济和环境的双重效益，农药和燃料的投入都将显著降低。

让我震惊的是巴斯夫最近决定将其研发的抗晚疫病马铃薯退出在欧盟的审批。我并不责怪巴斯夫，他们只是基于当前的市场条件和监管情况做了一个商业决策。但目前欧洲转基因环境之恶劣，使得这样有潜力的、具有经济利益和环境友好的作物未获得市场准入前景，这为我们敲响了警钟。

目前世界各地的农民已能够保证产量、防治虫害和降低耕种对环境的影响，这都要归功于生物技术的发展。还有证据表明转基因作物能减少土壤侵蚀、降低燃料和化学品的使用，进一步改善环境。

我们目前正在辩论农药对蜜蜂和其他昆虫的影响。而在那些种植了抗病虫害转基因作物的世界其他地区，植物和昆虫因免于虫害和农药，已经得到了更好的保护。我最近跟一位北卡罗莱纳州的农民进行交谈，他在使用转基因技术后已经扔掉了所有的农药喷洒设备。

转基因产品给农民、消费者和环境都带来了好处。

从提高氮肥利用率到直接固氮

提高作物的氮肥利用率意味着更少的人工施肥和燃料消耗。目前我们正针对这些性状进行商业化研发，并计划于 2013 年至 2015 年在澳大利亚进行氮高效利用转基因小麦和大麦的田间试验。

从长远角度，科学家们正在研究通过转基因方式得到能够自己"施肥"的固氮谷类作物。这项研究能大幅减少作物对化肥的依赖，使得农民减少农药喷洒、燃料消耗和化学品使用，降低对周边土壤和水循环的污染，对改善环境大有裨益。

这项研究将带来巨大的潜在收益，它面临的技术挑战也同样艰巨。因此我非常欢迎盖茨基金会（Bill & Melinda Gates Foundation）去年向约翰英纳斯中心（John Innes

Centre）提供 640 万英镑来资助该项研究。我们应当为这项运用英国科技解决世界难题的研究获得这样大规模投资而感到骄傲。我也希望其他的研究机构在做出投资决策时能优先考虑英国。

国际福利

转基因技术带来的好处不仅仅覆盖发达国家。据统计，在发展中国家，2012 年有 90% 的转基因种植者属于资源贫乏的小型农户。在中国和印度，分别有超过 700 万的农民因为转基因技术的显著优势决定种植抗虫害转基因棉花。

在美国，科学家正在种植一种转基因耐旱玉米，并在肯尼亚、南非和乌干达进行田间试验。澳大利亚人正在研究转基因耐旱小麦。这类作物有可能让世界上一些最贫穷的国家发生翻天覆地的变化。

除了耐旱转基因作物，科学家们还在探索和开发耐涝、耐盐碱以及耐极端气候的转基因作物。这为人类在原本难以利用的土地上进行农业生产提供了可能。

在乌干达，抗病害和营养增强型转基因香蕉的田间试验已经取得了阶段性进展。尼日利亚科学家研发了一种抗虫害转基因品种，以应对"绿豆蛾"对豌豆收成造成的毁灭性经济影响。目前，尼日利亚农民每年因病虫害损失价值 2 亿英镑的农作物，另外还要花费 3 亿英镑进口农药来对付这类害虫。

营养保健

还有一些能增强营养、保障健康的转基因作物正在筹备之中，这对于发展中国家而言意义深远。目前，增加欧米伽 –3 脂肪酸含量的转基因作物即将上市。尼日利亚正在对增加了维生素 A 和铁含量的转基因生物强化木薯和高粱进行田间试验。

黄金大米最早是 1999 年由波特里库斯（Ingo Potryku）教授、拜尔（Peter Beyer）教授和一家非盈利独立研究机构研制出来的，用以改善维生素 A 缺乏症。缺乏维生素 A 是导致儿童失明的主要原因。据世界卫生组织（WHO）统计，每年因此失明的儿童达到 50 万，其中一半的儿童会在失明后一年内死亡。这个问题在东南亚地区尤为严重。

目前已有的大米中均不含有维生素 A 成分。作为遗传工程的产物，黄金大米是解决该问题的唯一途径。从黄金大米被研发至今的 15 年间，我们一直试图向那些最需要的人们赠送种子，但所有的努力都被阻挠。在此期间，有超过 700 万的儿童失明或死亡，我们应当对此进行反思。

通过先进的生物技术，还可以用转基因植物制造用于生产流感疫苗和胰岛素的药用蛋白。

转基因技术为农业发展提供了真正的机会，使得作物在恶劣土壤条件下生长和抵御极端天气成为可能，并有可能直接帮助在贫困地区因饮食缺乏而需要额外补充营养的人们。随着世界人口的持续增长，对这些技术的掌握变得更为重要。

安全性

对于所有技术来说，保障公众安全和环境安全是至关重要的。事实上，在欧洲和世界其他地方，转基因技术可能是所有农业技术中最为规范的一种。

有一些人将转基因作物称之为"弗兰肯食品"，即"科学怪人食品"，这是在刻意制造恐慌，暗示转基因会对人类健康和环境构成威胁。

事实是，转基因产品要在严格控制条件下进行大量的测试和研发——从实验室到温室，再到田间试验，每一个步骤都是在确保安全的情况下进行的。

在完成所有的试验之后，转基因产品上市之前还需要逐一进行安全风险的科学评估。这个评估由欧洲食品安全局（EFSA）的独立科学家来进行。在英国，我们也接受来自世界上领先的科学专家委员会的独立意见。

过去的 25 年，欧盟耗资 2.6 亿英镑，支持了 400 多个独立研究小组对超过 50 个转基因安全项目进行风险评估，并在 2000 年和 2010 年的欧盟委员会（European Commission）报告中得出两个有力的结论：

第一，没有科学证据表明转基因作物会对环境和食品及饲料安全造成比传统作物更高的风险；

第二，由于采用了更精确的技术和受到更严格的监管，转基因作物甚至可能比传统作物和食品更加安全。

欧盟委员会首席科学家安妮·格洛弗（Anne Glover）近日表示，"没有确凿证据显示转基因作物危害人类和动物的健康，或者危害环境。"

杂草的抗药性通常作为一个突出的环境问题和转基因作物联系在一起，但是同样的状况也发生在传统种植中。这不是转基因的问题，而是作物管理问题。耕种这两种类型作物的农民都可以通过对不同除草剂的使用或是良好的轮作来解决这个问题。

转基因在欧盟的现状

针对转基因作物，我坚信欧盟拥有世界上最完善和严格的安全审批制度。转基因作物和产品上市前不仅要通过欧盟食品安全局的独立科学家的评估，还要通过来自各个成员国的科学机构和监管机构的审核，才能获得正式许可。

我此前已经提出，欧盟已经是转基因作物的消费大户——主要通过进口牲畜饲料。超过 40 种转基因产品被正式批准用于食品和饲料，从未产生任何健康或环境问题。

尽管如此，欧盟批准转基因作物本土化种植的进程却相当缓慢。过去 14 年中，仅有一种转基因作物被批准商业化种植。另外那些通过安全评估的转基因产品却因各方压力而受阻于上市审批。我非常同情欧盟委员会，他们需要应付如此多的来自欧盟内部的意见分歧。

虽然我理解其他成员国的意见，但我仍然希望英国的科研人员和农民们能够发展最新的技术，并从中获得经济和环境效益。然而在目前无法种植转基因作物的情况下，我们只能寄希望于他们缚手缚脚地来应对全球粮食安全的严峻挑战。这是多么令人遗憾的事情——这意味着，用转基因作物为英国国民解决实际问题的美好愿景要再等上许多年才能实现。

欧盟的做法使得欧洲正处于被高科技资本逐渐抛弃的危险中。这将掣肘欧洲在农业发展和环境保护的关键性部署，削弱我们的应对能力和农产品竞争力。

欧盟政府需要以事实证据为基础来做出决策和执行监管，告知消费者准确的信息，以便他们做出明智的选择，让市场来决定转基因产品是否真的可行。

农民也是消费者，但是因为市场审批的停滞，他们被剥夺了选择的权利。

因此，我希望探索出一条途径，能让审批制度恢复正常运转⑤，这样才能鼓励更多的国际投资和技术创新。

我并非建议欧盟降低安全标准和措施，它们依然至关重要；但是我们必须修正现有的市场准入制度，使得经过严格安全评估的产品能够公平地进入市场。

欧盟的立场对发展中国家的影响

2012 年 4 月，来自 24 个非洲国家的部长签署了联合公报，一致通过了使用生物技术作为提高非洲农业生产力的手段之一。

然而有证据显示，转基因在欧盟的待遇对发展中国家产生了非常不利的影响。欧盟对转基因的态度似乎表明：转基因技术是危险的。这可能使得转基因技术在这个世界上最需要农业创新的地区遇到本不该有的阻力。发展中国家同时也在担忧，如果他们种植了未被欧盟批准的转基因作物，可能会被欧盟市场挡在门外。直到最近，哈佛大学的卡雷斯托斯·朱马（Calestous Juma）教授指出，这种状况"对非洲的伤害很大"，"反对新技术将给养活世界人口的前景蒙上一层阴影"。

我们有责任建立一套正确的准则，以确保发展中国家在判断转基因方案是否适合他们时做出明智的选择。

结语

总而言之，人类将面临一个非常现实的问题：如何在未来 40 年养活自己？我们需要从现在就做好准备。我们必须把这个事实摆在面前：此时此刻，在这个星球上有十亿人长期处于饥饿状态。我们难道真的要看着他们的眼睛说："我们拥有成熟技术能帮你们摆脱饥饿，但是这项技术太有争议了，所以实在难办"？过不了多久，世界人口就会从 70 亿增长到 90 亿。到那时，我们将拥有更少的资源去养活他们，因此我们有义务去探索诸如转基因这样的新技术，唯有这些新技术才有可能解决严峻的粮食问题。

---

⑤　欧洲在针对转基因问题上一直秉承"预防"原则，致使市场准入制度不能正常施行。——编者注

　　转基因技术未必使农民的生存变得更容易，或使他们的生意更有利可图，但我相信这项技术将给这个行业带来巨大的机遇。

　　这项技术能够通过非化学方法解决病虫害问题；这项技术能够为贫穷国家因缺乏维生素 A 而濒临失明或死亡的儿童提供补充维生素 A 的食物；这项技术能够使农作物在干旱地区具备更强的生存能力；这项技术将有助于开发新的药物；这项技术将养活世界上最贫困地区的家庭。我们不能指望使用传统的技术来养活未来数目庞大的人口，我们必须使用一切我们所掌握的技术。

　　尽管我充分理解在转基因问题上存在着的不同意见，但我希望部分的讨论能从今天开始，从这项技术背后的科学证据开始，从已经实施的严格管控开始，从我们能够得到的财富效益开始。

　　推广转基因并不仅仅是政府的责任。整个行业、科研组织、零售商、非政府组织、民主社会及媒体都应该发挥各自作用，确保关于转基因的讨论具有建设性、信息对等和证据充分。我希望今天在座的每一位都能各尽其职，我一定会全力支持你们。

转基因科普是一场科学启蒙 ①

 姜韬

【内容提要】妖魔化转基因现象终将过去，我们每个人都会收拾和整理在这个跌宕起伏阶段的收获；并且，转基因科普必定会给中国社会留下丰厚的科学文化遗产。

我非常荣幸参加"新语丝"的这个活动，祝贺饶毅教授获得这个荣誉。他获得这个奖项可谓实至名归。

在妖魔化转基因的谣言和活动进入中国时，饶毅教授和最早的一批科学界、科普界、新闻界的有识之士敏锐地认识到了事情的危害，及时、态度鲜明地展开了捍卫科学的行动。饶毅教授利用他的影响力和权威性，在网络上对反转活动进行了有力驳斥。在我的印象中，饶毅教授也是最早向公众介绍欧盟转基因十年研究报告的科学家，对于知识阶层有很强的说服力。

在这批传播转基因科学知识的先行人物的带领下，经过他们的长期坚持，以及不断增加的后来者的共同努力下，我们看到了科普的成就：部分主流媒体、相当数量的知识阶层，以及广大科学爱好者、科普读者基本上接受了国际主流科学界对于转基因的研究结论和共识。妖魔化转基因的谣言已经基本没有了地位和影响，为中国生物技术的知识普及书写了光辉的一页。

参加活动的各位朋友都是对转基因有了一定科学认识的，因此从发展的角度看，转基因将不再是我们的重点话题。我这里不妨抛砖引玉，超越转基因，谈谈我在科学精神传播领域的一点浅见。

从科普的角度来看，公众对于转基因不接受，我们除了要对谣言这个最大因素进行及时和彻底的批驳之外，还有三个方面需要花工夫。

其一是要强调科学的一元性，因为科学是我们人类知识中最可靠的部分，是文明的硬核。纵然是那些所谓反科学的人文学者，也必须老老实实承认：人类在面临客观物质世界时，特别是在操作层面，除了科学没有可替代方案。

其二是对所谓"纯天然"的虚幻理念的批驳，这个概念否定历史，违背事实，是各

① 本文是作者 2014 年 1 月 12 日在第二届"新语丝科学精神奖"颁奖仪式上的讲话。

种极端环保主义的核心理念，必须将之驳倒。这个虚假概念对于文化界的影响可谓深远，一天不倒，就会不断生出新的幺蛾子。对此，我建议严肃批驳的同时，考虑接受者的感情，因为感情的调整是需要时间的，要让人们逐步明了一个事实，即"纯天然只有美学价值"。对于那些饮食无忧、不需要面对自然、只需要面对社会和自身的这个人群，可以抽空去追求"纯自然"。

其三是要抗击来自人文学界的反科学和反智的力量。学科的交叉、文化的交融、科学与资本的结合都是社会蓬勃生命力的表现，技术与资本的结合不但没有影响科学的纯洁，而且有助于科学的发展。因为资本非但没有否定科学的原本发展动力，而且增加了额外的推动力量！

从历史上看，对科学本身的质疑来自人文领域，主要是不甘为 2+2=4 这样冷冰冰的规定和结论所左右；还有就是担心科学结论的唯一性会导致专制。这完全是对科学的误读，他们忽略了专制的一个重要本质特征——自私。而科学理论是无私的，从认识论上讲，科学的成果一旦公开，就立即属于全人类。谁理解掌握，就可以为谁服务。科学领域是高度自由和民主的：对真理的探求和揭示，与发现者的地位身份无关，也不受此限制。亚里士多德"吾爱吾师，吾更爱真理"的名言就反映了科学的理性和民主。

在资本推动转基因技术解决人类重大疾病的医药问题的同时，科学家可以有相当的经费来进行科学本真的活动——对未知的探求！比如，斑马条纹的问题、蝴蝶翅膀色彩和图案的问题；又比如，蜗牛的生物多样性问题等等。而且不可否定的是，资本与科技的结合，代表了先进的生产力。

坚持科学的一元性和人类社会的科学基础，并非等同于科学主义。达尔文主张的"生物进化－自然选择"理论与社会达尔文主义完全是两回事。我们拒绝社会达尔文主义，与在教科书中介绍和讲解达尔文的进化论，完全不可以混为一谈。

对事物不恰当的分割，必然造成错误的结论。反科学的说法混淆所有的概念边界，让大家感觉是非判断没有了标准、没有了边界，让人越来越糊涂。反科学者在科学之外看科学，感觉的是难以企及的高度和无情、专断。但在科学的内部，则是充满了新奇，永远生机勃勃，一派自由王国的景象。

当前，后现代主义距离中国社会还有一定距离，我们在科普方面，首先要完成两方面的启蒙工作：科学的启蒙和人的启蒙，然后才是人与科学的关系。这个工作没有捷径，跨不过去，必须扎扎实实一步步实现。为科学的启蒙做出贡献、留下宝贵遗产，这也是转基因科普的价值和目标。

妖魔化转基因现象终将过去，我们每个人都会收拾和整理在这个跌宕起伏阶段的收获。我想，转基因科普必定会给中国社会留下丰厚的科学文化遗产。

转基因品尝的科学依据 ①

 林敏

【内容提要】反转基因的武器其实就是谣言再加谣言。我们要做的是用最有力的方式揭露谣言——行动比言语更有力量。

和大家一样，今天我也是一名志愿者。

转基因食品是人类有史以来研究最透彻、管理最严格的食品。本来中国是最不应该反对转基因的国家。现在我们所面临的形势很严峻，一个重要原因就是总有那么一些人在妖魔化转基因技术及其产品。

反转基因的武器其实就是谣言再加谣言。比如网上造谣说，转基因大豆致癌——我们反驳说，国际组织有定论，通过安全性评价的转基因食品可以放心吃；他又造谣说，国际组织说安全，你为什么什么也不做——我们反驳道，转基因重大专项实施以来，中国开展了系统深入的安全风险评估，在食品与环境安全上的结论有充分的科学依据；网上又造谣说，你有利益链，何况美国人不吃——我们拿出数据讲，美国人吃转基因食品最早最多；马上他们又说，你拿美国说事干吗，我们要的是 13 亿人口的安全——我们讲，转基因作物产业化 17 年，没有一例被科学实证的转基因安全事件发生，世界上有 3/4 的人口是生活在批准种植或进口转基因食品的国家，转基因食品安全有充分保障；他们又说，转基因食品的有害要几代人后才能显现出来，今天安全不能证明明天安全。

我们总感叹谣言跑得比事实快。但谣言终归是谣言，跑得再快也不过是长着长腿的怪物而已。

我们要做的是用最有力的方式揭露谣言。有时候，揭露谣言，行动比言语更有力量。今天，我们在这里举行一个非常特别的聚会，转基因研究者、研发者以及来自各行各业的志愿者欢聚一堂，品尝一种被某些人士妖魔化为能断子绝孙的抗虫转基因玉米，我们要用一种非常规的方式，向世人表明，请相信科学，那些被称之为会断子绝孙的转基因产品是安全的。

但特别要强调的是，国内研发的转基因抗虫玉米到目前为止还处在研发阶段，处于产业化的前期，从管理来讲，还不能大规模种植，也不能上市销售。所以，今天我们要

---

① 本文根据作者 2013 年 9 月 7 日在中国农业大学转基因抗虫玉米现场体验活动座谈会上的发言整理。

特别感谢戴景瑞[②]院士，感谢转基因玉米的研发小组，为我们提供一次先吃为快的机会，品尝品尝未来将上市的转基因抗虫玉米。

实际上，第一个品尝转基因抗虫玉米的不是我们在座的各位，而是与各位在田里见过面的那些虫子。虫子也像我们一样喜欢聚会，他们讲，以前人真狠，我们不过吃了点儿他们的玉米，他们就用剧毒的农药让我们断子绝孙。现在得感谢转基因，我们吃点转基因玉米就会感觉肚子难受，顶多是饿死，但不会断子绝孙。虫子们的这番肺腑之言说明了什么？说明转基因技术的应用能减少虫害造成的损失，同时保护我们的环境，使得人与自然更加和谐。

第二个品尝转基因抗虫玉米的是小白鼠。这些用作转基因生物安全试验的小白鼠，吃转基因抗虫玉米后，对吃非转基因的对照小白鼠讲，过去我们爷爷奶奶真可怜，天天做农药产品的毒性试验，好多农药吃一口就完蛋。现在好啦，转基因抗虫玉米好吃，安全无毒，看看我们的兄弟姐妹，个个生活幸福，爱情美满！

这是一个科学童话。我想以此说明，我们今天的行为科普，绝对不是一时的冲动，我们举行今天的品尝活动，是建立在坚实的科学评估基础上的，我们的行为有坚实的科学依据。

今天到会不都是专家，但一定是慕转基因抗虫之名而来的美食家。最后，祝各位美食家品尝转基因玉米胃口好！

---

② 戴景瑞，中国工程院院士，玉米遗传育种专家，现任中国农业大学农学与生物技术学院教授，博士生导师，亲自育成玉米杂交种十余个，累计推广一亿亩，用基因工程技术育成中国第一代转基因抗虫玉米。

不再作沉默的大多数 ①

马刚 ②

【内容提要】我们必须站出来跟愚昧划清界限。反转谣言与愚昧已经变得像瘟疫，开始像病毒一样传播，必须要制止它。瘟疫面前没有旁观者、没有沉默的大多数。

清乾隆三十三年（1768 年），在所谓盛世笼罩下，中华大地被一种叫作"叫魂"的妖术恐怖笼罩。从史料来看，谣言似乎肇始于一位和尚的故意传谣，说是某石匠将人的头发和名字写于打地基用的石头中，可以盗取人的灵魂，致人死亡。匪夷所思的是，这个荒诞的谣言却持续发酵，迅速传遍大江南北，引发了整个帝国的恐慌。

我们再把镜头拉回到更近一些的时代，我们看到的是大清的子民疯传刚刚引进不久的铁路破坏龙脉和风水而拆毁铁路……

每当回顾这些历史时，现代的我们常常带着智力的优越感嘲笑前人的无知与荒唐，甚至是扼腕叹息，但又有多少人通过反思，从而树立独立思考和怀疑的科学精神而不重蹈祖辈的荒唐覆辙？时代在进步，能思考、不盲从的人当然存在，但即使是大浪淘沙也淘不尽不断往自己脸上贴愚昧标签的人。

21 世纪已经过了 13 个年头，人们眼中幻化出的一种新的"妖术"又在疯传，并迅速掠过大江南北。这种"妖术"是让人吃了某种食物后会断子绝孙甚至会得癌症。跟乾隆时代不同的是，这种"妖术"不是来自个把不良僧人，而是一个巨无霸帝国——美国的一个巨大阴谋，美国正通过这种"妖术"制定了一个宏大的"灭绝中华民族的计划"，这种"妖术"就是转基因技术。

为什么要参加品尝会

从儿时看的很多科普书中，早已知道有"遗传工程""基因工程"这些词汇，跟现在的"转基因"完全是一回事，只是现在换了种说法。

大约 2009 年左右，听一同事跟我"科普"转基因的可怕，并提到"绿色和平"组织的观点。我非常诧异，这也是我第一次听说"绿色和平"组织反对转基因。我解释说，

---

① 本文为 2013 年 6 月"健康中国人"网站组织的转基因大米品尝会征文作品。

② 马刚，现任中泰证券研究所金融工程首席分析师。

转基因食物没啥危害，就像杂交育种一样，对转基因的恐惧完全出于一种愚昧。同事的表情表现出无奈，然后是无语，我们也未就此话题进一步探讨。

如果反转控们没有像现在这样猖狂，我对品尝会也不会感兴趣，或许有可能只是作为志同道合的网友聚会参加一下。正如济南品尝会的组织者李长青老师所说，"我对转基因的支持信念很大程度来源于反转控们的拙劣表现"，我也如此。那些谣言之荒诞、荒唐，跟乾隆年间的妖术恐慌有何区别？与此同时，媒体的无知、无耻与毫无底线、毫无职业道德与敬业精神；公知大V表现出的令人瞠目的愚昧甚至出于政治目的和私利，为了吸引眼球，不惜公然造谣、传谣、颠倒黑白。我感到人类的智商被侮辱了。

我相信很多参加品尝活动网友的心路历程与我类似：不能容忍自己的智商被侮辱，我们必须站出来跟愚昧划清界限。这种谣言与愚昧已经变得像瘟疫，开始像病毒一样传播，必须要制止它。瘟疫面前没有旁观者、没有沉默的大多数。

参加这种品尝活动需要勇气。当时没觉着这需要啥勇气，但会后发生的事确实有些出人意料，事先想到过网上的谩骂与诋毁，但还是低估了反转控的疯狂与下作水平。反转控除造谣与谩骂之外，还有个重要的动向，就是试图将网上的争论发展到线下，把口水战演变成肢体战，促冷战变热战。

蛊惑者与被蛊惑者

事实上，只要学好高中生物，只要懂得人或动物简单的消化原理，就会感到有关转基因各种谣言的荒唐。反转控的愚昧不能归咎于教育。在中国，还有更复杂的因素，其影响远大于教育。除传统文化中的巫元素之外，起作用的还有三个因素：专家公信力的丧失、政府公信力的丧失和媒体的堕落。

长期以来，中国各类冠以"专家"之名者或者业务水平低下，或者为利益昧着良心为利益集团代言、做软文、做广告，已在公众中丧失了公信力，公众不再相信专家的话，媒体、骗子才有可趁之机。往前追溯，当核酸骗局风头正劲时，有多少专家、教授为核酸保健代言和背书？人们对专家的话已经产生怀疑，指责转基因科技专家拿了孟山都的黑钱，虽然在逻辑上、法律上属于诛心之论，但这何尝不是现实的推演？

与专家公信力丧失相比，政府公信力的丧失更加可怕。在公共安全领域、食品安全领域，很多人已不再相信政府的话。

部分媒体想尽一切办法吸引眼球，不惜媚俗，不惜制造假新闻和谣言，这是助推转基因恐慌的一大"功臣"。天天吃米饭没事绝对不是新闻，发现毒大米才是新闻。如果有人说转基因大米很平常，就是普通大米，这不会成为新闻，公众也不会兴奋起来，而宣传转基因能断子绝孙才是新闻，才能吸引眼球。媒体人大都是文科出身，科学素养极差。媒体的影响力，成为转基因"妖术"恐慌的放大器和"播种机"，本来很多对此不关心、不在乎的公众成为反转人士，而这更使反转成为热点话题，而媒体更加卖力气反转，这是一种恶性循环式的正反馈。

何处是民意

从无视民意，到决策时考虑老百姓的反应和意愿，无论如何这是一个进步。但现在决策层如何知道民意？在当前的历史条件下，舆情和群体事件似乎变成政府管理部门考察民意的重要渠道。

舆情包括网上舆情与媒体动态、名人的言论等。但这种民意的代表性是有限的，无论是微博、BBS、网上投票、公众言论、媒体报道、公知大 V 的言论还是群体事件都忽略了所谓"沉默的大多数"。除非自己的切身利益受到实实在在的侵害，大部分人是没有兴趣在网上留言的，也不会去参加游行；对某件事，反对尤其是强烈反对的人会利用一切渠道表达诉求，如网络散布和线下散布，但支持的和无所谓的人则不会掺和，选择沉默。这就是沉默的大多数原理。

腾讯网做过的一个网上调查显示，98% 的人反对转基因，这或许是明确的民意表达，但这真能代表全中国老百姓的民意吗？如果这是真实的话，你就无法解释为什么生产转基因大豆油的金龙鱼没有破产，而且生意还是不错的。因此，结论就是，网上民意不靠谱，它忽略了沉默的大多数，甚至是与真实情况背道而驰的。

但硬币都有两面，一面是反转控疯狂的鼓噪，我们应义不容辞做另一面，反转控的微博是舆情，我们的微博也是舆情，反转控吸引眼球，我们的品尝活动更具冲击力，因此，品尝活动虽然无法改变花岗岩脑袋里的糨糊，但作为舆情的一部分，它照样可以影响舆论、影响决策。有我们这种舆论的存在，决策层有关转基因产品和技术的决策就能更理直气壮一些，因被骂汉奸而头疼不已的专家也敢站出来用于说真话、说实话、讲真理了，这就是品尝活动的重要意义。

大势所趋与资本的摧枯拉朽

一方面是国内舆论环境的恶劣、反转控的愚昧与疯狂让人绝望，但另一方面，我对转基因科技在我们国家的未来并不悲观。转基因作物在全世界的普及势不可挡，尤其是中国这个人均耕地面积小于世界平均水平的国家，粮食早已不能自给，不进口或者发展转基因作物，你还能做啥？

纵观人类技术的发展，从蒸汽机、内燃机、电器、无线通信、计算机到互联网，它们改变人类、推动社会，先决条件都是基础科学的进步，但资本力量也绝不能忽视。转基因已经跟资本结合，正因此，它是不可战胜的——转基因技术有利于人类、有益于社会，只要给它们插上资本的翅膀，便一飞冲天。

我为什么去品尝转基因大米 [①]

赵强 [②]

【内容提要】由于历史和政治的缘故,官方对于科学采取了一种实用的态度。有时候"科学"已经没有了其本来的意义,只是成为写在纸上、说在嘴上的一个宣示立场的词而已。

最近转基因大米品尝活动风起云涌,但是我比较悲观:对于某些人士来说,他们总有理由质疑和反对。你没吃转基因大米的时候,他们说你怎么不吃;你吃转基因大米的时候,他们说你吃的是掉包的米;接下来又说你是在如赴死一般去吃米。最新说法是"此物属慢毒,短时不死人,长吃会致癌,三代绝子孙",呵呵。

三四年前我还在宝鸡市工作的时候,有一天到扶风县法门寺(著名的佛指舍利出土处)搞接待。中午饭前,与县上一位警队负责人聊天。好像是谈到中美关系或者是农村情况时,她忽然提到了转基因。原话我记不清了,总之对转基因是负面的看法,对美国的霸权、我国的农业充满忧虑。那时我很诧异于一位西部农业县的基层女警察竟然知道转基因。

几年过去了,转基因话题在网上和媒体上很火,而对转基因持负面认识的公众仍然不在少数。新浪网作了一个"农业部批准进口三种转基因大豆"专栏,其下有个调查,截至 2013 年 6 月 22 日 21 时 50 分,33377 份答卷中,对于"您认为转基因食品对人体是否有害"这个问题,答"有害"的占 78.20%,答"不好说"的占 17.00%,答无害的占 4.80%;对于"您是否还会购买转基因相关产品"这个问题,答"不会"的占 85.40%,答"不好说"的占 7.40%,答"会"的占 7.20%。

一方面是一些著名和非著名的科学家、科普人士支持转基因,另一方面是一些著名和非著名的经济学家、历史学家、记者、活动人士等等反对转基因。从当下看来,转基因的被妖魔化似乎颇为成功。不仅仅是转基因,近几年来,很多重大决策,包括国家层面和地方层面的,都不是在科学的基础上、以科学的形式来决策,而是由戴不戴口罩、穿不穿 T 恤和让不让戴口罩、让不让穿 T 恤来决定了。比如水电开发、PX 项目,比如什邡、南通、昆明……

---

① 本文是作者 2013 年 6 月 16 日专程到西安参加转基因大米品尝会后写的随感,原文发表于"搜狐博客",2013 年 6 月 23 日,有删节。

② 赵强,陕西省宝鸡市陇县人民政府副县长。

在我看来，出现这种情况，重要原因之一是，由于历史和政治的缘故，官方对于科学采取了一种实用的态度。对于航天等公众难以参与表达意见的项目，政府大力发展、大力宣传。像转基因产业这样的项目，科技、农业等部门的纸媒、网媒也在宣传，但是他们的声音非常微弱，被淹没在信息的汪洋大海之中。有时候"科学"已经没有了其本来的意义，只是成为写在纸上、说在嘴上的一个宣示立场的词而已。

另一个重要原因，是一些掌握话语权的媒体人和"公知分子"以文化、道德、环保、国家安全等种种理由，对现代科学技术持怀疑和反对的态度。比如前述新浪网的专题，看似公允地表述了正反两方的观点，实则带有明显的倾向，误导读者。由此导致一些缺乏科学知识和科学精神、对科学问题一知半解甚至一无所知的受众，以及一些本来并不关心这些问题的群众，糊里糊涂地成了某些非科学的支持者和转基因等现代科学技术的反对者。有位认证为记者的人在微博上留言，"种了转基因作物的土地成了毒地，寸草不生"。有时候我真不明白这些人是以怎样的勇气、怎样的逻辑、怎样的思维才会面对事实而无视，得出那样的结论。

在这种情况下，我要再次说，该作秀时且作秀。基于自己对科学的认知和职责的担当，本人应该对转基因产品表示明确的态度，不能总是让科学家自费寄送转基因大米、让科普人士自费举办宣传品尝会。虽然自己官低言轻，但总有一点作用。我也希望各级政府和主管部门的态度更明确一些、声音更大一些，希望对转基因等现代科学技术有疑虑想法和反对意见的人士了解事实更准确一些、思考问题更逻辑一些。

最后说一句，我这儿还有一袋抗虫转基因大米，有人愿意和我一起品尝吗？

我为什么支持转基因

■ 李长青①

【内容提要】对转基因安全性的争执完全超出了科学范围，已经牵涉政治、经济、文化、宗教等诸多方面。转基因在反转控手里成了寻求关注、打击对手的工具，有的还是种植所谓有机农产品的利益相关者，这些人反转是以牺牲广大农民和农业的代价来维持自己那点利益的。

　　本人有幸成为于 2013 年 6 月 21 日举行的济南转基因大米品尝会的组织者。算起来这是我第三次品尝转基因抗虫大米。

◎ 2013 年 6 月 21 日济南第一届转基因大米品尝会会场

　　我个人专业虽然和医学沾边，但属于和转基因相关专业相去甚远的临床医学。对于与转基因相关的分子生物学等知识只是学了一点皮毛都不到的基本概念。支持转基因，不是出于我对转基因的深刻理解，而是一种选择：在支持转基因者和反转控之间的选择。说白了，我对转基因的支持信念很大程度来源于反转控们的拙劣表现。促使我选择相信

① 李长青，内科学（消化系病）博士，山东大学齐鲁医院消化内科主治医师，山东省医学会消化病学分会副秘书。

和支持转基因技术的反转控的拙劣表现有以下几点：

第一，缺乏常识。虽然我不能完全理解转基因的技术细节，但其基本原则和我所学的基础知识是融洽的。而反转控的声明则每每要挑战基本的知识点，比如吃转基因把人的基因给转了，吃转基因三代不育等等。

第二，捏造证据。有一位西班牙毒理学家总结了质疑转基因安全的所谓文献之后发现，大部分文章只是发布观点，没有多少提到证据和数据。少数被反转控当成证据的实验，比如吃转基因食物致癌、死亡率增高、生育力下降等都已被业内证实存在造假。单这一点已经可以断定反转控没有任何信誉。

第三，居心不良。转基因不管是在国内还是国外，对其安全性的争执完全超出了科学范围，已经牵涉政治、经济、文化、宗教等诸多方面。转基因在反转控手里成了寻求关注、打击对手的工具，有的还是种植所谓有机农产品的利益相关者，这些人反转是以牺牲广大农民和农业的代价来维持自己那点利益的。

第四，人格下作。纵观反转控的所作所为，人身攻击、造谣诬陷、污言秽语、撒泼打滚无所不用其极。最近更是有一位老年反转控声称要对参加转基因品尝会的小孩进行人肉搜索，这惹怒了众网友，结果反被揭发。这也算作反转控普遍无自知之明的例证吧。

还对转基因存有疑虑、对反转言论将信将疑的人们，也许你们对转基因技术比我还更加不了解，但是跟随反转控这样一群人，你们是否真觉得安心？

参加转基因大米品尝会的理由 ①

艾克力 ②

【内容提要】转基因科普与妖魔化之间是一场战争，而且是不平等的战争。造谣的主力军背后有真金白银的利益，科普的一方却多数是自带干粮。

学生物专业的只要没把生物化学、分子生物学知识完全还给老师，大概都会对那些妖魔化转基因的谣言嗤之以鼻。

我接触转基因育种的知识不算早，但"转基因"这种技术手段在上学做实验时早就用过——把一种细菌的基因转到另一种细菌中以便生产出更多的蛋白质。当然，我做出来的东西不是为了吃的，但有些转基因产品的用途却比吃更"可怕"，比如胰岛素。

胰岛素的生产，是把人编码胰岛素的基因转到微生物中，利用微生物来生产的。要说胰岛素与转基因食品有什么不同，其中一点是，转基因食品是吃的，通过消化道消化、降解后被人体吸收；而胰岛素则是避过消化屏障，直接注射入体内的。那些造谣、传谣来妖魔化转基因的人，说不定哪位身上正绑着一个胰岛素泵呢。

当然，绝大多数的人并不知道胰岛素实际上也是一种广义的转基因产品，大家所说的转基因产品一般特指转基因农作物，虽然两者在原理上并无本质差别。如果有哪位糖尿病患者看到我这篇文章后不敢用胰岛素，而改用"中药降糖"，那倒成我的"罪过"了。

我妻子以前做过一些转基因科普的工作，我偶尔会看一下她带回家的一些转基因科普的资料，大部分在介绍"什么是 DNA、介绍 DNA 吃到肚子里会被消化、不用担心会影响到人的基因"之类的知识，看完后我的第一反应是"这应该是面向中小学生的科普"。那时我并不了解有关转基因的谣言已经传成什么样，也不知道转基因的科普有多么的重要和迫切。

在转基因的科普与妖魔化之间是一场战争。意识到这一点是在关注方舟子一段时间之后。方舟子影响了一批人，这些人地域、年龄、职业、专业背景各不相同，在网下也大多互不相识，但他们自发地在网上批判、揭露着各种妖魔化转基因的谣言。当我第一次看到那些谣言时，我目瞪口呆。我惊诧于反对转基因的人能编出如此低级、甚至无比荒谬的谣言。"这种谣言谁信啊"，这是我当时的真实想法。然而，很快我就明白了，

---

① 本文为 2013 年 6 月"健康中国人"网站组织的转基因大米品尝会征文作品。
② 艾克力，山东大学微生物系硕士，上海某公司职员。

制造这些谣言的人比我更明白中国人普遍的科学素养是怎样的，更了解怎样让谣言传得更广、更猛。慢慢地，我也看清了造谣、传谣的是怎样一些人，我把他们大致分为以下几类：

（1）有政治目的者。"大力发展转基因技术"是国务院、农业部制定的重大国策，是重大科技专项之一，一些人出于不可告人的特殊目的而攻击、抹黑转基因，以此打击制定、支持这项国策的"政敌"，将技术问题政治化。这类人以围绕在某左派网站周围者为代表。

（2）有经济目的者。这一类包括搞"有机农业""生态农业"的。

（3）极端环保组织。比如"绿色和平"组织。

（4）媒体。吸引眼球是某些媒体的第一要务，真相对他们来说不重要。甚至，我怀疑某些媒体或媒体人压根就是第一类人的"枪"。

（5）公知。对于转基因这种专业问题，许多公知根本不懂，他们甚至连什么是基因都说不出个一二，但批评转基因就是在批评政府，是吸引人气的不二捷径。

（6）各种"为了家人健康请转发"的"热心"网友。

所以说转基因科普与妖魔化之间是一场战争，而且是不平等的战争。造谣的主力军背后有真金白银的利益，科普的一方却多数是自带干粮。正像华中农业大学严建兵老师所说的，转基因技术的应用，还是要寄希望于自上而下的推广。当然这并不是说科普就没有意义，相反，意义重大。每一次科普，被科普的民众收获的不仅仅是有关转基因的知识，更重要的是了解什么是科学精神。从谣言中醒悟过来的人，以后再碰到类似谣言时更加不容易上当。另一方面，民间科普的声音也是对政策制定者做科学决策的支持。如果没有这些声音，那希望就更加渺茫了。

近日，农业部批准了三种转基因大豆的进口，转基因再次被推到风口浪尖上，各位妖魔化转基因的"职业人士"自然开足马力开始新一轮的造谣、传谣。而各地的科普爱好者也纷纷自发组织起来，在全国多个城市开展了转基因大米的品尝活动。

是的，这不是科学试验，而只是品尝会。不明真相者觉得转基因很恐怖、要谨慎，带孩子去是冒险，但在我们看来这种担心与百多年前大清子民担心照相会摄魂没多大区别。关于安全性的科学试验早已完成，只不过多数人只能看到网上的各种谣言，反倒忽视这些正规、权威渠道的可靠信息。谣言传播威力之大，实在是一个很有趣的心理学现象。

网上、电视上经常会看到一些非专业人士语气肯定地说要做几十年、几代人的人体试验检验安全性，每当看到这种言论，我都有种哭笑不得的感觉——食品安全的检测标准与检测方法什么时候轮到外行来制定了？这是拿世界卫生组织、联合国粮食及农业组织、美国食品药品管理局、农业部的一众专家都当傻子吗？也有人说这些认可转基因食品安全性的权威机构的专家都是被孟山都收买的，我只能说"地球太危险，你还是回火星吧"。

此前有网友将转基因大米品尝聚会的照片发到网上，不出意外地引来很多质疑，甚至是谩骂。没有关系，这些恶意的或者误会的骂声并没有吓退众科普爱好者，全国各地要求举办转基因大米品尝会的网友越来越多，也有越来越多的媒体关注并且愿意了解、报道。

品尝活动是最好的科普 ①

严建兵 ②

【内容提要】我们需要考虑怎么样让民众喜闻乐见，认识到它的好处，让民众理解转基因给人们的生活带来美好。

真正关注转基因的学者只有非常少的一部分。另外，现在不太可能有很多的科学家站出来谈论转基因，很多学者没有，也不擅长与公众或媒体打交道。大部分学者，不管拿不拿转基因项目的研究经费，更愿意等着、观望。科学家在其专业领域发表言论，本来是应该受到尊重的，但那篇《"黄金大米"——一个世纪以来最伟大的发明之一》发表后的当天晚上收到 1000 多条骂我的信息。这个领域有大量水军在搅局。

科学家群体对公众问题不够活跃还跟我们的评价体系有关系，所有的人都是跟着单位的评价体系走的。教授考评没有科普评价指标，现在没有一个单位说：你科普做得好，就是一个好教授。我们申请的经费，只需要说明论文发表就可以了，没有要求让公众理解其研究。

与我们形成鲜明对比的是，美国自然科学基金的每个项目都有科普的要求。所以说，最重要的原因是我们国家的指挥棒没有得到改变。假如自然科学基金及其他科技项目加上科普这个内容，情况就会不一样。

至于有生命科学领域的学者不理解、甚至不支持转基因也没有出乎我的意料，不是所有生物系师生都理解转基因。生命科学领域范围非常大，有很多学科，没有一个人能够熟知所有生命科学领域。每个教授大都只了解自己研究的非常小的一个领域。我做数量遗传研究，对植物遗传有一点儿了解，但其他比较远的生物领域，比如神经生物学，可能跟数学系学生的认识差不多，跟其他普通人的判断差不多。

所以很多生物系师生不了解 Bt 蛋白为何对昆虫有害而对人体无毒，这不奇怪。他们可能没有时间、精力或者机会去了解那么多细节，除非刻意主动去了解。

一般生物系师生对作物育种、食品安全评价都不够了解，甚至相对一部分农学院学生对育种细节都了解不多。比如"为何有了杂交育种，还要发展转基因育种"，这个问题本来是可以作为相关专业研究生的考试题目，现在却成了普通公众讨论的话题。

---

① 原文发表于"基因农行网"，2014 年 12 月 20。
② 严建兵，华中农业大学生命科学技术学院教授，博士生导师，作物遗传改良国家重点实验室副主任。

◎ 2013 年 6 月 30 日，参加湖北转基因大米品尝会的网友合影

我们很少讨论"高铁速度应该多少""为何 300 千米每小时安全，350 千米每小时就不安全"，甚至与我们生活更密切的手机辐射问题、汽车交通事故问题、微波炉辐射问题都仅仅引发小范围的讨论，只有转基因话题讨论、争论涉及如此大范围、历时多年而不衰。这些其实早就超出了生物技术科普的本身。

转基因的社会舆论环境不容乐观。现在要命的问题在于，对于研究而言需要有驱动力。若是这个研究遥遥无期看不到前景，投入研发的钱会越来越少。而孟山都正是因为能不停赚钱，才有动力开发新产品。

既然如此，为什么我还要做科普？我们要不断努力提高普通公众的接受程度，不断进行舆论环境的改善，影响一个人算一个人。因为任何时候质的突破都需要量的积累。

要让民众更好理解、支持转基因，就需要整个社会科学素质的提高，而反过来，要提高整个社会科学素质，转基因问题则是最好的切入点。在我看来，转基因大米品尝会作为参与性科普，将成为大众科普的经典案例，非常值得深思、反思。

高铁毫无疑问是我们国家重要的技术和应用突破，当初反对高铁的声音可能不比研究转基因的科学家遭遇的反对声音要小，为何高铁成功了呢？除了上层领导因素，高铁的确给人们的生活带来了方便，从武汉到北京最快 4 个多小时，高铁和飞机没有什么区别，而且更方便。但是这种方便只有我们用了才知道，普通公众也是慢慢接受的。

转基因科普也一样。我们需要考虑怎样让民众喜闻乐见，认识到它的好处，让民众理解转基因给人们的生活带来美好。所以，我们的品尝会需要深入拓展，打造成一个独一无二的科普载体。

"知情"与"愚昧"的冲突与选择 ①

方玄昌

【内容提要】仔细琢磨会发现，"应创造条件让中国人天天能吃到转基因食品"属于剥夺人们的"愚昧权"，并无错误。

关于转基因食品的知情权是什么，它可以分为几个层次。其中第一个层次是公众有权了解转基因食品究竟是怎么回事儿，它跟普通食品有没有本质的差别，它的安全性究竟怎么样。我认为第一个层次是最重要的，第一个层次问题解决之后，后面的层次就不那么重要了——因为它跟普通食品没有本质差别。

如果我们把对转基因食品的管理因素加上去，则意味着转基因食品是有史以来最安全的食品。假设这个知情权被广大公众获悉以后，后续真正需要标注的反而是非转基因食品，应标注非转基因食品以表示它相对不那么安全，这才符合事实和逻辑。

我一再说，如果一定要谈知情权，那么我们这些科普作家及科学家是在赋予老百姓知情权，而反转人士则是不断用谣言剥夺老百姓的知情权。

由于谣言的力量巨大，全民都已经被谣言牵着鼻子走，最后把转基因彻底妖魔化，我们现在的逻辑已经走向反面，人们先入为主地认为转基因食品不安全，因而要标注转基因食品，这可以说是科学技术史上最荒唐的一幕。之前人们常用照相机和铁路进入中国的历史来和转基因做类比，其实还有一个更恰当、更有意思的案例，那就是自来水进入中国的遭遇。天津建成第一家自来水厂的时候，当时媒体上有很多漫画，说喝了自来水的妇女会生怪胎，三代以后中国人会绝种——情况跟现在何其相似。

很明显，如果我们把自来水看成是一大类水的话，它可谓是前所未有的安全饮水，但却被妖魔化成最不安全的水，导致人们宁可选择大肠杆菌可能超标的"天然水"。天津建成第一家大型自来水厂时，对于自来水做出来的饮食，跟现在一样也被要求"标识"，例如一壶咖啡是不是用自来水煮的，你一定要告诉大家，否则可能会有麻烦。但是现在，还有标识的必要吗？现在的转基因食品，尤其是第二代转基因食品，属于功能性食品，具有保健功能，却被污蔑吃了之后会"三代绝种"。再过100年，那时的人们看我们今天反对转基因的情况，跟我们看100年前人们反对自来水的行为肯定是一样的。

① 本文根据作者2015年6月18日在农业生物技术科普沙龙上的发言整理。

最近一段时间，崔永元等人已经从质疑转基因的安全性全面转向所谓的知情权。我很想问问崔永元，他有没有考虑过知情权的代价。知情权有代价，其代价随着知情权边界的扩大而扩大。比如说这杯水，如果我无限地要求知情权，要求标识这里面每一个分子是从哪个大洋里面蒸发上来的，然后落在哪个地方，汇入哪条河流，流到什么地方才被我们获取，甚至要求标明它在地球上存在的45亿年里都经历了怎样的历程，最后才进入这个杯子里面的，那这杯水将没有人喝得起，因为世界上所有财富加在一起也买不起这杯水。

作为普通百姓，我们原本没有必要为了解一种食物的生产方式而买单，正如同没必要去了解一个水分子的来历和构造。我们所要知道的只是我们喝的这杯水是否安全就够了。

正因此，我认为一些人把转基因的知情权等同于标识的观点是错误的。我的主张是，我们应该学习美国，不标识，在规范管理、保证安全的情况下让大家在不知不觉中吃下去。持续近两年的"方崔大战"，最初缘起于崔永元捡到媒体误报的方舟子的一句话而来——当时方舟子说"我们要创造条件让中国想吃转基因食品的人能天天吃到转基因食品"，媒体误传为"应创造条件让中国人天天能吃到转基因食品"。方舟子澄清此事，强调百姓的选择权；但在我看来，"应创造条件让中国人天天能吃到转基因"并无不妥，美国人不就是这么干的吗？政府创造条件让老百姓在"无标识""无选择"的情况下吃到一类更安全的食品，这与九年制义务教育"强行剥夺人们的愚昧权"一样值得称道。

这个主张的前提（理由）是，我们今天探讨知情权这个话题，以及将来具体如何标识的问题，本来就是人造出来的，我们本来没必要探讨这个话题，关于转基因的一切话题都是因为谣言横行、绑架了百姓和政府而来。转基因标识，本来就是对谣言与愚昧的一种妥协；如果转基因没有被妖魔化，那么标识，以及给老百姓做科普，都没有必要。

最近，田松等人又在反复强调老百姓有愚昧权，我很想建议反转人士自己先打一架，商定自己的主张。他们如果真的要强调愚昧权，那就请不要再强调知情权——你都选择愚昧了，还要知什么情？

今天我们举办这个沙龙，怀着一个愿望。如果所谓的"知情权"成为反对转基因的最后堡垒、最后借口的话，我们有必要先认清它，然后攻克它。之前很多媒体在报道转基因问题时被谣言裹胁，期望未来我们的媒体报道不要再被虚无缥缈的"知情权"所裹胁。

转基因与科学中的民主

姜韬

【内容提要】在转基因问题上，民主与科学的对立状况是人为制造出来的。对待科学上的争议，正确的方法是找证据、做实验，而不是搞群众运动。科学与民主从来都是同源相伴的，试图通过扩大外行的参与来否定科学与民主一致性的做法是荒谬的。

科学技术是引领社会变革的力量。不论是在文化昌明的时代还是在法西斯猖狂的时代，科学技术都是走在社会前面的，而我们的社会要适应科学技术的发展，就应该跟随科学的脚步在某些方面做出相应的调整。这个调整应该包括两个方面，其一是观念的调整，包括公众的、媒体的观念；其二是对推广科学成果管理方法的调整。

人为制造的对立

2010 年 5 月 16 日，中科院研究生院人文学院举办了以"转基因生物风险、评价与决策"为主题的"当代科技与社会论坛"。论坛规模不小，规格也很高，但这个论坛却没有科学家参与，而且从知识结构来看，那些人文社会学者好像并没有真正搞明白什么是转基因。

我建议人文社会学者应该先了解和学习新的科技成果，然后再对科学问题做批评和建议，这个次序不能搞错。现在一些参与转基因讨论的人把这个次序搞反了，他们在这个话题上大都从"转基因安全性不确定"这个依据出发，但这个依据从来没有成立过。

如果把这个论坛上的重点发言的内容大致归纳一下，其逻辑就是，既然转基因问题不仅仅是科学问题，那么就必须有非科学家参与有关转基因的讨论，"应该建立民主的商谈机制，以此来化解差异性的冲突，实现差异性的认同"。请注意，他们在这里把"转基因问题不仅仅是科学问题"作为了共识，但实际上科学家们认为转基因首先是一个科学问题，然后才会有"不仅仅"的说法。

"转基因不仅仅是科学问题"，这一点我同意，但他们还认为"科学家和科学是靠不住的"，这点我就不能同意了。请问，如果连科学都靠不住，那还有什么靠得住？说科学家靠不住还算勉勉强强，科学家有做得不到位的地方可以接受批评，但我们究竟哪里做得不好应该具体指出来，要用事实说话而不是泛泛而谈。

---

① 本文根据作者 2015 年 12 月 6 日在转基因科学传播座谈会上的发言整理。

既然"转基因安全性不确定""科学家和科学是靠不住的",那么最终只有靠民众参与了——这才是这个论坛的真正主题。那么在科学问题上搞群众运动可不可以呢?历史早就给出了答案。

他们在这里实际上还隐藏着一个观点,就是在转基因问题上不仅对科学界不能信任,而且对政府也不能信任。于是,一种刻意制造的民主与科学的对立状况就出来了。

虚假的争议

这些学者搞这个论坛的真正目的也是很清楚的,无非是三点:一、在转基因问题上,否定科学家的第一话语权,要抢话筒;二、在转基因领域要给人文社会学者发言机会;三、在转基因问题上制造和维持一个虚假的争议状态,引起社会多元参与,甚至引向意识形态的斗争。

第二点我们同意,第一点我们是不能接受的,但第三点才是他们的真正目的——只要社会上对转基因问题有争议,他们就可以随时参与,随时发表一些言论,吹大学术泡沫。如果人文社会学科的精英们就是这个认识水平,那么全社会都来参与转基因问题情况将会怎样?可想而知,把学术泡沫抹去以后,剩下的就只有谣言了。

他们的工作可以说是很有成效的。在此之后的 2013 年 4 月,中国科学院学部主席团发布了《关于负责任的转基因技术研发行为的倡议》(后面简称《倡议》),这应该是一篇很重要的文件。

虽然这个文件在社会上影响不大,但是它对研究转基因的科学家们影响非常大。这里必须指出,在这个《倡议》从讨论到发表的整个过程中,研究转基因的科学家们都没有被邀请参与讨论,这在以前是很少发生的,并与几天前[②]发表的人类基因编辑国际峰会的声明形成了强烈的对比。那个由美国国家科学院、美国医学科学院、中国科学院和英国皇家学会在华盛顿共同举办的人类基因编辑国际峰会,探讨了人类基因编辑技术带来的科学、伦理和社会问题,并发表了一个明确的声明,阐明了相关立场。这个声明显然是由从事人类基因编辑研究的一线科学家一起讨论制订的,也就是说,人类基因编辑的伦理原则是在世界各国各个学科的研究人员广泛参与下的情况,具体由一线科学家来讨论制订的。

下面我们还是来看看这个没有一线科学家参与的《倡议》里到底说了些什么吧。

首先,《倡议》在社会责任部分强调要"不受各种潜在利益的影响""谨慎对待以营利为目的的商业研究"。这是要提醒科学家,你做研究可以,做推广则要慎重。慎重推广是领导层确定的方针政策,但在讨论具体科学问题时把领导的话拿来进行重复是没有太大意义的。因为这些方针政策要具体贯彻,所以科学家眼巴巴等着被告知"我们哪里不慎重,还要怎么样做才算慎重",但这两个问题《倡议》中一个都没有回答,也没

② 指 2015 年 12 月 3 日。——编者注

有任何建设性的意见。这样一来，搞得大家不知道是不是应该产业化了，因为人家要求你要慎重，但你却不知道怎样才叫慎重，不知道该怎么做，也就只好不做了。

其次，《倡议》的行动方针部分指出，"如果无法判断是否存在技术伦理问题，应主动与同行，必要时与人文社会学者进行探讨"。"必要时与人文社会学者进行探讨"应该是最具亮点的一句话，它的意思很清楚——在关键的问题上要请人文学者把关。

此外，《倡议》的结尾强调要"向社会公开相关研究，保证公众能够了解研究的基本目的、进展和结果，自觉接受社会监督"。"向社会公开相关研究"没有问题，但"保证公众能够了解研究的基本目的、进展和结果"对我们来说难度很大。与做研究相比，我们做科普不如做科学报道的专业记者和科普作家，所以我们看到这个以后，只能知难而退了。"自觉接受社会监督"我们也是同意的，社会监督需要一个有序的机制来保障，要有可操作性，但《倡议》里却没讲如何做好有效的社会监督。

总之，公布了这个《倡议》以后，至少我身边做转基因科学研究的同事感觉压力非常大，因为他们找不到方向了。所以，这些人文社会学者的针对转基因的工作甭管是直接还是间接的，他们是有"成就"的，随之而来的就是对转基因的进一步异化。

但实际上，反转舆论所质疑的核心理由无非是两点：一是转基因的安全性不确定，二是转基因安全性在科学上还有争议。

转基因的安全性不确定问题实际上早有定论：转基因不但作为食物安全性是确定的，而且对于环境的安全是确定的，政府也不会把安全性不确定的东西给公众去吃。至于说科学上有争议，这个问题经不住追问：请问在科学界是谁跟谁争议？如果是外行和内行在争，那就不叫科学上有争议，专业科学家和其他非专业学者的口水也不叫科学上有争议。还有，还要看争论的是什么问题，如果不是科学问题，那么也谈不上是科学上的争议。

什么是科学上的争议？如何解决科学争议？

下面通过一个具体的例子来说明这个问题。

如图所示，在人类起源问题上，智人从非洲直立人演化而来是没有争议的，争议在于是分散到各地的直立人分别演化成了智人（即多地起源说），还是一支后来的直立人取代了各地原有的直立人并使之全部灭绝（即走出非洲理论）。

目前，走出非洲理论是主流理论，得到了越来越多分子生物学证据的支持。然而，在 2015 年 10 月 15 号，《自然》杂志发表了中国科学院古脊椎动物与古人类研究所刘武、吴秀杰等在湖南省道县发现 47 枚具有完全现代人特征的人类牙齿化石的研究论文，表明 8~12 万年前，现代人在该地区已经出现，是目前已知最早的具有完全现代形态的人类。但是，按照分子生物学理论计算，中国出现现代智人的时间不应该早于 6 万年前，也就是说化石证据和分子生物学理论至少差了 2 万年。

面对这个科学争议，科学家在民间通过媒体动员广泛的社会参与了吗？没有！既没

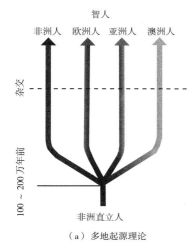

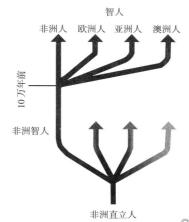

（a）多地起源理论

（b）走出非洲理论

◎ 现代人起源的两种
不同理论

有让大家广泛参与，也没有请人文学者把关。科学家干什么？在找证据、做实验。这才是解决科学争议的方法，不是争执不休。

同时，对于现代人起源这个确定的科学问题，有至少两个不同领域的科学共同体及其研究纲领在深入参与，一个是传统的文化历史考古学，另一个是过程考古学（也叫新考古学），后者的基础是分子人类学和遗传学的方法。这两个科学共同体和其研究纲领完全不同，但最终的科学结论必须具有一致性。

我们看到，针对同一个科学问题，各个相互独立的科学共同体都可以自由参与研究，这就是科学中的民主，它跟科学结论的一元性是统一的。所以，科学与民主从来是同源相伴的，试图通过扩大外行的参与来否定科学与民主一致性的做法是荒谬的。

标识转基因与标识 DNA 一样毫无必要 [①]

乔恩·恩廷 [②]

【内容提要】从历史上看，对科学本身的质疑来自人文领域，主要是不甘为 2+2=4 这样冷冰冰的规定和结论所左右，还有就是担心科学结论的唯一性会导致专制。这完全是对科学的误读。过度或不必要的食品警示性标识不仅会误导消费者，还会使消费者忽视真正的危险因素（如食品质量）。

假如绝大多数美国人，特别是自称自由派的那些人若有相应的能力，他们会把所有的食品贴上这样的标签："警告！本产品含有脱氧核苷酸（DNA）。卫生局长认定 DNA 与一系列人类和动物疾病相关。某种程度上，DNA 也是肿瘤和心脏病的危险因素。孕妇怀胎十月会把 DNA 传给胎儿因此也是危险人物。"

这是乔治·梅森大学法学院教授伊利·亚索（Ilya Somin）在《华盛顿邮报》上登载的文章中给自由派"建议"的可笑解读。

《俄克拉荷马州月报》（The Monthly Oklahoma State）两周前发布了州农业经济部门经济学家杰森·拉斯克（Jayson Lusk）的发现：美国人依然对转基因食品带有疑虑，82.28% 的人表示他们会支持对含有转基因成分的食品加上强制性标签。不过这个数字小于要求对肉类产品加上强制性的产地标签的比例 86.51%，显然后一项上不了政治活动家的议程。

美国人要求对转基因食品进行强制标识的人数比例与要求对所有含 DNA 的食品进行标识的人数比例没有统计学差别！ 80.44% 的受访人表示支持对含 DNA 的食品进行强制性标识！这就是科盲（自由派）的美国人？

罗比·冈萨雷斯（Robbie Gonzalez）调查发现，大多数美国人不了解 DNA 和转基因食品之间的差异。众所周知，前者是生物生命活动必不可少的遗传物质，后者是一种可食用的生物，只是它的遗传物质为了某些品质而做了改良。打个比方，一个像砖块，另一个就像建成的大楼，只不过在建楼之前对砖块进行了打磨。强制性标签警示了食品中的

[①] 原文发表于 GLP 官方网站，2015 年 1 月 20 日，由魏玉保翻译，有删节。

[②] 乔恩·恩廷（Jon Entine），美国专栏作家，加州大学戴维斯分校世界粮食中心研究院研究员，发起建立了"遗传扫盲项目"（GLP: Genetic Literacy Project, http://www.geneticliteracyproject.org）。

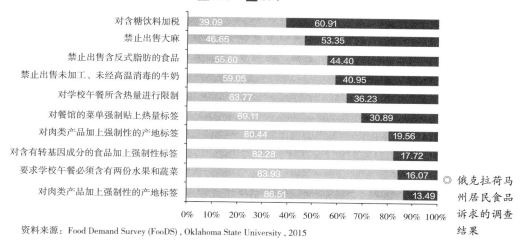

資料来源：Food Demand Survey (FooDS), Oklahoma State University, 2015

◎ 俄克拉荷马州居民食品诉求的调查结果

DNA 含量，但对食品的最终意图和目的毫无意义，就像对每种食品贴了一个水分含量警示标签。上述调查结果反映了美国公众堪忧的科学素质。

这令人痛心的结果，居然发生在国际各大科学组织都认定转基因是相对安全（与一般食品等同）的背景下，并且美国真正的自由派报纸《纽约时报》《华盛顿邮报》到《科学美国人》一致赞成美国医学会发起的反对对转基因食品进行标识的运动。

事实上，虽然持不同意识形态的多数人支持转基因标识，但这个调查结果不仅仅是数字图表，如何看待转基因标识成了自由派检验意识形态纯洁性和团结度的试金石。民意调查显示，大多数转基因怀疑者和反对者认为自己是自由决策的，并认为自己具有科学头脑，因为他们当中多数人也认同演化论胜过神创论，并且承认人类活动引起全球变暖的事实。

如华盛顿邮报编辑索明所言，这个调查结果显示了"科学无知与政治愚昧的结合，社会上两种现象都是很常见的。"

很不幸，这就是一个个体理性行为导致集体无意识性危险的例子。单个选民对科学或公共事务无知没有太大关系，但多数选民（或比例大的少数派）若对科学或公共事务无知，就会导致危险或适得其反的政策被通过。如同本文中，过度或不必要的食品警示性标识不仅会误导消费者，还会使消费者忽视真正的危险因素（如食品质量）。

为什么公众的科学素养和食品认知之间产生了脱节，杰森·拉斯克（Jayson Lusk）发现了一条线索。当问受调查者他们的信息来自哪些参考书时，他们大多会说"没有"，这意味着他们的信息主要来自朋友或网络。个别人回答他们参考了某些书，但这些书是迈克尔·波伦（Michael Pollan）的《杂食者的困境》（Omnivore's Dilemma）或埃里克·施洛瑟（Eric Schlosser）的《快餐国度》（Fast Food Nation）——这两本书一边作为饮食圣经大受自由派推崇，一边因为其中的意识形态因素被主流科学界严厉驳斥。

当然除了这些还是有些好消息。尽管多数民众对转基因食品相应的安全性无知，近期投票结果否决了加利福尼亚州、科罗拉多州和华盛顿州的强制性转基因标识提案，表明对于转基因标识的观点并非不可逆转，在公开讨论某个议题时相当多的人会信服科学结论。

拉斯克认为，"很明显，不少人认为对转基因食品进行强制性标识的政策不是一成不变的，而是柔性的，可以通过教育和辩论改变人们的看法"，"因此，我不相信这样的调查结果提供了一个决议是否应该通过 / 驳回的答案，而是在对话起始给大家一个认知基础。"

谈到拿公众"知情权"作为对转基因食品进行强制性标识的前提论调，加州大学伯克利分校生物学家迈克尔·艾森（Michael Eisen）认为：这种标识——"内含转基因食品"或"内含 DNA"传达的信息极其有限，"如果你担心自己吃了转基因食品会危及生命，那么你应该想知道相对普通食物它做了哪些改变"。

如果你担心耐除草剂的转基因植物会促使除草剂滥用或导致除草剂用量飙升，那么你可以抵制这一类粮食。但反对使用作物设计来增加作物抗病性或生产人体必需维生素就说不通了。事实上也有很多人，如加州大学戴维斯分校的罗纳德·帕姆（Pam Ronald），相信转基因作物的不断发展是推进有机与可持续农业的最佳方式。你可以不同意她的观点，但应该明确的是，农业实践的效果取决于具体的作物品种和遗传改良。

因此这才是转基因标识支持者们要求更多信息的应有之义，而不是仅仅标上"本产品含有转基因成分"。所以，强制性标签提案最讽刺的是，通过（年复一年）不断重提这个议案，决策者坚持不懈地要确保自己及其支持者不能得到有用的信息。

转基因问题中的人性 [1]

洪广玉 [2]

【内容提要】一个国家辜负了科研人员群体，这是不能被那些宏大的理由搪塞过去的，是很严重的事。这也是我们转基因所有命题中首先应该去正视的，它不仅阻碍社会发展，同时也不符合道德，不符合人性。

2014 年 8 月 17 日，华中农大研发的转基因抗虫水稻安全证书到期。从现状来说，这一天没什么大不了的，因为到不到期，转基因水稻短期内都不可能商业化。但支持转基因的人的心里还是会有一些不同。毕竟这是一个时间节点，意味着某种抗争的失败。

这几年与转基因有关的口水战，涉及了很多科学知识和法律、逻辑的争辩，但大家很少谈到那些争议核心的人——转基因研发人员，他们的感情。作为一名科学记者，我在此想说一点我看到的、感受到的东西。

"我非常想知道，那些反对转基因的人，你们为什么反对，你们内心的想法是什么？" 2013 年 6 月，在华中农业大学生命科学技术学院教授林拥军的实验室旁的一间小办公室里，他这样对我说。林拥军是真的很困惑，他不明白，这样一个在他看来"根本没有问题的东西"，大家为什么这样反对。

在转基因科学家中，除了少数年轻一点的，实际上很少有人经常关注网络，他们对于潮水一般的质疑和批评，首先是感到困惑，他们理解不了大众为什么反对，更不清楚反转人士出于什么动机。

我见到林拥军时，他穿着一件白衬衫，脚穿一双布鞋，看起来像个乡镇中学的生物老师。他的工作并不仅仅是待在实验室里做研究，对于农村他相当了解。他详细告诉我，现在稻田里有哪些种类的害虫，哪些省份流行什么病虫害，他都去看过了；今年什么气候，预计什么虫害会爆发，虫子会顺着哪一带迁徙，他都在时时关注。

在闲聊中，我问起，你带了这么多博士都去哪里了，是不是有些也去孟山都那样的公司了。他眼里就闪过一丝光，说能去孟山都那还是不错的，能就业就好。语气中还有点欣慰的意思。中国转基因迟迟不能商业化，自己培养的人才实际上都没有用武之地了。

① 原文发表于"新浪博客"，2014 年 8 月 17 日。
② 洪广玉，《北京科技报》记者。

我听着有些悲凉。

到了 7 月 13 日，我们报社做了一次转基因大米品尝活动，邀请了 20 多家媒体来品尝转基因大米做的寿司，陈君石院士做现场科普，林拥军视频连线。在问答环节中有记者提问林拥军：转基因水稻一直不能产业化，对于您和您的团队有什么影响？

林拥军的大意是说，科研就是他们的职责，虽然有时候也感觉很沮丧，但是相信总有一天会放开的，总会有一天能服务于农业，服务于农民的，所以要加倍努力研发之类。

话没有说完，陈君石院士就抢过了话头，直截了当地说：转基因技术不能被商品化，对于研究团队，对同行的科学家继续从事研究工作都是非常沉重的打击。陈君石说，在农业转基因重大专项研究中的科学家，有名字的有 400 多位，其中相当一部分人是顶尖的科学家，他们的职称和名声都到头了，只想着把科学技术转化为生产力。"（转基因不能商业化）给科学家的心灵打击，不是几个月（就）能恢复的。"当时陈君石的语气有些激动。

林拥军说："我非常赞同陈先生讲的，陈先生敢说，但我不敢说。因为我们感觉很为难，我们左右不了政府，非常难受。但是科研是我们的职责，我们必须干。"

说完"我们必须干"的时候，林拥军就哽咽了。这一幕出人意料，现场突然陷入寂静之中。大约 5 秒后，突然有一位女记者小声说了一句"此处可以有掌声"，这时现场才响起掌声，这一幕才算过去。感谢这位记者。

我很难忘掉这一幕。这几年来，华中农大的转基因水稻陷入了各种是非争议中，林拥军作为主要研发人员之一，无疑承受了很大的压力。但是，无论从哪个角度，我想我都会支持林拥军。我在网上看见反转人士的各种辱骂中，最受不了的就是骂这些科学家是"汉奸""卖国贼"。

我有时会想，像林拥军这样水平的科学家，如果真要投奔孟山都、杜邦、先锋这样的公司，拿个上百万的薪水有什么难呢，还不用这样窝在中国天天被人骂。

更重要的是时间。人的一生，最宝贵的就是时间。从 1995 年开始研发转基因抗虫水稻到获得安全证书，历时 14 年；14 年过去了，原以为大功告成，没想到一等又是 5 年；5 年过去了，转基因商业化前景仍然不明。按照流传的消息，说转基因主粮产业化是最后一步，那么，这最后一步还要等十年还是二十年？！

人的一生有多少个 19 年呢？有多少个 29 年呢？好比有个作家签约了出版社，要出一本书，呕心沥血十多年写成，结果说不能出了，也不告诉你原因，还一边勉励你：你再好好改改，总会出的。还有比这更荒唐的事吗？

我认为，一个国家辜负了科研人员群体，这是不能被那些宏大的理由搪塞过去的，是很严重的事。这也是我们关于转基因的所有命题中首先应该去正视的，它不仅阻碍社会发展，同时也不符合道德，不符合人性。

食品监管不可能用药品标准 ①

 王大元

【内容提要】今天的转基因食品安全监管法规是由全世界这个领域内的几百名顶尖科学家和法律工作者起草后，经多次讨论修改，再交由各国政府食品安全监管权威机构反复讨论后而立法制定的。

据《新京报》2014年12月9日报道，国家种业科技成果产权交易中心主任、中国农业科学院农业知识产权研究中心副主任宋敏对该报记者表示，转基因作为一项先进的技术，是必须要促进其发展的；但是产业化运用不仅要考虑技术性，还要考虑安全性和经济性。宋敏认为，"转基因食品应像药品一样（进行）安全评价和监管"。

笔者对宋敏所说的"转基因食品应像药品一样（进行）安全评价和监管"持不同看法。

首先，全世界没有一个国家对转基因食品是用药品的标准和法规来监管的。现有的对转基因食品安全的监管，各国均根据国际食品法典委员会生物技术食品政府间特别工作组出台的法则，制定各自的转基因食品安全法规。国际食品法典对转基因食品评估的原则文件有如下5个：

《国际食品法典标准：现代生物技术食品》（2009年第2版）

《现代生物技术食品的风险分析原则》（CAC/GL 44-2003）

《重组DNA植物食品安全评估准则》（CAC/GL45-2003）

《重组DNA微生物食品安全评估准则》（CAC/GL46-2003）

《重组DNA动物食品安全评估准则》（CAC/GL68-2008）

无论是美国还是欧盟，对转基因食品监管都是根据以上国际认可的法规衍生而来。中国没有必要、或许也没有能力和水平创造一部全是由中国人自己制定的转基因食品法规，所以最早制定中国的转基因法规时，也是参照已经制定了转基因食品安全法规的国家（主要是参考已经批准种植和进口转基因作物作为饲料和食品的美国以及欧盟）。

为了制定中国的转基因法规，当年国务院授权农业部主抓此事，全国集中了20多位有关领域的专家和法律顾问，把美国、欧盟、加拿大、日本、韩国等国家的转基因法规（达上万页）翻译成中文，仔细阅读比较，历时将近2年，才制定出中国的第一部转基因法规，由当时的农业部部长刘江签发了一个农业部部长7号令。我重复这一段历史是想说明，当时中国制定的第一部转基因安全法规绝不是轻率的，而是在当时的背景下，在当时中

---

① 原文发表于"基因农业网"，2014年12月11日。

国专业人士所能达到的知识水平下做了最大的努力制定出来的。

也就是说，今天的转基因食品安全监管法规是由全世界这个领域内的几百名对分子生物学、食品安全、作物农艺、环境影响、毒性检测等专业知识的顶尖科学家和法律工作者起草后，考虑国情和国际贸易等因素，多次讨论修改，再交由各国政府食品安全监管权威机构反复讨论后而立法制定的。这样的监管方法不是宋敏先生轻描淡写的一句"转基因食品应像药品一样（进行）安全评价和监管"就能改变的。

如果按照宋敏先生"转基因食品应像药品一样（进行）安全评价和监管"的意见，在中国单独制定一部转基因食品安全法，我估计是全世界唯一的一部将转基因食品作为药品处理的法规，我估计，无论是宋敏先生还是现有的专家都没有能力制定出这个法规。而且如果中国真的出了这么一个法规，那么下面的问题就来了：

这个法规是专门针对中国人自己开发的转基因食品，还是对进口的外国转基因食品都有效？如果对外国的转基因食品也有效的话，如今我们进口的 6900 万吨转基因大豆就不能进口，估计大家要重新如 30 年前一样定量用肉票、油票、奶票、蛋票来过日子，宋敏先生考虑过这个后果吗？

如果宋敏先生的"转基因食品应像药品一样（进行）安全评价和监管"建议只对中国人自己开发的转基因食品有效，对外国的无效，那么我国转基因食品的开发就将永远处在黑暗之中、永无翻身之日了——因为没有哪一种食品能够像药品一样做三期临床试验，你永远不可能找到那么一群志愿者，长时间每天只坚持吃某一种食品。宋敏的建议实际上也就是要彻底消灭国产转基因食品。

而且，对于非转基因食品（尤其是相对不安全的有机食品），我们又该怎么办？从基本逻辑看，既然安全性相对更可控的转基因食品都要接受药品标准的测试，那么对于非转基因食品，是不是应该做更严格的测试？在测试结论出来之前，是不是要让中国人全部饿死？这个结论显然是荒唐的。

至于宋敏提出的转基因食品的安全由谁来承担责任的问题，这不是一个大问题，只要按现有的食品安全法规，与其他食品安全性的责任平等对待就可以了，现有已经批准的转基因食品经过 20 年的实践，对两代共几十亿人从来没有造成过一例负面作用，也没有在几十万亿头家畜家禽（超过 10 代）中出现过一例负面作用（2000 篇经过同行评议的科学文献证明了这一点）。美国国家环境保护局（EPA）甚至出台所有整合到转基因玉米大豆中的几十个 Cry 蛋白，即使在饮用水和各种饮料中，都无需做残留量的分析（EPA-HQ-OPP-2013-0704）。我们和所有的美国人都在吃这种 Cry 转进去的饮料——转基因食品并非大家想象的只有玉米、大豆和油菜，各位到西餐馆喝咖啡时，为减肥不愿加糖者，用的小包阿斯巴甜就是转基因生产的；进口的无糖可乐、雪碧里面加的阿斯巴甜也是转基因的。这个转基因的阿斯巴甜，宋先生是否也要用药品法规来监管呢？

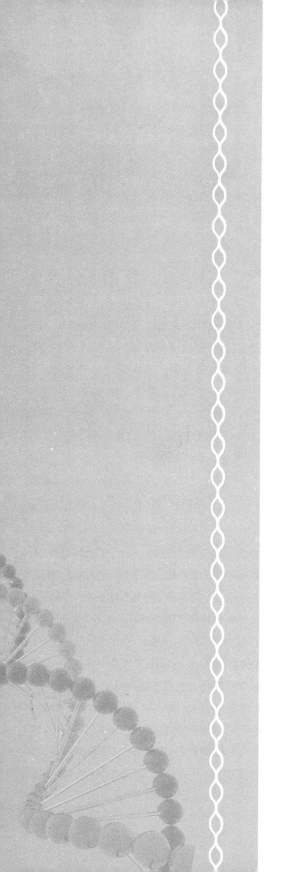

第四章　转基因造就美好生活

转基因面向未来 ①

 范云六 ②

【内容提要】在转基因产业化问题上存在一个必然：你不采用自己的技术，那么就只能选择别人的产品，坐等制高点被别国占领。推动转基因技术成果的产业化事实上已经迫在眉睫。

如果要评比 2014 年年度关键词，"转基因"无疑是有力竞争者。8 月份两种转基因作物（抗虫水稻和植酸酶玉米）的安全证书到期曾掀起媒体议论高潮，9 月份习近平总书记关于转基因产业化发展的讲话发表之后，公众和媒体对转基因的关注更是空前高涨。

我很欣慰能看到媒体对转基因愈来愈多的正面报道和正能量传播，以及政府相关部门的积极表态。此前，曾经有 25 位诺奖得主联名写公开信，呼吁公众要相信科学、相信科学共同体、相信转基因技术和转基因食品的安全性，但在中国并未引起足够反响。

事实上，中央对于转基因的态度是一贯的，我们从几年前的中央"一号文件"完全可以看出这一点。习近平的讲话则是高瞻远瞩地亮明了一个警示式的态度：必须占领转基因技术的制高点，决不能让中国的转基因农产品市场都被国外公司占领。

"十年浩劫"

有一个有趣的小故事。若干年前的一次学术会议上，某与会者提问："李鹏总理时期，政府在转基因领域投入数百万元；朱镕基总理时期，政府的该项资金达到了上亿元人民币；温家宝总理时期，转基因专项投入超过了百亿元；那么，下一任总理将准备为转基因投入多少个亿？"中国科学院遗传与发育生物学研究的朱桢研究员当即指正："你更应该问的是，到下一任总理，科学家将回报国家几千个亿？"

诚然，作为科学家，尤其是奋战在类似转基因这样属于应用科学领域的科学家，做出贡献以回报社会、回报国家是其天职——甚至可以说是他们实现自身价值的唯一方式与渠道。正因如此，在面对这个领域的科学家时常会遇到的"利益"质问时，我曾经如此回答："如果一定要说利益，那么我们是为了国家和民族的利益。"——事实上，单是抗虫棉这一种作物，十几年来所创造的价值就已经远远超过国家在转基因研发领域的

---

① 原文发表于《财经年刊：2015 年预测与战略》，2014 年 12 月，由作者口述，方玄昌整理。
② 范云六，分子生物学家，中国工程院院士，中国农业科学院生物技术研究所研究员，博士生导师。

所有投入。

然而，持续十年之久的妖魔化转基因行动所造成的舆论压力，阻碍了更多成果的产业化，令科学家报国无门。

我再次强调，转基因是建立在分子生物学基础上的应用科学，其研究成果的价值一定要在产业化过程中才能体现；而当前中国转基因育种成果产业化的最主要障碍便是舆论阻隔。在这个基础上，我们不妨总结一下过去十年转基因育种领域因舆论干预而遭受的损失。

首先是大量成果停留在试验田中，各科研机构的资金投入、科学家多年的辛勤工作都打了水漂。这是直接损失，很容易理解。

舆论压力下产业化遇阻，取而代之的是，科研机构无休止地进行着各项在科学上毫无意义的、完全属于重复劳动的安全性试验，大量科研基金白白浪费。这是间接损失之一。

抗虫水稻和植酸酶玉米被束之高阁，迄今农药污染和水体磷污染依然如故，全球稀缺的磷矿资源继续加速走向枯竭。其他成果与此相似。这是间接损失之二。

最严重的是，研究成果得不到应用，科学家的个人价值不能实现，研究人员的积极性遭到挫伤，在研究生、博士生招生中，这个领域对优秀生源的吸引力大打折扣，严重影响后继人才的培养——这对未来中国在这个领域竞争力的影响不言而喻。

我相信，任何一个明眼人都会认同这样一个结论：过去这十多年的妖魔化转基因的活动，对中国转基因育种领域来说无异于经历了一场浩劫。

中国走到了哪一步？

多年来纷纷攘攘的关于转基因安全性的讨论，已经掩盖了科学家的贡献，在此有必要向公众汇报一下过去几十年中国科学家在这方面所做出的研究成果。

在反对转基因的风暴刮起之前，中国已经批准种植了抗虫棉和抗环斑病毒番木瓜。抗虫棉的成就有目共睹，它挽救了中国的棉花产业，每年节省大量农药（减少80%以上，还需要喷洒少量农药以对付次生虫害），在保护环境的同时，大大减少了棉农的劳动量，同时显著减少了农药中毒案例（抗虫棉出现之前，中国每年因操作不当而死于农药中毒的棉农超过300人）。

市场上见到的番木瓜几乎都是转基因产品，非转基因番木瓜因易受病毒侵害，长得小而难看，且易腐烂。略为奇怪的是，对于人们直接食用的转基因番木瓜，反对的声音也不是太响。

获得安全证书而未批准产业化种植的两种转基因作物，大家更多关注的是抗虫水稻，而对于用作饲料的植酸酶玉米，公众可能会相对陌生一些，在此简单介绍几句。

玉米中含有大量植酸，这是一种抗营养因子，它导致玉米中绝大部分的磷元素不能被动物吸收利用，同时还和蛋白质及钙、镁、铁、锌等各种微量元素螯合，这让那些以玉米为"主食"的猪、鸡、鸭等牲畜（单胃动物）很容易因营养不良——实际上属于一种"隐性饥饿症"，这种征候人类也同样存在——而得佝偻病，严重影响生产性能，人们不得不往饲料里加入大量的磷酸盐及钙、镁、铁、锌等矿物元素。另外，不能被动物利用的磷元素随着动物粪便大量流失到水环境中，造成很难治理的磷污染。与此同时，农业生产中不可或缺、目前已成稀缺资源的磷矿，也因饲料行业的大量添加而加速损耗。

玉米在发芽时能产生一种叫植酸酶的蛋白质，它可以帮助分解植酸，从而释放出可供生物利用的磷及其他各种微量元素。之前，科学家研究出了发酵法生产植酸酶，用以作为饲料添加剂；但这种方法并不完美，它不仅高耗能，还要耗费大量粮食，且仅有规模化饲料生产企业具备添加植酸酶的条件，难以惠及农村广大的养猪、养鸡散户。

为此，我的课题组借助于转基因技术研发出了植酸酶玉米，其籽粒能自身产生植酸酶来分解植酸，应用它来喂养猪、鸡、鸭等单胃家畜家禽，不但提高了它们对玉米中磷、蛋白质及各种微量元素的吸收和利用，而且有效减少了由家畜家禽粪便排泄造成磷对水环境的污染，同时还大大减缓了磷矿资源的消耗。

顺便说一句，多数人不了解的是，抗虫水稻和植酸酶玉米两种作物，最初都不是国家项目，而是研究者看准了方向，由自己所在机构投入研发的。

除了这两种曾经获得安全证书的作物品种之外，中国科学家实际上还有很多成果被锁定在试验田中，比如中国农业大学戴景瑞院士所研发的抗虫玉米，中国农业科学院生物技术研究所林敏研究员研发的抗除草剂玉米、棉花、油菜，以及武汉大学生命科学院杨代常教授领衔研发的人血清白蛋白水稻等。

在转基因领域，科研成果的转化需要有配套的法律制度来护航。欧洲早年由于未重视转基因技术的研发，在制定跟生物技术相关的法律中针对美国设置了一系列不利于转基因作物进口的规定，结果，现在这些规定也成了欧洲各国发展转基因育种技术的羁绊。中国事实上也面临着同样的问题。随着国内技术的发展，甚至于已经有了可以走出国门的优势技术，因而我们的法规条例也应该相应跟上，对那些不适应时代和技术发展的法规条例要及时加以修改。

差距和未来

持续十年之久的妖魔化转基因闹剧，谁是最大的获益者？无疑是孟山都等"跨国集团"——我们在关门吵架，人家则一日千里。当反转阵营在为他们成功卡死我们的研发成果欢呼庆贺之时，美国、巴西和阿根廷等先发国家也正在为他们能输送越来越多的转基因大豆、转基因玉米给我们而频频举杯。

两个进口数字的攀升（每年数百万吨的转基因玉米、每年数千万吨的转基因大豆），以及我们从曾经的转基因作物第二大种植国退化到目前的第六位，都仅是表面差距；更让人担忧的是，我们在研发水平上，这十几年来跟龙头老大美国之间的差距被进一步拉大了。

中国曾经是除了美国之外唯一能自主研发转基因作物的国家。中国较早就建成了包括基因发掘、遗传转化、良种培育、产业开发、应用推广以及安全评价等关键环节在内的生物育种创新开发体系。我们唯一缺乏的，就是一套合理的市场准入机制。

但作为一项应用技术，科学家不能只停留在实验室中闭门造车；没有配套的产业化程序和制度，不能及时将成熟的成果推向市场接受检验，这个领域的研发必将陷入一种死循环。摆在眼前的一个案例，张启发院士20世纪90年代研发出抗虫水稻，当时领先于全世界；但随后十几年，他和他的课题组被迫无穷尽地重复各项试验工作，结果到了现在，其水稻品质已经跟不上时代要求；他较早就提出"绿色超级稻"概念，也难以全力投入（包括人力、财力的投入）研发工作。

到了现在，美国已经能够将6～8种性状（包括抗虫、耐旱、抗盐碱、抗倒伏、抗除草剂等性状）转入同一种作物，我们则依然徘徊在单一性状，还在为那些子虚乌有的安全问题争论不休。

在国际上，转基因育种可以简单概括为两个阶段，第一阶段研发出的，目前已经实现产业化的主要是具有抗病虫、抗除草剂性状的作物，它们的主要功效是减少农药使用、具有环境友好、减少农民工作量，同时还能保障农业增产的转基因作物。第二阶段，科学家将发展可以节水耐旱、提高营养品质以及能显著提高附加值的转基因产品。

在实验室和试验田中，无论是美国还是中国，科学家都已经走向了第二阶段。在美国，能够节水抗旱的转基因玉米即将走向商业化应用；富含贝塔胡萝卜素、可以预防贫困地区儿童维A缺乏症的"金大米"已经完全研究成熟，未来一两年有可能在菲律宾实现产业化——全球每年有超过50万贫困儿童因维A缺乏症而失明和死亡，而中国一直是维A缺乏症重灾区，接近一半人口有或轻或重的维A缺乏症。

严格来说，我们研发的植酸酶玉米也属于第二阶段转基因产品。未来必然将产生深远影响的转基因产品还有两种。

第一种是美国科学家研制的富含不饱和脂肪酸的大豆。人们都知道食用深海鱼油可以保护自己的心脑血管，美国科学家将深海鱼的基因转移到大豆中，研制出一种富含不饱和脂肪酸欧米伽-3成分的大豆，未来数年，这种具有显著保健功能的"深海鱼油大豆"有望上市。

另一类是前文提到的、中国科学家独创的人血清白蛋白水稻。人血清白蛋白是一种全球范围内短缺的，同时是急救必需的血容量蛋白，中国每年需求量相当于1亿人的献血量（200毫升/人）。现在可利用转基因水稻生产，一亩地水稻生产的白蛋白可代替200人献血（200毫升/人），创造价值可达12～16万元人民币。这一产品的推广必将急剧缓解当前中国的"血荒"。强调一句：这一成果不存在任何伦理问题及生物安全问题。

可以预见，未来的生物育种技术必将深入人们生活的每一个方面。任何一项成果，都不存在我们要不要用的问题，只存在"我们是先用还是后用，是用自己的技术还是用别人的产品"等问题。

放下成见，让转基因造福人类

转基因技术的产业化真的如一些人所说的那么不急迫吗？

是的，我们当前粮食没有紧张到那个程度，即使粮食自给的缺口进一步增大，我们也可以依靠进口来填补；然而——

我们的人口还在增多，人们对生活质量的要求还在提高，肉蛋奶所占饮食比例还在增大，这意味着未来我们还需要更多的粮食；与此同时，我们的耕地已经不可能增多，甚至可能会减少；

隐性饥饿症（包括维 A 缺乏症）还在贫困地区肆虐；季节性"血荒"依然遍及全国；

中国的水环境还在继续恶化，全球磷矿资源正走向枯竭；越来越多的农药还在侵蚀着环境和农民的身体；

更重要的是，我们还在吃着品质相对低下、有着更多农药残留、相对不那么安全的传统食品；我们未来的粮食安全保障正在一步步被"跨国集团"所掌握。

我们还在等什么？

妖魔化转基因的人士最喜欢两个词：知情权与选择权。我在此反问一句：究竟是谁在以欺骗的手段剥夺公众的知情权，又是谁在以谣言构成的舆论攻势剥夺我们的选择权？

——对于转基因而言，更重要的知情权是让公众清楚转基因的实质及其安全性，而不是"这个或那个是不是含有转基因成分"，从科学角度而言，给转基因贴标签毫无必要（所以作为世界第一科技强国、同时也是转基因食品第一大消费国的美国，联邦政府坚决选择不强制标识）；更重要的选择权在于，应该让我们的市场、我们的餐桌多一种选择，那是有史以来最安全、最环保、最健康的一种选择。没有人逼迫你吃转基因食品，却有人阻挡我吃转基因食品。

对于政府相关职能部门，我想提醒一句：支撑转基因成果产业化的是强大而可靠的科学，反对转基因的舆论压力则纯粹来自妖魔化转基因的各类无中生有的谣言；我们面临一种权衡：究竟是谣言更值得重视，还是"失去转基因技术的制高点、让国外公司全面占领我们的转基因农产品市场"更可怕？

转基因推动生物起源与进化 ①

 孙毅

【内容提要】转基因只不过是人类从大自然那里学来的促进基因横向转移的一种方式。纵观生命的发展历程，我们可以看到，生物起源的本身就是大规模基因横向转移的产物。

"转基因技术是纯人为创造的技术，是一种非自然的育种手段，在自然界中不存在转基因，培育转基因生物品种（系）违反了自然规律。"这是反对转基因生物育种的主要观点之一，观点并不正确，却得到不少人的认同。

对于这种错误的观点，有必要进行解释和纠正。那么，自然界中是否具有转基因的存在？我们可以从生物的起源和进化来讨论这一问题。

生物起源即转基因的产物

千差万别的生物体有一共同的起源，它们都是由核酸组成的基因决定其遗传性状的，并且保持世代的稳定性。基因突变和重组是生物进化的主要动力，而这两者均依赖于遗传物质的转移。生物遗传物质的转移有两种方式，一种是纵向转移，即从亲代向子代转移；另一种是横向转移，即在不同生物物种之间转移。

自然界中一个物种在形成之后主要是以纵向的方式向其后代转移遗传物质，这就是我们通常所说的"种瓜得瓜，种豆得豆"。但我们所看到的瓜和豆仅是表面现象，实际上，变异是生物界永恒的主题，在 DNA 分子水平上绝大多数子代个体都与其亲代不一样。

在自然界中，遗传物质的变异是生物进化的动力，而普遍存在着的遗传物质的横向转移现象就是变异的重要原因之一。基因横向转移是基因突破物种界限，从一个基因组转移到另一基因组，这是自然界中最典型的转基因现象。

转基因只不过是人类从大自然那里学来的促进基因横向转移的一种方式。纵观生命的发展历程，我们可以看到，生物起源的本身就是大规模基因横向转移的产物。

生命体最初诞生的形式是以浮游细胞的状态存在的，海洋中最早出现的生物是原始单细胞生物，这些单细胞生物逐渐进化出了一些不同的功能。其中的一部分通过内共生过程，即一种细胞吞噬了另一种细胞的全部基因组，进而进化成了动物或植物；另一部

---

① 原文发表于《中国科学报》，2012 年 2 月 14 日，原标题为"转基因是生物进化及育种技术发展的必然"。

分基本保持了其原始状态而成为今天的蓝藻和细菌。

植物中的叶绿体和线粒体以及动物中的线粒体都被认为是原始单细胞生物所俘获的其他单细胞生物基因组后所形成的。这些不同来源的基因组共生于一个生命体后在核基因组和质体及线粒体基因组之间发生了大量的基因交换，以协调二者之间的基因表达。例如，最近的研究结果证明，被遗传工程用为模式植物的拟南芥的核基因组中就至少有18%（约4500个）的基因来自叶绿体等质体。在水稻核基因组中也发现了大片段的叶绿体 DNA。

内共生产生的新的单细胞生物体显示出了无比的优越性和竞争优势，获得了新的进化动力，从单细胞进化到多细胞状态，进一步发展进化成为今天地球上郁郁葱葱、多姿多彩的生物。因此，植物和动物起源的本身就是大规模转基因的产物。

转基因推动生物进化

在漫长的生物进化过程中，转基因依然是重要的推动力之一。在微生物和蓝藻等低等生物的不同基因组之间，发生基因交换的自然现象十分普遍。而在高等生物与低等生物之间以及在高等生物中，跨物种的基因横向转移仍然广泛存在。

最近的研究表明，早期的水生植物从真菌中获得苯丙氨酸氨解酶基因是其进化为陆生植物的关键一步。类似的自然界中发生的植物转基因过程已有多次报道。例如，一种高粱的寄生植物——独脚金就获得了高粱基因组的 DNA。而被科学家广泛用作植物转基因工具的农杆菌就是从自然界中已经被实施了转基因的植物中分离出来的。

自然界中的生物之间发生转基因的原因是非常复杂的，其中最主要的原因就是生物必须不断地进化，以便使自身在"物竞天择"的自然界中处于竞争优势，或者至少不被环境条件的变化所淘汰。而进化的源泉就来自 DNA 的变化，转基因就是 DNA 改变的主要途径之一。

同其他技术一样，转基因技术本身是中性的，它既是生物进化的必然，也是人类育种技术发展的必然。转基因产品是否安全，主要看对其转的是什么基因，基因表达产生什么效果，而不是笼统地担心所有的转基因产品，更没有必要对其感到恐慌。因为科学家在进行转基因操作时，一般是有特定目标生物和特定育种目标的，对培育出的转基因品种，除了自然选择外，还有严格的人工选择，以保证其对环境和人类的有益无害。

与其他的品种改良技术一样，转基因是大自然教给我们的更加有效、准确的改良品种技术。对转基因技术培育出来的品种应该与通过其他方法培育出来的品种同等看待。在人口猛增、耕地锐减和环境日趋恶化的今天，我们就应该充分使用包括转基因技术在内的现代生物技术来造福人类和自然，去应对各种严峻的挑战。

我们为什么需要转基因 [①]

 孙毅

【内容提要】转基因作物不仅能提高农作物产量和农业生产效率，而且能为人类保护环境、增进健康起到不可估量的巨大作用，完全可以成为绿色农业的一个重要组成部分。把转基因技术与绿色农业对立起来，将会极大地阻碍和限制绿色农业自身的发展。

自有农业生产以来，人类就开始了对农作物品种的选择。最初的选择是利用自然突变和天然杂交来产生优良后代；随后开始了有意识的杂交选育过程。无论天然杂交还是人工杂交，都是一个生物个体的全基因组与另一个个体的全基因组融合并在后代中发生重组的过程，因而都是广义的转基因的过程。

农业生产发展到今天，农作物产量比起刀耕火种的年代已经提高了数十倍乃至数百倍，其最根本的动力是农作物品种的持续改良和生产条件的不断改善。在过去的育种工作中，育种者只能通过有性杂交的方式将两个作物品种基因组合在一起，从其杂交后代的分离群体中筛选优良个体，并通过连续选择获得目的品种。然而，自然界中许多栽培农作物种内基因库中可利用的基因源正在日益减少，而农业生产面临着许多前所未有的新挑战，迫使植物育种家不得不把目光投向更为广阔的生物资源库，在野生近缘种，以及亲缘关系更远的物种中寻找可利用的优良基因。不同的生物种之间存在着的生殖隔离，使得育种家很难甚至不可能将人类所需的优良基因从远缘物种中通过常规的方式转移到栽培物种中。

而随着分子生物学的发展，能获得单个优良基因，以及把这些基因转移到目的物种中的技术就在这种形势下产生了，这就是基因克隆和转基因技术。比起远缘杂交的两个基因组的融合和诱变辐射（含宇宙辐射）的不确定性，我们当今使用的转基因技术不仅要温和得多，而且其更可控，更具有方向性。转基因品种在商业化推广前所必须进行的严格的生物安全性评价，足以保证其对环境和人类的安全使用。各种农作物新品种培育的方法各有其优点和局限性，应该互为补充。

电的发明、核技术的应用等无一不是"双刃剑"。这种例子不胜枚举。科学技术的

[①] 原文发表于《光明日报》，2010年2月22日，有删节。

任何进步都无可避免地会带来一些相应的风险，我们所要做的就是通过更加深入细致的研究，把这些风险发生的可能降到最低，使其更好地造福于自然和人类，而不是因噎废食阻碍科学技术的发展。

转基因作物不仅能提高农作物产量和农业生产效率，而且能为人类保护环境、增进健康起到不可估量的巨大作用，完全可以成为绿色农业的一个重要组成部分。把转基因技术与绿色农业对立起来，将会极大地阻碍和限制绿色农业自身的发展。完全不使用任何化学药剂的农业耕作方法，即所谓"有机农业"，是很难大面积并持久应用的，因为它违反了"物竞天择、适者生存"的自然规律。培育转基因品种的目的之一，就是增强作物自身对病虫害的抵抗能力，从而使其在与病虫的竞争中处于优势，使得农民减少直至不使用农药。因此，转基因技术与绿色农业的目标是一致的。

转基因品种由于其高产高效和低能耗的特点，还可以大量减少农业生产中二氧化碳的排放或增加对二氧化碳的吸收，从而为减缓全球变暖作出贡献。在北美，由于转基因作物的应用而少使用了 50% 以上的农药，仅 2007 年就减少使用 14 万吨杀虫剂，同时由于减少了田间操作还大量减少了燃料的使用。在中国，自 1997 年开始种植转基因 Bt 抗虫棉品种至今，有 700 多万农户因 10% 的增产和 60% 的杀虫剂减少使用而每公顷增收约 220 美元（相当于全国增收 10 亿美元）。这些抗虫棉品种不仅保护自身，而且使周边农作物免遭害虫危害。

只有种植高效低耗抗病抗虫的转基因作物品种，才能广泛持久地开展绿色农业，生产出既高产又无农药或真菌毒素污染的农产品。转基因技术是绿色生物技术的有力武器之一，也是解决绿色农业生产中所存在问题的一把钥匙。因此，如果把转基因技术归入绿色农业的范畴，将会极大地促进中国绿色农业和转基因技术两个领域的发展。

数年之前，当国外转基因大豆开始进入中国时，国内有一种声音说中国是大豆的发源地，为防止野生资源被转基因品种"污染"，我们不宜搞转基因大豆的研究，因而试图用常规品种与国外公司的转基因大豆竞争。但这十多年来进口转基因大豆逐渐蚕食中国大豆市场，到今天，中国每年需进口约 6000 万吨大豆，其中绝大部分是转基因大豆，中国的大豆产业在面对强大的国外转基因大豆竞争时节节败退。

综上所述，我们需要的是用科学理性的态度对待转基因研究，大胆地使用转基因技术，推广一些已证明是无害的优良转基因作物品种，真正发挥其推动生产力发展和社会进步的作用。

转基因木瓜的由来

 许东林 [①]

【内容提要】番木瓜环斑病毒几乎毁掉木瓜种植业，如果没有转基因抗病毒技术，我们目前只能吃病毒吃过的"剩"木瓜。

为何植物抗病毒必须转基因

农作物在生长过程中会受到多种有害生物的侵害。大部分植物病虫害主要靠化学农药来防治，农药可以有效地杀死农作物害虫、杂草和植物病原真菌、细菌、线虫，但对植物病毒不起作用。

病毒侵入动、植物体内之后，利用宿主细胞里的资源，大量复制自己的基因组并制造新的蛋白质外壳，再组装起来，就形成了许多新一代的病毒颗粒，然后去感染宿主更多的细胞和器官。由于化学药物通常无法抑制病毒在宿主体内的复制、增殖，几乎所有由病毒引起的人类或动物疾病都没有特效药可治（"达菲"能治流感是极少数的例外），只能靠免疫系统产生抗体来对付病毒，如果能成功地把病毒清除掉，病就好了（如普通感冒）。然而植物不具备像人类和动物那样的免疫系统，不能产生抗体来消灭病毒，这就使得植物病毒病非常难以防治。

筛选和培育抗性品种是防治农作物病虫害的另一有效方法。一些作物的某些品种或它们的亲属野生物种可能具有抗虫、抗病基因，把普通栽培品种和它们进行杂交，就有可能获得抗性基因。数十年来人们获得了许多抗虫、抗病的农作物杂交品种。但是，并非对于每一种病虫害，自然界都存在相应的抗性植物可为杂交育种所用，即使能找到抗性材料，育成一个抗性品种也需要大量的试验、筛选工作，往往耗时十年之久，十分繁琐。而且对植物病毒来说，它们变异速度很快，非常容易突变出能克服植物抗病毒基因的新毒株，使杂交育种之效化为乌有。

转基因抗病毒育种是防治植物病毒最有效的方法。要抗哪种病毒，就给植物转入一个该病毒的基因。那么病毒基因跑到植物体内后是如何把病毒自身杀死的呢？转基因植物对病毒的抗性，同对害虫、病菌的抗性机理完全不同。我们知道，把某种毒性较弱的

---

① 许东林，华南农业大学植物病理学在读博士生。

病毒株系（或经过失活处理的病毒）也就是疫苗注射到人或动物体内之后，病毒的外壳蛋白可诱导免疫系统产生相应的抗体，等下次遇到这种病毒入侵时，抗体就能跟病毒发生免疫反应，使其失去活力。类似的做法是否也能使植物获得对病毒的抗性呢？

早在 20 世纪 20 年代末，人们就发现接种了弱毒株病毒之后的植物确实能对同种病毒的强毒株产生抗性，这被称为"交叉保护"现象。许多植物病毒的弱毒株都可以诱导产生交叉保护现象，但植物并不具备像人或动物那样的免疫系统，人们也从未在植物体内发现过针对病毒的抗体，尽管交叉保护现象跟人或动物注射疫苗后对病毒产生的抗性很相像，二者的机制应该是大不相同的。20 世纪七八十年代，科学家们提出过几种假说，试图解释交叉保护的机制。例如其中一种假说认为，给植物接种弱毒株后，病毒在自我复制时合成出大量外壳蛋白，而随后侵入的强毒株病毒在自我复制前要先把它的核酸从其外壳蛋白中释放出来，但刚一释放出来就被弱毒株的外壳蛋白重新包裹起来，从而无法成功复制。这些假说都未能得到证实，关于交叉保护机制更加可靠的解释，要等到新旧世纪之交才被人们所知。

转基因木瓜缘何产生

在"知其然而不知其所以然"的年代，人们利用交叉保护现象对一些植物病毒进行防治，取得了不错的效果。但是，对于大量种植（例如几十万株）的作物来说，为了防治病毒，就要对所有的植株逐一进行弱毒株接种，这显然是一项无法完成的工作。另外，并不是每一种植物病毒都存在毒性强弱有别的多个株系，如果某种病毒恰好没有弱毒株，这个办法就行不通了。

于是转基因技术就成为必然选择。把病毒的外壳蛋白基因转到植物体内，可以得到跟交叉保护相似的效果：对转基因植株接种同一种病毒并不能使其发病，植株体内也检测不到病毒。1986 年，人们把烟草花叶病毒的外壳蛋白基因转入烟草，获得了世界上第一例抗病毒转基因植物。

其后 20 多年里，科学家们对几十种植物病毒进行了试验，证实向植物转入病毒基因是行之有效的抗病毒育种途径。目前世界上已被获准商品化种植的抗病毒转基因作物有木瓜、马铃薯（美国育成，2001 年因销路不佳不再销售）、葫芦瓜（美国育成，转基因所占比例 13%）等。中国也培育出了多种抗病毒转基因作物，但目前仅有两种（辣椒、木瓜）获得农业转基因生物安全证书（已获得安全证书的转基因作物在中国仅有 7 种），且只有转基因木瓜在广东省被商品化种植。

木瓜又叫番木瓜，有"岭南佳果"的美誉。1948 年，人们在美国夏威夷发现了一种侵害木瓜的植物病毒，即番木瓜环斑病毒（PRSV）。在随后的几十年里，该病毒灾害在世界多个木瓜产地均有发生，受害产地包括中国南方多个省份，严重时该病毒可导致木瓜减产八九成，是木瓜产业的主要限制因素。

◎ 受木瓜环斑病毒危害的种植园

好在科学家们及时地培育出了抗番木瓜环斑病毒的转基因木瓜。1990 年，首个转番木瓜环斑病毒外壳蛋白基因的木瓜品系诞生，1992 年人们在夏威夷开发出两个转基因品种"日出"和"彩虹"，它们在 1998 年被批准商业化种植，直接挽救了美国的木瓜产业。美国转基因木瓜 2003 年被加拿大、2010 被日本批准进口，2011 年底被日本批准种植，此外其在泰国也得到了推广种植。

番木瓜环斑病毒是一种变异性很强的 RNA 病毒，在全世界共有几十个毒株，不同地区的毒株之间在感染木瓜的能力上存在较大差异。夏威夷的转基因木瓜品种对当地的番木瓜环斑病毒毒株有很高的抗性，但对其他地区的毒株抗性不高甚至没有抗性。为此，中国科学家自主研发了能够抵抗国内毒株的转基因木瓜。

中国的木瓜产地在华南地区，而华南地区有 4 个番木瓜环斑病毒毒株，其中"黄点花叶"株是优势毒株（80% 以上的发病木瓜携带这个毒株）。华南农业大学的科研人员将这个毒株的复制酶基因转入木瓜体内，培育出了"华农 1 号"。该品种不仅高抗"黄点花叶"株，对华南地区其他几个次要毒株也具有很好的抗性。"华农 1 号"在 2006 年获得中国农业部颁发的安全性证书，可在广东省生产应用。此后得以大规模种植，产生了巨大的经济效益，深受瓜农喜爱。目前国内市场上销售的木瓜基本上都是转基因品种（包括从美国进口的转基因品种）。

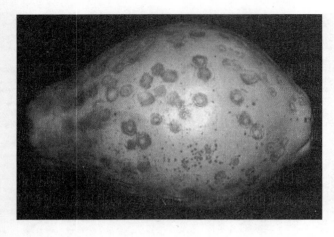

◎ 感染了木瓜环斑病毒
危害的番木瓜

为什么"华农1号"的研究者选择转入番木瓜环斑病毒的复制酶基因，而不是跟别的抗病毒作物、甚至夏威夷的转基因木瓜一样，也转入病毒的外壳蛋白基因呢？一个原因是人们发现转外壳蛋白基因的木瓜对病毒的抗性还不够强，另一个原因是出于对一种潜在风险的考虑。许多植物病毒可以由昆虫进行传播，番木瓜环斑病毒可由蚜虫传播。蚜虫在含有病毒的木瓜树上吸食汁液时，番木瓜环斑病毒通过外壳蛋白依附在蚜虫的刺针上，然后蚜虫再去吸食下一棵木瓜树，就把病毒传过去了。有些植物病毒由于其外壳蛋白不能跟蚜虫的刺针结合，因此没有蚜传特性。科学家们担心，如果转外壳蛋白基因的木瓜植株里恰好有另一种不具有蚜传性的病毒，那么后者的核酸会不会被番木瓜环斑病毒的外壳蛋白包裹起来，从而变成一种可以被蚜虫传播的、更容易流行的"新"病毒呢？因此，如果转入的不是外壳蛋白基因，而是病毒别的基因，显然就能避免这种潜在的"张冠李戴"可能。

值得指出的是，目前人们从没发现转外壳蛋白基因导致植物病毒的"张冠李戴"真正发生过。这也说明科学家们对转基因作物的研发是非常谨慎的，他们会事先考虑各种可能的不良后果，并加以避免。

"华农1号"是否安全

"华农1号"上市之前，各种常规的安全性评价实验更是少不了。人们首先把番木瓜环斑病毒的复制酶蛋白序列跟目前已知的8类过敏源（分别来自花生、大豆、坚果、小麦、牛奶、鸡蛋、鱼类和贝类）的蛋白序列进行比较，并未发现相似性，由此判断番木瓜环斑病毒复制酶蛋白并不属于已知的过敏源。

接着通过基因工程技术把这个复制酶基因转入细菌体内（这也是一种"转基因"），让细菌大量制造复制酶蛋白，再提取出来，用人工模拟的人类胃液（含有胃蛋白酶，强酸性环境）和肠液（含有胰蛋白酶，弱碱性环境）进行模拟消化实验，结果显示番木瓜环斑病毒的复制酶蛋白在肠液、胃液中被消化 15 秒钟之后就失去了活性，说明人体可正常消化转基因蛋白。最后，由于木瓜本身含有一种名叫苄基异硫氰酯的天然毒素，人们比较了这种毒素在转基因和非转基因木瓜体内的含量，发现转基因木瓜并不比非转基因木瓜含有更多的毒素——这叫"实质等同性"。上述这些试验证明了食用转基因木瓜是安全的。

事实上，在转基因木瓜诞生之前，人们已长期食用过被番木瓜环斑病毒侵害的木瓜，等于把整个病毒都吃进去了，却从来没有因此出现过健康问题。须知这种病毒一共有 10 个基因，会制造出 10 个病毒蛋白，而转基因木瓜只制造一个病毒蛋白（外壳蛋白或复制酶蛋白），如果转基因木瓜不安全，那么非转基因木瓜岂非十倍的更不安全？

转基因木瓜中除了含有番木瓜环斑病毒的复制酶基因，还含有一同转进去的一些别的成分，包括 35S 启动子、NOS 终止子和卡那霉素抗性基因。其中前二者是使转入的基因得以表达的零件，其本身并不产生蛋白质产物；后者可使转基因植株获得对卡那霉素的抗性，以便人们用这种抗生素把没能转入基因的植株杀死，把转入成功的植株筛选出来。许多转基因作物都含有这个基因。

有人担心，转基因作物中的卡那霉素抗性基因会不会在环境中扩散，让别的生物尤其是细菌因此获得抗药性，或者人食用了转基因作物后，会不会把这个基因"转"给肠道里的细菌，使其产生耐药性？卡那霉素抗性基因本来就来自细菌，它广泛地天然存在于自然界，因此转基因作物并不会在这方面给大自然"添乱"，而目前也从未发现过人的肠道内细菌被"转"入这个基因。欧盟食品安全局 2010 年曾做过一个评估，结论是转基因作物中的卡那霉素抗性基因对人与动物的健康、对环境没有风险。

基因沉默是转基因抗病毒实质

就在美国和中国相继研发出转基因木瓜的十几年里，生命科学、分子生物学的一项重大发现使人们对植物转基因抗病毒的具体机制终于有了比较清楚的了解。

1990 年，美国科学家乔根森研究矮牵牛花时，他想使牵牛花的花色变得更深一些，就把一个查尔酮合成酶基因转入了矮牵牛中。矮牵牛本来含有一个查尔酮合成酶基因，它能合成花青素，使牵牛花呈紫色。乔根森原本以为，转基因矮牵牛既然拥有两个查尔酮合成酶基因，就会加倍制造花青素，使花色更深。但结果却出乎他的意料，转基因矮牵牛的花色不仅没有加深，反而变成了白色。显然，转进去的和矮牵牛原有的查尔酮合成酶基因都没有得到表达，而是"共同沉默"了。

随后科学家们在真菌、线虫、昆虫等许多物种体内也发现了"基因沉默"现象。1998 年，美国科学家安德鲁·菲尔和克莱格·梅洛以线虫为研究材料，发现如果把跟线虫某个基因的序列具有相似性的双链 RNA 分子注射到线虫体内，就会导致那个线虫基因"沉默"。人们很快发现这一被称为"RNA 干扰"的过程具有普遍性，即动、植物体内的"基因沉默"

过程都有双链 RNA 分子参与。这两位科学家因此获得 2006 年诺贝尔生理及医学奖。

一般而言，生物基因首先以 DNA 序列为蓝本，合成一条信息 RNA 即 mRNA（该过程叫"转录"），然后根据 mRNA 上的信息来合成一条氨基酸肽链（这叫"翻译"），后者再构成蛋白质，行使相应的生命功能。至此，一个基因就得到了"表达"。科学家们发现，上文说到的生物体内的"基因沉默"现象，其原因是生物基因被转录成 mRNA 之后，mRNA 在被翻译成蛋白质之前就先被降解了。因此应该把这种现象更准确地叫作"转录后的基因沉默"。那么，为什么会有这种机制呢？

一个生物体经常会被病毒等病原物入侵，病原物的基因对生物体来说属于外来核酸，而外来核酸（DNA 或 RNA）一旦进入细胞，就有可能对生物自身的基因造成破坏，影响其生存。于是自然选择的压力使得生物在漫长的岁月中进化出了一套抵御外来核酸入侵的自我保护机制，这就是转录后的基因沉默。外来核酸侵入细胞后，会在复制过程中形成双链 RNA 分子，后者可激活宿主体内的转录后的基因沉默机制，把外来核酸的 mRNA 降解掉，从而保护了宿主基因的安全。转录后的基因沉默有时也被称为"核酸水平上的免疫机制"。

既然生物普遍拥有这一自我保护机制，为什么人类和动植物还是会被许多病毒成功入侵，而罹患各种病毒病呢？那是因为该机制反过来对病毒形成了选择压力，病毒为了生存，也进化出了对付转录后的基因沉默的本领。科学家们发现许多病毒合成的一些病毒蛋白可以破坏转录后的基因沉默过程，从而使病毒得以在宿主体内存活、复制。例如番木瓜环斑病毒的 10 个蛋白中，有一个就是用于抑制转录后基因沉默机制的。

培育转基因抗病毒植物，实际上就是人类在植物大战病毒的战场上助其一臂之力。转基因对植物来说也是外来核酸，同样可以激活植物的转录后基因沉默机制（这一激活发生在病毒入侵之前，使病毒来不及去抑制转录后的基因沉默过程），导致转基因跟入侵病毒的同一基因发生"共同沉默"。至此，人们明白了交叉保护现象产生的机制其实就是植物的转录后的基因沉默——接种弱毒株病毒跟转病毒基因作用相同。

人们用番木瓜环斑病毒接种到转复制酶基因的木瓜上，发现木瓜中复制酶基因的 mRNA 含量果然比接种病毒之前大幅度下降，证实了转录后的基因沉默正是转基因抗病毒的分子生物学机理。这一抗病机理依赖于转基因和病毒基因之间的同源性，病毒只有产生了很大的变异才有可能突破转基因植物的抗性。

转基因番木瓜更安全 [1]

李世访 [2]

【内容提要】没有证据推断，表达病毒基因的转基因植物可改变现存病毒种群的特点或产生新的病毒。我们更注重结果而不是特殊潜在风险的发生概率，而目前尚没有明确证据证明转基因食品不安全。

番木瓜是众多水果中的宠儿，深受消费者喜爱。然而，1948 年，美国夏威夷瓦胡岛上发现的番木瓜环斑病毒为全世界番木瓜的种植带来了灾难。中国华南各省于 1959 年始发此病，至 1965 年流行成灾，其发病率高达 90% 以上，导致该地番木瓜产量和品质大大降低。

种植抗病品种是防治该病毒病害的有效措施，但番木瓜栽培品种中缺乏抗性资源，野生番木瓜中的抗性资源，很难通过常规的杂交方法转移到番木瓜栽培品种中。在对该病尚无其他有效的防治方法这一背景之下，转基因番木瓜应运而生。

转基因番木瓜的研发

1985 年，美国开始致力于开发抗番木瓜环斑病毒（PRSV）的转基因番木瓜；1993 年，美国获得了抗番木瓜环斑病毒的转基因品系 55-1 和 63-1。1998 年，美国番木瓜行政委员会获得商业化转基因番木瓜的通行证。随着夏威夷番木瓜 PRSV 疫情的不断加重，夏威夷的番木瓜产业面临危机，应势而生的转基因番木瓜的需求势不可挡，发展非常迅速。

转基因番木瓜自身有着其得天独厚的优点：

（1）抗病能力强，产量有保证；

（2）节约资源，促进了番木瓜生产用地的减少；

（3）有助于增加品种多样性。

通过学术界研究人员的大量研究工作，转基因番木瓜被广泛种植，这也给企业研究如何开发利用转基因作物来解决农业问题提供了有效的例证。

加拿大和日本是美国夏威夷番木瓜产业的两大消费市场，分别占 20% 和 11%。2003 年 3 月，加拿大批准了美国转基因番木瓜品系"日出"和"彩虹"的进口。日本对转基

① 原文发表于《植物保护》杂志，2011 年 6 月，有删节。
② 李世访，中国农业科学院植物保护研究所研究员、博士生导师，植物病虫害生物学国家重点实验室副主任，中国植物病理学会和北京植物病理学会理事。

◎ 转基因木瓜植株（左）与患木瓜环斑病毒的非转基因木瓜植株（右）对比

因番木瓜采取抵制措施十几年，最终随着转基因番木瓜安全性的进一步确认，于 2010 年 5 月允许转基因番木瓜进口本国市场。因此，从世界范围来看，转基因木瓜处在被人们不断接受的阶段，而且国际市场也呈现不断扩大的趋势。

　　虽然夏威夷转基因番木瓜已开发了两个优良品系，但对中国华南地区 4 个番木瓜环斑病毒株系、中国台湾以及泰国等亚洲国家的番木瓜环斑病毒株系不具有抗性。因此，不同国家和地区必须要选用当地优势株系的基因进行转基因研究，才能获得具有当地病毒株系抗性较好的转基因品系。

　　华南农业大学在国内率先进行抗番木瓜环斑病毒转基因番木瓜的基因工程研究。他们将华南地区番木瓜环斑病毒的优势株系 YS 的复制酶基因转化入了番木瓜植株，获得了高抗的转基因品系——华农 1 号，华农 1 号于 2006 年在广东省获得应用安全证书。华农 1 号在广东进行大规模种植后，产生了明显的经济、社会和环境效益，从根本上解决了番木瓜生产上受番木瓜环斑病毒威胁的问题，从而恢复了番木瓜"岭南佳果"美誉，并供应国内外市场，也满足了食品工业、医药和保健等开发需要。

转基因番木瓜的生物安全性

致敏反应是指转基因植物中病毒序列编码的蛋白对人体的潜在过敏性。大量观察表明，转基因番木瓜的病毒蛋白对过敏安全性不构成威胁。在我们的日常生活中，被病毒侵染的作物已作为日常消费品，食用有病毒的食物不表现出明显的不良反应。可能人们没有意识到，人们长时间都在消费着感染病毒的水果和蔬菜，但是也没有出现由植物病毒成分引起的不良影响。自植物病毒发现以来，至今都没有发现植物病毒可以侵染人类的案例。此外，巴西百万棵柑橘通过接种温和型病毒株系达到交叉保护来控制柑橘腐根病毒，至今没有出现对人类健康的不利后果。中国对转基因番木瓜的食用安全性、过敏原性也进行了长期跟踪研究，没有发现任何安全问题。

转基因番木瓜含有抗生素抗性基因，人们担心食用这些木瓜可能会造成人类对部分抗生素产生耐药性，如其中的卡那霉素抗性基因。然而卡那霉素抗性基因来自细菌，在培育转基因植株中被广泛应用，在转基因木瓜培育过程中其也被用来筛选转基因植株。经过长期的研究和观察，大量数据证明卡那霉素抗性基因在转基因植物中是安全的，针对一些人的质疑，2010 年 4 月 13 日，欧盟食品安全局转基因专家小组公布一份科学报告，再次确认将卡那霉素抗性基因用于转基因作物的选择标记基因对人体、动物健康以及环境没有风险。

卡那霉素抗性基因是天然普遍存在的：在自然界的大量植物中，本来就存在一些植物可以忍耐这种抗生素。在土壤、水和其他环境中，甚至在人和动物的肠胃通道里，具有卡那霉素抗性的微生物大量存在。自然界中卡那霉素抗性微生物的广泛背景意味着人类和动物时时刻刻都暴露在卡那霉素抗性生物中。

现实的风险与预测的风险

对于抗病毒转基因作物的安全性问题的许多研究都已在进行，特别是对于异源包装和重组的问题。但是，只有少数风险评估具有现实意义，因为更多是在病毒和寄主的相互作用而不是安全性。区分与抗病毒转基因植物相关的预测风险和其真实风险是非常重要的。因为人们特别是没有相关专业知识的人们，很容易混淆转基因作物的预测风险和真实风险。

迄今为止，还没有可信的证据表明，表达病毒基因的转基因植物可以增加异源包壳或重组频率。同样的，几乎没有证据推断，表达病毒基因的转基因植物可改变现存病毒种群的特点或产生新的病毒。我们更注重结果而不是特殊潜在风险的发生概率，而目前尚没有明确证据证明转基因食品不安全。

综上所述，其实人们不必对转基因番木瓜如此惊慌，转基因番木瓜与非转基因番木瓜相比，在微生物毒素、农药残留等方面更安全。

"黄金大米"，一个世纪以来最伟大的发明之一 ①

严建兵

【内容提要】黄金大米研发至今 30 多年，早就应该进入市场，解救无数遭受病痛的穷苦人民；然而由于某些组织和个人，或因为自己特殊的目的和利益，或因为相应知识缺乏，或因为"好心"而一直阻碍这个产品的推广应用。

"黄金大米事件"中，"绿色和平"组织用了耸人听闻的"人体试验"字眼，许多不明就里的"专家"也纷纷撰文进行义愤填膺式的讨伐，再一次成功地"制造"了恐慌，作为一位从事农业科技研究的科学工作者，一个还在从事维生素 A 生物强化相关研究的科学家，我觉得有必要说说什么是真相。

维生素 A 缺乏会导致什么严重后果？

维生素 A 缺乏（简称 VAD）是一种慢性疾病，症状轻会导致眼部干燥，症状严重会导致失明甚至死亡。我小的时候，傍晚看书时会感觉眼睛模糊，老人说这是"鸡眼"，意思是鸡要回家进笼了，要把眼睛给他们看路，所以小孩子不能在这个时候看书。其实这是维生素缺乏导致的夜盲症的一种表现。VAD 是一种全球性的问题，根据 WHO 的调查，全球目前已有 78 个国家被确认有维生素 A 缺乏的公共卫生问题，全球约有 1/4 的学龄儿童（1.27 亿）存在维生素 A 缺乏的问题，每年全球有超过 25 万少年儿童为此失明。2002 年中国居民营养与健康状况调查结果表明：维生素 A、铁等微量营养素缺乏是我国城乡居民普遍存在的问题。3 ~ 12 岁儿童维生素 A 缺乏率为 9.3%，其中城市为 3.0%，农村为 11.2%；在西南等贫困地区，其比率高达 50%。这种营养不良也称为"隐性饥饿"，其不但给贫困地区人群的身体健康带来影响，同时也造成巨大经济损失。据中国疾病预防控制中心的陈春明教授估计，仅儿童铁缺乏造成成年后的损失约占 2001 年国内生产总值的 2.9%；但是，如果采取措施使我国贫血率降低 30%，则成人及儿童成年以后的劳动生产率提高所得的经济效益是 4553 亿元。VAD 带来的经济损失也类似。

① 原文发表于"新浪博客"，2012 年 9 月 4 日，笔名"种田农民"。

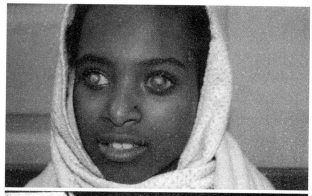
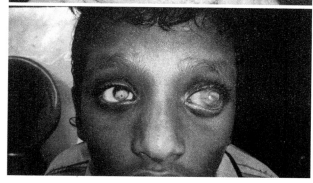

◎ 患维生素 A 缺乏症的儿童

解决 VAD 的方式

目前，世界上解决微量营养缺乏的问题（包括 VAD）的方式主要有如下几种：

（1）膳食多样性，如果你天天有米饭吃，也有蔬菜、水果和肉类吃，一般不会存在 VAD 的问题。

（2）食品强化，在必须吃的食品中添加，我国成功食品添加的案例，一个是碘盐让中国几乎完全消灭了大脖子病；一个是铁强化酱油也取得明显进展，但因为酱油并不是人们的必需品，所以对铁缺乏的消除仍然任重道远。

（3）药丸补充，比如市场上销售大量的各种维生素片剂。

这些办法虽然能部分解决一些问题，但也存在显而易见的局限性：

（1）需要改善营养缺乏的群体大多是穷人，他们往往没有有效的手段获得强化食物或保证膳食多样性；

（2）已知的贫困群体有多重微量营养素缺乏症，并非所有这些缺乏症都能够通过强化食品加以防治；

（3）就营养元素含量、稳定性和物理特性而言，强化各种食品的技术尚未完全形成，有关营养元素相互作用的知识不足，使对某种食品添加营养元素的技术复杂化；

（4）药丸补充的成本相对较高。

155

因此在这些手段的基础上一种更具有应用前景的方法被提了出来——生物强化，该方案是通过育种并结合生物技术的手段来提高主要粮食作物的微量元素的含量，从而解决以这些粮食作物为主食的贫困人群的营养缺乏问题，也就是大多数穷人的缺乏问题。这种方法不额外增加成本，也不依赖于分发渠道。

"黄金大米"的前世今生

水稻是全世界一半以上人群的主粮，尤其是穷人的主粮，如果能提高水稻中维生素 A 的含量，那么全世界穷人的维生素 A 缺乏问题就迎刃而解，基于这样一个设想，在 1984 年菲律宾召开的一个会议上，苏黎世理工学院的波特里科斯教授勇挑重担，承接了把普通水稻变成富含维生素 A 水稻的重任，他历经 8 年努力，终于推出了概念性的产品，因此他也被评为目前在世的对生物技术贡献最大的 100 人之一。

普通水稻本身并不能合成维生素 A，因此通过传统的杂交手段，你无论如何也获得不了高维生素 A 的品种。波特里科斯教授想到了一个绝妙的主意，他把细菌和黄水仙中合成维生素 A 的生产线、也就是 4 个基因导入水稻中，让水稻的维生素 A 的含量从零提高到一点几微克／克，这也是第一代的"黄金大米"。可是这个含量远远满足不了人类对维生素 A 的需求。理论估计，如果维生素 A 含量达到 15 微克／克，每人每天吃四两水稻，就可以基本满足人体对维生素 A 的需求，但一代"黄金大米"维生素 A 的这个含量，每人每天要吃几斤大米才能满足人体对维生素 A 的需求，这显然难以得到认可。第一代产品出来之后，有些反对人士嘲笑这只是一个画饼充饥的闹剧。随后来自著名生物技术公司先正达公司的科研人员接过了接力棒，他们从玉米中找到了功效更强的基因，重新组织了这个生产线，培育出了第二代"黄金大米"，让维生素 A 的含量一下子提高了几十倍：每人每天只要吃不到 2 两大米就可以满足人体全天对维生素 A 的需要。这一下子让这个产品具有了实用价值。

因为有企业的参与，"绿色和平"组织质疑这是国际大公司为了自己不可告人的商业目的实施的一个大阴谋，"黄金大米"一旦被推广开来，公司就会谋求巨大商业利益。先正达公司以及其他拥有相关专利的企业因此一起宣布放弃其所拥有的与"黄金大米"有关的专利权，"黄金大米"将无偿地提供给发展中国家的农民使用，并制定了相关条例，条例包括：所有发展中国家，包括中国，都可以无偿使用该技术；该技术也可以无偿用于其他主要粮食作物中；销售该作物的公司不能因为该技术使用而增加售价；农民也可以自行繁育种子留到下一代使用。这让"黄金大米"真正成为一个人道主义的项目。

"绿色和平"组织的反对

"绿色和平"组织为什么反对金色水稻？我个人简单的理解是，这就是他们的工作，他们重要的工作就是反对转基因。此前听某位著名科学家说，"绿色和平"组织不打算反对"金色水稻"了，因为他们也知道，这是一个人道主义的项目，反对的结果是让最需要帮助、根本没有话语权的穷人忍受更多的灾难。我当时还对"绿色和平"组织略生好感,但他们最近的炒作,让我的看法又回到了原点。大凡在这里大声反对的,大都不会是维生素 A 缺乏的患者。对他们来说,"黄金大米"可有可无,因为上面提到的那些补充途径他们都能轻易获得。

"黄金大米事件"中,"绿色和平"组织在反对什么呢?第一个吸引人眼球的是,这是一个"人体试验",而且是针对中国儿童的人体试验。事实是,这个试验根本不是安全性试验(黄金大米的安全性试验早就完成),而是维生素 A 在人体的转化效果试验。其实我上文提到的维生素 A 都不准确,严格的说法应该是维生素 A 源,这种生物技术改造过的水稻并不能直接产生维生素 A,而是贝塔胡萝卜素,其在人体中可以转化为维生素 A。这种转化效果如何,在中美联合的这个试验中给出了完美的答案,儿童每天吃 2 ~ 3 两米饭(大约是一两干大米)就可以满足其一天 60% 的维生素 A 需求,和吃维生素 A 丸的效果一样。

还有人质疑,为什么这个试验不在美国儿童身上做,而要在中国儿童而且是山区儿童身上做?答案是,在美国的试验早已做过,上面提到过这不是"安全性试验",根本不存在安全性问题,而是"转化效果"试验,就是吃了到底效果如何。中国儿童,尤其是贫困地区的儿童有将近一半存在维生素 A 缺乏的问题,他们是最需要照顾的人群,而美国基本不存在这个问题。更多的试验还会在亚洲和非洲其他贫困地区进行。

"金色水稻"能解决全球维生素 A 缺乏的问题吗?"绿色和平"组织也这样质疑并认为"金色水稻"的推广会加重世界的粮食安全危机。他们认为饮食多样性是解决这个问题的好办法,我同意饮食多样性是个好办法,但事实是有多少组织或者个人在真心努力,让全世界的贫困人民除了有饭吃,还有多样的蔬菜吃、有肉吃呢?金色水稻不是万能的,但我们需要熟知和尊重的事实是,全世界有超过 30 亿人口以水稻为主粮,他们中的很多人每天除了吃水稻外,很少再有其他食物吃。贫困是产生维生素 A 缺乏症的根本原因,消灭贫困需要全世界各国政府的共同努力。金色水稻无法替代现在为解决这些问题所做的努力,但毫无疑问,它可以作为一种有力的辅助手段,持久地推进(尤其是偏远农村地区)营养问题的解决进程。

金色水稻从概念的提出,到研发出第一代产品,到产品的完善,到今天艰难的推广过程,30 多年已经过去了,无数科学家和热心人士为此花费了毕生的心血。这样一个伟大的产品,早就应该进入市场,解救无数遭受病痛的穷苦人民;然而由于某些组织和个人,或因为自己特殊的目的和利益,或因为相应知识缺乏,或因为"好心"而一直阻碍这个产品的推广应用。对反对者而言"金色水稻"可有可无,但对穷人呢?

曾经有人总结了金色水稻推广的三重障碍:技术、专利和反对人士,现在技术和专利都不是问题,剩下就一个"反对人士"。正如黄金大米的发明者之一波特里科斯教授所言:"在黄金大米这个问题上,我们需要更理性的讨论,而不是情绪化的抵制。"

国产大豆产业为什么会崩溃 [①]

方舟子

【内容提要】造成中美大豆成本和产量差异的一种重要原因是美国种植的基本上是转基因大豆。转基因抗虫技术可以减少杀虫剂的使用，抗除草剂可以节省除草费用和减少除草剂的用量，这些都能大幅度节省生产成本，并间接提高了产量。

"今年大豆种子白送都没人要。"黑龙江省哈尔滨市呼兰区石人镇农资销售员时晓晶告诉《中国证券报》记者，"大豆种子卖不动，大豆肥也是如此。到目前为止，卖出的700多吨化肥中只有1吨大豆肥，可见几乎没人种大豆了。"

2012年全国大豆播种面积创1992年以来新低，产量创1993年以来新低，进口量再创纪录，我国大豆消费外贸依存度首次跨过80%的台阶，达83%，比2011年增长了约8%。中国作为大豆的原产地，现在靠进口转基因大豆支撑着大豆产业，国产大豆的产业链处在崩溃边缘。

郎咸平等阴谋论者喜欢说中国大豆产业是被美帝国主义用政府补贴低价倾销搞垮的。简单地查一下数据就可驳斥他这种无稽之谈。2011年，中国大豆平均种植成本如下：

包地成本（每公顷）：4000～4500元

化肥、农药：1700元

人工成本：1500元

收割成本（柴油费用）：800元

总计：8000～8500元/公顷

再来看看2011年美国大豆的生产成本：

运营成本（种子、肥料、农药、燃油、电费等）：365美元/公顷

分摊费用（雇工、租地、设备、税收、保险费等）：645.20美元/公顷

总成本：1010.27美元/公顷

可见美国大豆的生产成本比中国大豆种植成本还要低。产量更没法比，中国大豆平均产量是1.8吨/公顷，美国是2.74吨/公顷。所以即使没有美国政府直接补贴（中国东

---

① 原文发表于"新语丝"网站，2013年6月18日。

◎ 阿根廷农民在收获大豆

北种大豆也是有政府补贴的，每公顷补贴 900 元），美国大豆的收益也比中国大豆高得多。巴西、阿根廷的大豆成本更低，大约只有美国的一半。现在中国进口的大豆有 60% 来自巴西、阿根廷，在郎咸平看来这应该是巴西帝国主义、阿根廷帝国主义的阴谋了。

　　值得注意的是，美国大豆化肥、农药成本只有 102 美元 / 公顷，而中国大豆化肥、农药成本高达 1700 元 / 公顷。

　　造成中美大豆成本和产量差异的一个重要原因是美国种植的基本上是转基因大豆。2012 年转基因大豆种植面积占了美国大豆种植总面积的 93%。转基因大豆有抗虫害和抗除草剂两种。抗虫害可以减少杀虫剂的使用，抗除草剂可以节省除草费用和减少除草剂的用量。这些都能大幅度节省生产成本，并间接提高了产量。美国已种植了十多年转基因大豆，种植面积逐年增加，已几乎全是转基因大豆。而中国却以保护国产大豆资源为由，一直不批准转基因大豆的种植，就只能靠进口其他国家的转基因大豆来满足市场需求。中国大豆产业是自己搞垮的，怨不得别人。

　　现在，美国食品药品管理局已批准 95 种转基因作物，而中国多年来不批准转基因作物，至今才只批准了 6 种，实际种植的只有转基因棉花和转基因木瓜两种。美国的棉花、大豆、玉米、甜菜等主要作物基本上都已是转基因的，而中国除了棉花，其他都没有种植。转基因技术代表着农业的未来，如果中国的农业政策还在受那些反转基因人士的谣言的干扰，在转基因作物的研发和种植方面必然与美国的差距越来越大，最终崩溃的，岂止是大豆。

为什么要研制植酸酶玉米 ①

方玄昌

【内容提要】植酸酶玉米减少使用无机磷，将延缓磷矿资源的枯竭，显著节省了成本，还可以增进牲畜对铁、锌、钙、镁、铜、铬、锰等矿物质元素的吸收；更重要的是，它能有效减少牲畜粪便对环境造成的污染。

"农家肥"的污染是一个由来已久的话题。随着农村劳动力大量外出，当前越来越多的"农家肥"未经田地吸收而直接通过溪流进入江河湖泊，中国几乎所有河流湖泊都或多或少遭遇到农家肥污染。"农家肥"带来的主要污染物有两种：氮和磷，正是这两种物质导致水体的富营养化。尤其是磷污染，当前，中国每年通过畜禽粪便流失到环境中的磷元素达 363 万吨，相当于通过化肥流失量的 1.2 倍。磷污染的处理难度及成本均远远高于氮污染，环保部门每处理水体中的一吨磷，平均大约要花费人民币 11 万元。

磷是生物体必需的元素，作为牲畜饲料主要原料的玉米中富含磷元素，但这些磷却不能被鸡、猪和鱼等动物很好地吸收。原来，玉米中丰富的磷绝大部分以植酸的形式存在。植酸又叫肌醇六磷酸，不仅是玉米，包括水稻、小麦在内的其他禾本科植物也以植酸作为磷在种子中的储存形式。正常情况下，植酸大部分不能被人、鸡、猪、鱼等单胃动物的消化系统分解，这些动物因而不能充分利用其中的磷。

植酸不仅不让动物吸收磷，它还会与蛋白质及钙、镁、铁、锌、铜、锰、铬等人体必需元素结合，影响动物对这些微量元素的吸收。所以亚洲以大米为主食的人们很容易缺钙，以及因缺铁而贫血，各种微量元素的缺乏还造成隐性饥饿。同样，缺铁、锌等微量元素也会影响鸡和猪的健康，对猪的影响尤其重。为了给牲畜补充足够的磷，人们不得不在饲料中加入含磷的添加剂（主要是磷酸氢钙），以及铁、锌、镁、锰、铜等各种微量元素。

在饲料中添加无机磷能够应对牲畜缺磷，但它无助于解决环境问题，相反，这种技术需要从外界获取大量磷元素，开采磷矿本身也造成污染。更严重的是，农业发展严重依赖于磷肥，继稀土之后，磷矿正成为全球范围内的稀缺资源。据统计，当前地球上可供经济开采的磷矿资源仅够维持百年之用。

那么，玉米中以植酸形式存在的丰富的磷，是不是就永远被封存了呢？不是的。科学家进一步研究发现，玉米种子在发芽的时候，它会合成一种叫作植酸酶的蛋白质，这

160

---

① 原文发表于"基因农业网"，2014 年 9 月 14 日，原标题为"从植酸酶玉米说起（上）"，有改动。

种酶能把植酸分解成一分子的肌醇和六分子的磷酸，释放出可以利用的磷酸。科学家由此设想，我们能否以同样道理来直接获取玉米中的磷？

在这一思想指导下，荷兰科学家从无花果曲霉中找到并克隆出植酸酶基因，丹麦NOVO 公司利用这种基因，以微生物发酵的方式生产出植酸酶添加剂。1995 年，植酸酶作为饲料添加剂进入中国。那时的植酸酶制剂极其昂贵，中国大多数饲料生产商用不起。

1998 年，中国在"863"项目"单胃畜禽用酸性植酸酶"的研究中取得了重大突破，姚斌、范云六等人在国内率先利用生物反应器大规模、低成本生产饲料添加剂植酸酶，将其价格降低到原先的 1% 左右，成为中国饲料用酶生产和应用的起点。

在饲料中添加植酸酶能较好地解决环境污染问题。但这种技术对于农村的养猪散户鞭长莫及，因为他们几乎不可能使用合理配方、添加了植酸酶的饲料。另外，发酵工艺生产植酸酶不仅耗费大量发酵材料（粮食），它还是一种高耗能的生产方式，一套 30 吨容量的发酵罐，需配备 400 千瓦的电机，一个发酵周期耗电数十万度。

范云六院士由此提出一个设想：我们能否将生产和添加植酸酶的两个步骤，都合并到玉米生产过程中完成？这一思想催生了新一代技术——培养出本身富含植酸酶的玉米。

要解决这一问题，杂交等传统育种技术无能为力，必须借助于现代生物技术。转基因技术可以实现让玉米籽粒含有大量植酸酶的梦想，但需要解决以下两个问题：如何获得外源植酸酶基因；如何让这个基因在玉米籽粒中表达。

对于第一个问题，之前范云六、姚斌等人已经从黑曲霉中克隆出植酸酶基因。通过这种基因产生的植酸酶，比玉米发芽时产生的植酸酶具有更好的耐热、耐酸性能，在饲料高温加工后还能够在酸性胃液中起作用。范云六等科学家在 1997 年为自己的成果申请了中国专利。

第二个问题的解决也要依赖于基因控制。中国科学家找到了决定胚乳中特异表达的启动子，将它连同植酸酶基因一同转进玉米，就可以让植酸酶基因在胚乳中表达。2006 年，范云六、陈茹梅等人为这一方法也申请了中国专利。这样，转植酸酶基因玉米的两个关键专利都已经掌握在中国科学家手中。

范云六院士将拥有自主知识产权的植酸酶基因成功地在玉米种子中得到高效表达，而且稳定遗传给下一代。通过动物试验，植酸酶玉米初步显示出它的优异特性。研究数据表明：转基因玉米完全可以替代微生物发酵生产的植酸酶添加剂，满足饲料加工标准的要求。

这种转基因玉米的籽粒中含有大量植酸酶，在加工成饲料之后仍然保留活性，在牲畜胃中可以把植酸水解，放出可供牲畜直接吸收利用的磷酸，大大提高了磷的利用率。植酸酶玉米减少使用无机磷，将延缓磷矿资源的枯竭，显著节省了成本，还可以增进牲畜对铁、锌、钙、镁、铜、铬、锰等矿物质元素的吸收；更重要的是，它能有效减少牲畜粪便对环境造成的污染。

可以说，植酸酶玉米典型地体现了农业生物技术——其实主要就是转基因技术的威力。

玉米的身世

孙滔

【内容提要】进化不仅可以是缓慢渐进的，还可以因为某个基因微小变化而产生迅速剧变。玉米便是其中的典型案例。

1492 年哥伦布在美洲发现印第安人以玉米为食物，于是将其带回欧洲，随后传播种植到世界各地。中国则在明代将玉米引进。

玉米是一种驯化作物。与小麦、水稻有明显的野生近缘种不同，人们很难找到果实颗粒分排密布在玉米轴上的野生品种。

玉米的起源有多种说法，目前认可较多的一种说法是，其祖宗是墨西哥的大刍草，又称为类蜀黍。其植株形态和果实形态均与现代玉米有较大出入。

大约 1 万年前，在墨西哥区域居住的古代农民开始选育玉米，他们选择了其中或较大的，或味道较好的，或更容易磨碎的种子来播种。最终玉米棒变得更大，颗粒更多，成为现代玉米的模样。现今玉米的无稃（果实硬壳）以及果穗外包厚厚苞叶便是人们长期选育的结果。

通过遗传学分析，大刍草的果实与玉米有着相同数目的染色体和类似的基因序列。事实上，大刍草与现代玉米可以杂交，自然繁殖为新的品种。但这就引发在进化上一个巨大难题。因为人们普遍认为进化始终是缓慢而渐进的，缘何玉米会突然出现在大刍草的进化舞台上？这难倒了科学家。

人们最终推倒了原来的进化认识，转而倾向于认为在玉米驯化的最早期，单个基因的微小变化产生了戏剧性结果。

科学家想弄清楚两者杂交的历史过程，以便了解其 DNA 水平的变化详情。如今结合遗传学研究和考古记录，人们已经拼凑出玉米演化的故事。

大刍草中的 tga1 基因使得其籽粒被较长的坚硬稃壳包裹，而玉米中的 tga1 则使得玉米颗粒无壳且柔软。科学家将玉米的 tga1 基因转移到大刍草后，发现其外壳变小且转变为半包裹状态，而两者 tga1 基因之间仅有一个核苷酸的差异。

另外一个重要基因则是 tb1，与玉米分蘖有关。这个基因在大刍草中被抑制，结果产生许多分蘖，而在玉米中表达更多，结果则是无分蘖或少分蘖。一个依据是，科学家将

① 原文发表于"基因农业网"，2014 年 9 月 28 日。

◎ 大刍草（左）与
现代玉米（右）

大刍草的 tb1 转移到玉米中，导致玉米的分蘖陡增。

玉米具有分蘖的特点，但分蘖会消耗自身营养，减弱主茎的生长发育，分蘖一般难以发育成果穗，从而影响最终产量。因此大刍草在人类长期栽培驯化后变得无分蘖或少分蘖。

这正说明，某个基因的微小变化可以产生剧变，这也就解释了玉米为何会突然出现。也就是说，进化并不总是渐变的。

当然，玉米进化会涉及许多基因，只是其基因效应相对较弱。如淀粉类型和含量，不同气候和土壤的适应能力，果实颗粒的长度和数量，颗粒的大小、性状和颜色，抗虫性等等，这些变化正应传统进化论的看法：进化是渐进缓慢的。

选育还不止如此，野生植物的驯化并非易事。已有实验证明，从墨西哥类蜀黍到玉米要经历不到 20 代植物的驯化。

野生谷物为了更大范围传播其种子以求较高存活性，其种子成熟时便自动脱落。但这个植物天生的求生本能却导致农民不能充分收获种子，只有这些种子留在穗上等到所有种子成熟方能充分收获。要成为粮食作物，这些野生谷物便要减弱其落粒性，我们的祖先一直在驯化谷物的低落粒性。人们在采集的时候倾向于采集那些不易于脱落的种子，这种无意识的选择驯化的长期结果便是产生不落粒品种。

另外，与其他多数作物不同，玉米被人类驯化得失去了自然繁衍的能力，必须靠人为手段才能得以繁衍。

研究还显示，作物驯化并非快速、本地化的过程，而可能是在不同区域进行很长时期的不断试错过程。

当然，现在玉米育种早已不再是自然杂交产生的选育。作为高新农业育种技术，转基因玉米已经有抗虫、抗除草剂、抗旱、转植酸酶玉米等多个品种，而复合性状转基因玉米更是大受农民欢迎，并且已经有育种公司推广了 8 个基因转移的玉米。

谈谈绿色超级稻①

张启发②

【内容提要】"绿色超级稻"计划是在关注粮食生产可持续发展这个背景下提出来的,其目标是实现"少打农药、少施化肥、节水抗旱、优质高产"。转基因技术与常规育种技术相结合,能使得作物品种改良变得更有效率,实现常规育种无法实现的目标。

在讨论转基因问题时,很多人提到了粮食安全的问题。顾名思义,粮食安全就是要确保所有的人在任何时候既买得到又买得起他们所需的基本食品。要确保粮食安全首先要确保生产足够数量的粮食,也就是要满足量的需求,其次是要最大限度地稳定粮食供应,也就是可持续发展。这两方面缺一不可。

在过去的半个多世纪中,粮食产量的增加和人口的增加基本上同步,三大粮食作物,即水稻、玉米、小麦的年增长率大约为1%,人口的增加没有造成粮食的严重不足,至少在全世界范围内如此。在粮食增产的诸多因素中,育种技术发挥了非常重要的作用,当然,这其中还应包括化学工业、水利等方面的贡献。在未来若干年,全世界人口还会持续增加(有人预测到2050年,世界人口将达到90亿),我们的生活水平还要提高,因此,粮食产量不仅要保持年增长1%的速度,而且还应该提高到年增长1.2%~1.5%的水平才能满足这个需求。这是我们要瞄准的目标。

在可持续发展方面,我们面临的形势同样比较严峻,特别是在中国。在过去的几十年中,我国用占世界耕地面积7%的土地,养活了占世界22%的人口,但我们也为此消耗掉了大量的资源,例如农药、化肥,这两项我们的用量占了全世界总用量的35%。另外,中国是个缺水的国家,农业耗水约占全国总耗水量的70%,而水稻的用水约占整个农业耗水的70%。这就要求我们在有限的资源环境限制下,不仅要生产足够多的粮食,而且还需要做到节约资源、环境友好。

农业科学家经过十几年长期讨论,提出了"第二次绿色革命"的概念。大家知道,第一次绿色革命始于20世纪60年代,其结果就是提高了粮食产量,但其局限性是导致

① 本文根据作者2013年7月11日在中国科学技术协会举办的"科学家与媒体面对面"活动上的讲话整理,文字略有改动。
② 张启发,植物遗传和分子生物学家,中国科学院院士,美国科学院外籍院士,第三世界科学院院士,华中农业大学生命科学技术学院教授、博士生导师。

◎ 左为传统的高植株；中为高产但高分蘖的植株；右为超级稻，低分蘖、植株硬实且每穗粒数多

化肥、农药的大量使用和土壤退化。而第二次绿色革命和第一次绿色革命的方向有很大不同，中国农业科学家将其概括为十个字，这就是"低投入、多产出、保护环境"。也就是说，资源消耗要少，产量要高，品质要好，同时还要环境友好。

在关注可持续发展这个背景下，中国科学家提出了绿色超级稻构想。它是一个新的品种改良目标，简单说就是既要高产优质，又要让环境能够可持续发展，可概括为"少打农药、少施化肥、节水抗旱、优质高产"。

2010年，科技部批准立项了国家863计划重点项目"绿色超级稻新品种培育"③。目前，绿色超级稻新品种培育已经成为一个国际合作项目，美国的盖茨基金会已经将它作为国际合作的典范进行推动，希望我们不仅能够为中国培育绿色超级稻，还要为非洲、亚洲的不发达国家培育超级稻。

要实现绿色超级稻的构想，需要生命科学技术研究（尤其是基因组的研究）、品种资源的发掘、育种这三者紧密结合。

生命科学技术领域，尤其是在植物学、植物基因组（特别是水稻）研究方面，我们在过去几十年中奠定了非常好的基础。我国的水稻育种在世界上是很有地位的，杂交稻的研究则处于世界前列。

从20世纪90年代初开始，中国启动了水稻基因组计划。后来，中国科学家和其他国家的科学家一起测出了水稻基因组的全部序列，而且这个序列到目前为止仍然是所有测序中质量最高和最有用的。

本世纪初，我们又启动了水稻功能基因组计划，这个计划的目的就是要破译水稻基因组计划得到的"天书"，不但读得懂这本天书，而且还要利用它来帮助育种。水稻大约有5万个基因，我们弄清楚其中每个基因的作用，还要知道决定水稻性状（例如产量、品质、抗病）的功能基因组是什么。这就是中外科学家一起提出的"水稻2020计划"，

③ 2014年，作为科技部863计划农业技术领域的唯一重大项目，绿色超级稻项目得到科技部的延续资助。——编者注

这个计划要建立一个大规模研究水稻功能基因组的平台，争取在 2020 年之前完成。

近十年来，我国科学家在水稻性状基因鉴定和功能分析上取得了系列进展和重大成果，获得许多有自主知识产权的基因资源。到目前为止，我们已经搞清了大约 1000 个水稻基因的功能，这其中约 40% 是中国科学家做出来的。在水稻功能基因组研究中，中国具有举足轻重的地位，发挥了相当重要的作用。所以，把水稻功能基因组研究和过去的遗传育种联系在一起，中国在水稻研究领域既是一个大国也是一个强国。当然，水稻生产方面就不用说了，我们的水稻种植面积比印度少很多，但产量比印度多很多，这也说明中国的水稻种植水平是比较高的。

将基因组技术和传统育种技术相结合，是实现绿色超级稻计划的基本技术途径。应用基因组技术的一种产品叫"水稻全基因组育种芯片"，可以大大提高育种效率。传统育种全凭育种家的经验和肉眼筛选，有了这个工具，可把大田搬到实验室，进行大规模精准筛选，大大减少了田间工作量，对育种技术的提升会有非常大的帮助。

最后要说的一点是，我们的育种目标是在不断发展的。粮食生产不仅要满足吃饱肚子的需求，还要进一步关注人类的健康。在这个过程中，转基因技术是不可或缺的，以后也可能会成为基因组技术的组成部分。转基因技术与常规育种技术相结合，能使得作物品种改良变得更有效率，实现常规育种无法实现的目标，例如抗虫、抗除草剂，包括"黄金大米"等。

转基因技术的应用可以实现水稻生产基本不打农药的目标。这不是钱的问题，因为农药的喷施会消耗资源、带来污染，还有残留的问题。转基因的应用遇到了很多困难，但是我觉得找不到其他的办法来代替它。转基因技术在未来的大农业中是非有不可的，我们不仅需要加强科研，还应该把现有的成果尽快应用到产业当中去。

阻挡转基因将成为历史罪人[1]

贾士荣[2]

【内容提要】转基因技术代表了将来的发展方向，任何人、任何力量都不可能阻挡、延缓这个技术的发展。

谈到转基因，我接触到的一些亲戚朋友，他们首先会问的一个问题就是，转基因到底有什么用？我想对于这个问题，可能还要加强宣传。

第一，我们应该给公众说清楚，农业生物技术是发展最快、最好的一种技术，它代表了先进的生产力。1996 年，转基因作物种植面积是 170 万公顷，现在是 1.7 亿公顷，已创造了 1000 亿美元价值。你可以用转基因技术跟历史上其他的农业技术去比较比较。

化肥的情况我知道，19 世纪中叶德国李比希发明了化肥，但从有机到无机，再到广泛应用的时候，已经过了半个多世纪。现在转基因作物 17 年就增加了 100 倍，这是什么概念？

转基因同时也是最好的一种技术。我想举三个实际例子来说明。

第一个例子是夏威夷的木瓜。因为受到番木瓜环斑病毒的影响，夏威夷的木瓜产业遭受巨大损失，以致濒临破产。后来，转基因木瓜被研究了出来，挽救了夏威夷的木瓜产业。现在夏威夷的木瓜是转基因的，台湾的木瓜是转基因的，我们国内也批准了转基因木瓜的商业化，现在市场上销售的木瓜大多是转基因的。

第二个例子是阿根廷、巴西的转基因大豆。阿根廷和巴西由于种植了转基因大豆，他们的大豆产业获得了振兴，成为大豆出口大国。种植转基因大豆可以免耕、少耕，即不用翻地直接种。它还可以密植，密植之后，产量可提高 20% ~ 30%。

第三个例子，我们国家抗虫棉的研发和推广种植，可以说是既挽救又振兴了我国的植棉业。1992 年，华北地区棉铃虫大爆发，农药已经控制不住。老百姓谈虫色变，干脆就不种棉花了，植棉面积一时大幅减少，由此带来的后果是，棉花产量锐减，纺织厂停工待料，每年因此造成的直接和间接的经济损失约是 100 亿人民币。

---

[1] 本文根据作者 2013 年 7 月 15 日在"转基因科学传播科学家与媒体交流会暨基因农业网开通仪式"上的主题发言整理。

[2] 贾士荣，中国农业科学院生物技术研究所研究员，博士生导师。曾任国家高技术研究与发展计划（863）生物领域专家委员会委员、国家 973 基础研究计划农业咨询专家组成员、国家农业转基因生物安全委员会委员、中国生物工程学会副理事长等职。

抗虫棉被研发出来后，这些问题也都迎刃而解了。在抗虫棉的推广初期，各省市县的老百姓对抗虫棉还是有点怀疑的，他们没看到具体的好处。后来我们就把转基因和非转基因的作物挨着一起种，然后都不喷农药看看是什么结果。慢慢地，农民就接受了，中层干部也接受了。到了最后，农民非抗虫棉种子不买不种。由于抗虫棉的推广应用，现在我们国家 90% 以上的棉花都是抗虫棉，像山东、河南这些省份基本上是 100%。

同时，我还要强调一点，由于少用农药（大概减少了 80%），以前一个生产季，农民要背着药桶打 20 来次，推广了抗虫棉以后，打药减少到三到四次。我们到山西去看，他们告诉我说，过去一户承包两亩地，天天要在地里打药；现在可以承包 12 亩地，两个人即可管理。我们去了以后，他们要让我们和他们照相留念。

这说明了什么问题？当时的舆论环境，抗虫棉好像没有遭遇什么反对声音。我们现在回顾，第一是因为政府态度鲜明。农业部在审批抗虫棉的时候，甚至于后来为了加快这个推进的速度，有那个简化程序的要求。朱镕基总理到我们所检查的时候，明确指出要加大抗虫棉的推广力度，这一点很重要。第二是农民欢迎，市场由谁来决定，用户来决定。只要你有需求，只要你的东西好，肯定有人接受。第三，它的效益明显。不光是经济效益，而且有环境效益。以前每年因打农药死亡的棉农达 300 多人，现在这个数据大大减少。还有一点，抗虫棉种植十来年，因为不喷农药，虫子不抗药了。所以万一抗虫棉出什么问题，农药还可以用。

可是现在，老百姓还是不了解转基因技术，所以我觉得，还是要增加这方面的宣传，摆事实，讲道理。

从国际上来看，美国为什么发展快，欧盟为什么发展慢。我觉得主要原因是，美国是一个最大的农业出口国，它要把自己的商品推销到全世界。而欧盟因为它的粮食基本上还有富余，所以它尽量阻挡美国的产品进入欧盟。我希望经济学家要去研究研究这个问题。但是欧盟有意阻挡美国产品进去的同时，在世界科学发展大背景下，它自己的技术和产品发展也慢了。

我们国家一度在转基因水稻研究上是领先的，后来由于种种干扰，丧失了先发优势，非常可惜。将来的转基因怎么发展？我觉得传统农业的概念会被打破。由于应用了基因技术，它可能将来会把农业、医药、工业、环保这些领域的技术交叉融合起来。现在我们提基因农业、基因药物，实际上是老百姓一直在接受的。基因工程药物，像刚才说的胰岛素，普遍被应用。还有很多的药都是基因工程的产物。将来我们这些药物可以由农作物来生产。现在已经有用水稻来生产一些人血清白蛋白，将来还有其他的药物可以用转基因的办法来合成。还有，利用转基因技术还可以在环保上消除重金属污染。

我有三个想法。我觉得基因农业或者转基因这个词本身不是一个贬义词，是一个具有正能量的词。因为它代表了将来的发展方向。任何人、任何力量都不可能阻挡、延缓这个技术的发展。我相信这一点，是因为从 17 年的发展过程来讲，转基因作物每年都以百分之十几的比例增长，17 年发展 100 倍。小道理要有大道理来管，如果对这个趋势认不清楚，从战略的高度、国家利益的高度来看，就不能做出正确的预测。我们的科普要把这个大背景讲明白，这是第一个想法。

第二个想法，任何新事物出现的时候都会有争论，有质疑。历史上的故事太多太多。当初火车发明的时候，有人提出来火车的时速超过 45 千米会对人的大脑有损伤。几十年过去了，回过头来看，我们现在的高铁，300 千米、400 千米的时速，人的大脑有没有受损伤呢？

从生物学发展角度来讲，生物学发展过程中间也有争论，也有怀疑。孟德尔在修道院里面做的豌豆的杂交实验，把红花豌豆和白花豌豆一杂交，后来就出来了红花和白花的品种，他说是由因子产生出来的，这个因子就变成现在的遗传基因。可是孟德尔的杂交道理过了 100 年才被发现。

还有一个要思考的问题，为什么全世界的科学家都支持生物技术发展，包括欧盟的科学家？因为科学家总体上是尊重科学、尊重事实、讲事实、讲真理的。我跟农业部的代表团到欧盟去考察，德国的农业部主任跟我们说了一句话，我们欧盟犯了一个错误，希望你们中国不要重蹈覆辙。这句话我印象深刻。所以，应该对科学充满信心，对事业充满信心。

第三个想法，有媒体的朋友来参与，我觉得非常好。因为我们搞科学的人，不懂得怎么跟公众交流，说话缺乏艺术性，太直接。

过去有个问题，不少科学家不愿意出来讲话。什么原因呢？

一是你一出来讲话，你就成为被攻击对象。我觉得他们是有组织、有计划、有目标的。很显然，每次开两会前，他们攻击的人第一个是我，第二个是张启发，第三位是朱祯教授。谁出来讲话谁就会被攻击，黄大昉先生也是被攻击的对象。

第二个原因，我觉得个别媒体在采访的时候常常是，我们所说的东西和最后刊出的东西不一样，断章取义、张冠李戴。我们做工作，想为国家做一点事情，却被骂成了间谍、卖国贼、罪人、汉奸，很多人被戴了帽子以后，心里很不舒服。我因此理解很多科学家不愿意说话。

这个问题，我建议科学界的朋友和媒体界的朋友都要来总结、反思或者换位思考。

最后，我要问这样一个问题：将来谁是真正的罪人？我认为，将来谁阻挡了转基因，谁就是历史的罪人。

转基因育种能带来什么

 黄大昉

【内容提要】在工业化、城镇化快速发展的过程中，要想突破资源约束、保障中国粮食安全，农业科技必须要有更加有力的创新驱动，发展先进的转基因育种便是必然的选择。

农作物转基因育种是以转基因技术为核心，融合了分子标记、杂交选育等常规手段的一种先进的育种技术。它突破了传统育种方法难以解决的遗传障碍，从而能更有效地改造作物性状，培育出更加高产、优质、多抗的新品种；能降低农药、化肥投入，更好地保护生态环境；能缓解资源约束、提高农业生产效率，进一步拓展农业功能。

转基因育种自 20 世纪 80 年代兴起，到 20 世纪 90 年代中期就实现了产业化，成为农业科技革命的先锋。据统计，1996 年至 2012 年的 17 年间，全球种植以抗病虫、抗除草剂性状为主的转基因作物面积增长了近 100 倍，增产总值达 982 亿美元，相当于节约了 1.087 亿公顷（合 16.3 亿亩）的耕地；改善了 1500 万农户、近 5000 万贫困农民的生计；减少了 4.73 亿千克化学农药的使用。此外，种植转基因作物还加快了少耕、免耕栽培技术的推广，因而增加了土壤中碳的储量、节约了农机燃料消耗、显著降低了温室气体的排放，仅 2011 年就减少了 231 亿千克二氧化碳排放（相当于 1020 万辆小汽车的排放量）。

中国为什么要发展转基因育种

中国是人口大国，解决超过 13 亿人口的吃饭问题始终是头等大事。虽然中国农业取得了举世瞩目的伟大成就，但必须看到，农业生产依然面临着耕地、水、能源等资源短缺，生态环境污染加剧，自然灾害频发，农村劳力数量和素质下降等多重压力，农业发展的基础仍然十分脆弱。农业科技创新能力的不足、农业发展方式的落后依然是影响农业持续增长的突出矛盾。

长期以来，中国农业对化肥农药的依赖程度一直很高。目前中国是世界上化肥和农药最大的生产国，使用量也居世界之首（各占 1/3）。中国耕地面积仅为美国的 2/3，化肥和农药用量却分别是美国的 2 倍和 4 倍。1978 年至 2011 年，中国粮食总产量增长 87.4%，而同期化肥施用量却增长了 581%。更严重的问题是化肥和农药的滥用，平均利用率均不足 40%。按播种面积计算，中国化肥使用量高达 400 千克／公顷，远远超过发达国家为防止化肥对水体造成污染而设置的 225 千克 / 公顷的安全上限。

由于每年数以千万吨化肥农药流失到土壤和江河湖泊，造成了耕地质量下降、生态环境破坏、农产品污染加剧等严重后果。再来看育种技术。应当肯定，以杂交水稻为代表的农作物新品种培育和应用对农业增产发挥了重要作用，而且传统育种技术还有一定的增产潜力和改进空间。但也要看到，由于受到育种材料遗传背景狭窄、生殖屏障无法跨越、现用方法效率不高等多种因素约束，单独利用常规手段已难以实现育种技术新的突破。尽管付出巨大努力，十年来中国水稻、玉米、小麦等作物单产递增均明显趋缓，有的甚至不升反降。

与此同时，大豆、玉米等农产品进口数量不断攀升，粮食自给率实际上已跌破 95% 的基线，而且供求关系越来越紧张。以大豆为例，近年因中国食物消费结构的改变，饲料蛋白和食用油需求急速增长，而国内大豆种植面积有限且品质产量均不及国外优质高产转基因品种，导致进口大豆数量剧增，2012 年数量已达 5838 万吨，占世界大豆出口总量的 60%，不仅国内自给率降到 18%，且大豆加工业也几乎被国外资本所控制。上述情况也警示我们：单靠传统技术手段无法满足国内不断增长的包括肉、蛋、奶等多样化的食品消费和加工需求，难以保障主要农产品中长期的有效供给。在工业化、城镇化快速发展的过程中，要想突破资源约束、保障中国粮食安全，农业科技必须要有更加有力的创新驱动，发展先进的转基因育种便是必然的选择。

转基因育种安全有没有保障

转基因作物问世已近 30 年，实现规模化应用也已长达 17 年。尽管有关"转基因安全"的争议时起时伏，但是一个不争的事实是，由于各国实施了有效的科学评价和法律保障，转基因作物种类、种植面积、加工食物种类和食用人群仍在逐年扩大；全世界每年上亿公顷土地种植转基因作物，数十亿人群食用转基因食品，迄今并未出现确有科学证据的转基因食用和环境安全事件。因此，应当肯定：经过科学评估、依法审批的转基因作物是安全的，它的风险是可以预防和控制的。国际经济合作与发展组织（OECD）、联合国粮食及农业组织（FAO）和世界卫生组织（WHO）以及科学权威机构近年都分别做出了"转基因育种与传统育种同样安全""没有任何证据表明已经批准上市的转基因作物相比于常规作物会给人类健康和环境带来更多潜在和现实风险"等科学结论。

中国转基因育种取得哪些成效

自 20 世纪 80 年代以来，生物育种先后被列入 863、973 计划和国家科技重大专项，一直是中国生物技术发展的重点领域。20 世纪 90 年代，中国棉花生产因棉铃虫危害每年经济损失达百亿元之巨，数十万吨剧毒农药应用不仅收效甚微反而造成严重的生态污染和人畜中毒事故。在党和政府的全力支持下，中国科学家坚持自主创新，终于成功研发出转基因抗虫棉，一举打破了国外技术的垄断，仅用十年时间就实现了国内棉种市场占

◎ 转基因棉花控制了
棉铃虫的危害

有率的逆转。

截至 2009 年，审定抗虫棉品种已超过 200 个，棉花主产省抗虫棉种植率接近 100%，累计增加产值超过 440 亿元，农民增收 250 亿元。杀虫剂用量减少了 70%～80%，棉田污染指数下降 21%，农业生态环境得到了显著改善。抗虫棉的应用不仅基本控制了棉铃虫对棉花的危害，还有效减轻了玉米、大豆、花生、蔬菜等作物上害虫的发生，总受益面积达到 3.3 亿亩。国产抗虫棉技术现已走出国门，向印度、澳大利亚等国转让，在国际生物育种领域争得了一席之地。

特别是 2008 年中国实施《转基因生物新品种培育》国家科技重大专项以来，进展喜人，成效显著。目前，中国已初步建成世界上为数不多的，包括基因发掘、遗传转化、良种培育、产业开发、应用推广以及安全评价等关键环节在内的生物育种创新和产业开发体系，转基因作物自主研发的整体水平已领先于发展中国家。中国已拥有抗病虫、抗除草剂、优质抗逆等一批功能基因及相关核心技术的自主知识产权；棉花、玉米、水稻等农作物转基因育种的基础研究和应用研究初步形成了自己的特色和比较优势；目前已获得可比普通棉花增产 20% 的三系杂交抗虫棉，纤维产量和细度双双提高的优质棉，能降低环境中磷污染 40%、提高饲料营养利用率 30% 以上的植酸酶玉米，能减少农药用量 80% 的抗虫水稻，兼有杀虫和防止真菌毒素污染的抗虫玉米等一批达到国际先进水平、具有产业发展巨大潜力、可与国外公司抗衡的创新性成果。

此外，创世纪、奥瑞金、大北农、中国种子集团等一批创新型生物育种企业先后诞生与发展，成为中国生物育种自主创新能力全面提升和现代种业发展的重要标志。

转基因育种发展前景怎样

目前实现产业化的主要是具有抗病虫、抗除草剂性状、能减少农药使用，保障农业增产的转基因作物，又被称为第一代转基因育种产品。但以节水耐旱、提高营养品质以及用附加值显著提高的第二代产品已蓄势待发，呼之欲出。

例如，能够节水抗旱的转基因玉米即将在美国走向商业化应用，富含 β 胡萝卜素、可以预防贫困地区儿童维生素 A 缺乏症的"金大米"有可能于明年在菲律宾等东南亚国家生产食用。在公众普遍重视养生保健的当下，许多人选择吃富含不饱和脂肪酸的深海鱼油保护自己的心血管，但深海鱼类资源有限，过度捕捞将危及深海鱼类和海洋环境，因此美国科学家将深海鱼的基因转移到大豆中，研制出一种富含不饱和脂肪酸欧米伽 –3 成分的大豆，这种"深海鱼油大豆"的上市时间也不会太久。

中国科学家独创的人血清白蛋白水稻已获得成功。人血清白蛋白是一种重要的血容量蛋白，也是一种生物研究不可缺少的辅料。这种蛋白过去要从血液中提取，粗略估算中国每年需求量达 150～170 万吨，相当于 1 亿人每人献血 200 毫升。现在可利用转基因水稻生产，一亩地水稻生产的白蛋白可代替 200 人献血（200 毫升／人），创造价值估计可超过 12 万元。

可以预见，随着研究的继续深入和技术的不断创新，生物育种将会进一步向食品、医药、化工、能源、环保、材料等领域拓展，其发展前景将更加广阔。将给人们带来更多的好处。

为何杂交落伍了？[①]

李兴锋[②] **童依平**[③]

【内容提要】与传统的杂交育种不同，转基因技术最大的特点就是能够实现优良基因在植物、动物和微生物间的转移，进一步拓宽了育种中种质资源的利用范围，从而培育出一些具有新的优异性状的品种，使得依靠常规育种技术达不到的目标得以实现。

粮食作物的丰产性、品质、肥料利用效率和抗病虫能力是由基因控制的，因此要改良农作物品种，就需要在育种过程中利用能控制这些性状的优良基因。

我们平时所说的杂交育种，首先需要通过种内两个不同品种之间进行杂交以实现基因交换，然后从其杂交后代的分离群体中筛选综合了双亲优良性状或基因的优良个体进而形成品种。

由于人类长期定向选择和集约化品种的选育推广，自然界中栽培农作物种内基因库中可利用的优异基因源正在日益减少。而社会、环境条件的变化和人们生活水平的提高，农业生产又面临着许多前所未有的新挑战。当现有品种的优良基因都不能满足要求的时候，育种家不得不把目光投向更为广阔的生物资源库，从野生近缘种或者是亲缘关系更远的物种中寻找优良的可用基因。

远缘杂交通常是指植物分类学上不同种、不同属甚至亲缘关系更远的物种之间的杂交。通过远缘杂交可将其他近缘种属的有益性状（如抗病、抗虫、抗逆性强、优质）的基因资源导入栽培种，从而培育出高产、品质优良、抗病虫能力强、肥料利用效率高的农作物新品种。目前该方法已在大田作物、蔬菜作物、果树和花卉育种中广泛应用，并成为育种工作的一个重要领域。

例如，中国科学院院士、中国科学院遗传与发育生物学研究所研究员李振声利用小麦的近缘植物长穗偃麦草与普通小麦进行杂交，培育出高产优质的小偃4号、5号、6号、54号、81号等系列小麦新品种，其中仅小偃6号就累计推广种植面积1000万公顷。我们许多小麦育种家利用小偃系列小麦品种作为亲本，选育出了几十个小麦新品种，累计

---

① 原载于《百名专家谈转基因》，中国农业出版社，2011年9月，原标题为"浅谈远缘杂交与转基因作物育种"，有删节。
② 李兴锋，山东农业大学教授。
③ 童依平，中国科学院遗传与发育生物学研究所研究员。

种植面积达 2000 多万公顷。还有普通小麦与黑麦杂交所形成的 1BL/1RS 易位系，将黑麦 1RS 染色体上所携带的多种抗病基因、抗飞虱基因及与丰产性、适应性有关的基因转移到普通小麦遗传背景中，并且具有稳定遗传的特点，在世界小麦生产和育种中得到了广泛的应用。

果树和蔬菜作物中，自然发生和人工获得的远缘杂种也有很多例子。例如我们平时所吃的苹果梨，不仅品质好、丰产，而且抗寒，被认为是秋子梨和沙梨的天然种间杂种。此外，国内外许多科学家在苹果、梨、杏、李、樱桃、葡萄、柑橘的新品种培育过程中也广泛地采用了远缘杂交技术，并获得许多优良的新品种。

虽然远缘杂交可以转移来自不同近缘种、不同近缘属的有利性状和基因，在农作物品种培育和保证中国粮食安全中发挥了巨大作用，但是它也存在着一些缺点。主要表现为由于杂交亲本之间遗传关系相对较远，在杂交过程中会出现杂交不亲和、杂种衰亡或不育以及杂交后代疯狂分离、获得稳定材料耗时较长等现象。此外，远缘杂交技术中杂交亲本之间亲缘关系不能太远，通常为不同属植物之间的杂交，很少见到不同属以上类型（如不同科间材料杂交）的杂交成功的报道，更不用说植物和动物或是微生物之间的遗传信息交流。

此外，远缘杂交转移外源优良性状时，通常是外源种属的整条染色体臂或者染色体片段向栽培品种的转移。即使是小片段的外源染色体，其上面也可能有着成百上千的基因，因此其上面除了我们所想要的有利性状和基因外，可能还携带有我们所不想要的不利性状或基因。例如我们上面所说的小麦—黑麦 1BL.1RS 易位系，除了转移黑麦的抗病、高产和广适等优良基因外，1RS 上的黑麦碱合成基因也同时转移到普通小麦中，导致所形成的此类小麦品种一般加工品质都比较差。

为了快速向目标品种中转移优良基因，科学家发明了转基因技术。转基因技术是指将外源基因整合在目标品种的基因组中，培育出符合人们要求的作物新品种的基因转移技术。与传统的杂交育种不同，转基因技术最大的特点就是能够实现优良基因在植物、动物和微生物间的转移，进一步拓宽了育种中种质资源的利用范围，从而培育出一些具有新的优异性状的品种，使得依靠常规育种技术达不到的目标得以实现。这一特点与育种途径中的远缘杂交有着异曲同工的特点，但是又有着其不可比拟的优越性和特点。目前转基因作物育种中的基因来源主要有三类：植物、微生物和动物。

植物有利基因的利用：转基因技术中植物科属的界限正在被打破，不同科甚至亲缘关系更远的优良基因转移已经实现。例如，科学家通过转基因技术，将胡萝卜素形成的基因转移到水稻中，在水稻胚乳中可以合成胡萝卜素，使得原本白色的大米变成了金黄色的"金色大米"。此外，将红树耐盐基因转移进烟草、将仙人掌的抗旱基因转移给谷类作物、将稗草的抗逆基因转移给水稻等研究均已获得成功，相关的研究报道越来越多。

除此之外，科学家还可利用转基因技术增强或关闭作物本身的一些基因的表达，从而实现作物改良的目的。例如，我们可以通过基因干扰或沉默技术关闭小麦种子中黄色素合成相关基因，从而提高小麦面粉的白度，降低面粉中增白剂的使用。

微生物有利基因的利用：这方面成功的例子比较多，也是目前有人质疑转基因作物安全性的主要原因之一，因为目前抗虫、抗病转基因作物的抗性基因主要来自微生物。例如，生产中广泛应用的转基因抗虫棉的抗虫基因就来自苏云金芽孢杆菌（Bt）的杀虫蛋白基因。苏云金芽孢杆菌是自然界中普遍存在的一类细菌，其含有的杀虫基因已被作为生物杀虫剂广泛应用了 70 多年，其杀虫原理国内外已经研究得十分清楚。此外，利用编码病毒外壳蛋白基因培育抗病毒病害的转基因作物，利用细菌细胞壁降解酶基因、几丁质酶等基因培育抗细菌性或真菌性病害的转基因作物，均有了许多成功的报道。

动物有利基因的利用：这方面的报道相对较少。例如，将鱼的抗冻基因转到农作物身上，提高农作物的抗寒性；将萤火虫的发光蛋白基因导入烟草，使其在夜间也能发光，均有成功的研究报道，但距商业化还有一段距离。

利用转基因植物作为生物反应器生产药用蛋白和疫苗，已成为制药产业重点开发的热点领域。因为利用植物生产药物比利用微生物发酵生产药物具有如下优点：栽培费用低、产量高，从基因到蛋白所需用的时间相对较短，需要资金少，治疗风险小。把基因药物生产逐步移向农场，利用植物来生产药物是一种全新的生产模式，国际上发达的工业国家特别是美国、英国、荷兰、芬兰和日本都已把植物反应器开发列入国家生物技术革命的战略性计划。据不完全统计，目前已有几十种药用蛋白或多肽在植物中成功表达，一些研究机构或公司已开始从这些药物蛋白的生产中获得了巨大经济效益。例如，利用植物表达生产乙肝疫苗、霍乱疫苗、口蹄疫疫苗等均有成功的研究报道。

此外，与远缘杂交相比，转基因作物一般是一个或少数几个目标基因的定向转移，目标比较明确，后代表现容易预期和把握。可有效地打破有利基因和不利基因的连锁，充分利用有用基因实现作物的定向遗传改良，加快作物的育种进程，使人们可以更快、更有目的地去培育我们所需要的品种。

红薯：天然转基因八千年 [①]

周彬彬 [②]

【内容提要】农杆菌遍布于世界各地的土壤之中，它们可以侵染超过 140 种植物。因此，不难想象细菌（农杆菌）的 DNA 最终可以找到某种方式进入我们的食物之中。

你可能从未想过：第一个转基因作物既不是在大公司产生的，也不是由学院里的科学家设计的，而是至少于 8000 年前在自然条件下天然产生的。

位于南美洲，秘鲁利马的国际马铃薯中心（The International Potato Center）的科学家在对来自美国、印度尼西亚、中国、南美部分地区及非洲等地的 291 种红薯品种进行研究后发现：这些红薯品种中都含有农杆菌的基因。这个结果表明：在人类开始食用红薯之前，农杆菌就已经把它的基因插入了作物野生祖先的基因组中。

这项研究的负责人，病毒学家让·克勒泽（Jan Kreuze）说："人类在不知情的情况下，已经吃了几千年的转基因作物了。"他们的这项研究结果被发表在 2015 年 5 月 5 日的《美国国家科学院院刊》上。克勒泽认为，这些外源的农杆菌 DNA 帮助了中、南美洲地区人类对含糖蔬菜的驯化。

尽管红薯与马铃薯都长在地下，都能挖出大个的块状组织，但两者之间并不一样。我们平常吃的土豆实际上是植物的"茎"块，并不是它的"根"。而我们平常吃的红薯，却是植物的"根"块，而不是它的"茎"。因此，红薯是由植物的根部肿胀，膨化而来，里面富含淀粉。克勒泽和他的同事认为："转入红薯体内的农杆菌基因帮助植物产生了两种激素，从而使植物的根部发生变化并产生了一些可食用的物质。"克勒泽认为："但关于这一点，我们还需要进行进一步的证明。但现在的问题是，直到现在，我们都找不到任何一种不含农杆菌 DNA 的红薯材料作为实验对象去证明这个问题。" [③]

克勒泽表示，当我们的祖先开始种植红薯时，他们很可能会注意到那些因带有外源基因而具有膨大根块的红薯祖先，然后对这种红薯进行筛选驯化，最终将其向四周扩散。

[①]　本文由作者根据相关资料编译。

[②]　周彬彬，爱尔兰都柏林大学博士后，专业方向为麦类作物抗病育种。

[③]　因为他们收集的 291 种红薯品种都含有农杆菌的 DNA，他们必须找到一种不含农杆菌 DNA 的红薯品种，然后把这些农杆菌的 DNA 转进去，来验证这些 DNA 能不能使红薯品种的根发生膨大等变化。但是他们却找不到不含农杆菌 DNA 的"非转基因红薯"品种。——编者注

◎ 充满淀粉的红薯根部

红薯先被传到了波利尼西亚和东南亚，然后又被带到欧洲和非洲，最终遍布全球。

联合国粮食及农业组织的人员说，目前，若以食物的产量而言，红薯在世界最重要的作物中排名第七。

"在美国，红薯的重要性貌似只体现在感恩节的时候"，克勒泽曾开玩笑道，"然而在一些非洲地区，红薯却是他们的主粮。因为红薯具有强悍的生命力，当其他作物都不能很好生长时，红薯却可以长得很好。"

在中国，红薯通常被用来喂家畜[④]，同时在其他很多地方，人们会用爆炒的方法将红薯叶做成美味的菜肴。

无论是在卢旺达人后院的菜园子里，还是在中国的农田里，所有的农民都正在种着天然转基因作物红薯。"我不觉得这是一件多么令人惊讶的事情，"位于华盛顿的公共利益科学中心（Center for Science in the Public Interest）的转基因专家格雷格·贾菲（Greg Jaffe）说："任何一个熟悉基因工程的人都不会对农杆菌能将一些 DNA 片段插入作物基因组中的现象感到惊讶（因为这是一个普遍存在的现象）。"

而且，生产转基因作物的过程，其实是一个简单到会让你感到惊讶的过程。（还有一些其他产生转基因植物的方法。例如，基因枪介导转化法：首先将 DNA 片段包裹在金粉之中，然后通过高压气体推动带有 DNA 片段的金粉进入植物细胞，这个方法被形象地称为基因枪法。）科学家将少量的一些植物细胞与一种叫作农杆菌的细菌混合在一起，农杆菌就能将自身的一小段 DNA 片段转入植物细胞之中，这段小 DNA 片段最终会被整合到植物的基因组中。

当这段小 DNA 片段进入植物细胞后，生物学家将会诱导含有这段小 DNA 片段的细

---

④ 人们也通常将烤红薯作为小吃。——编者注

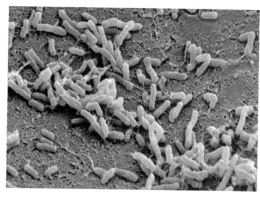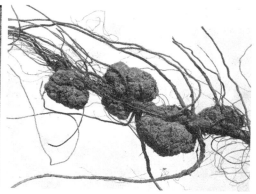

◎ 农杆菌的显微照片（左）和农杆菌导致
的植物根部膨大后形成的根瘤（右）

胞进行增殖，并最终长成具有根和芽的整株植物。最终这株植物的每一个细胞都会含有这种农杆菌的基因。瞧，你很容易就得到了一株转基因植物（产生转基因植物之所以会这么简单，是因为植物与动物不同，很多植物不用从胚胎中开始生长，而是可以通过各种类型的植物细胞分化、发芽并最终长成一株完整的植物。这就和你剪下一段植物，插在水里或土里，你会发现它能生根、发芽、长大是一个道理）。

　　"农杆菌遍布于世界各地的土壤之中，它们可以侵染超过 140 种植物。因此，不难想象细菌（农杆菌）的 DNA 最终可以找到某种方式进入我们的食物之中。"贾菲说，"如果你去研究、分析一下其他的作物，你应该可以发现像红薯一样的其他天然转基因作物的例子。"

　　那么，为什么要专门关注具有 8000 年转基因历史的红薯呢？可能这个例子有助于监管者和科学家去审视转基因作物的安全性。贾菲说："在许多非洲国家，一些监管机构和科学家质疑并担忧这些转基因作物的安全。希望这项研究会给他们带来一些安慰，并帮助他们把这项技术的来龙去脉了解清楚"。

　　贾菲认为，这项研究并不会减轻许多消费者对转基因作物的担忧。"因为很多人关注的不只是转基因是否是天然产生的，还是科学家生产的，以及是否可以安全食用。"很多人担心的是，转基因作物是否会增加杀虫剂和除草剂的使用，或者一些公司会不会利用这类技术来垄断种子的专利权。贾菲说："对于这种情况，你就必须对转基因作物进行具体案例具体分析了。"

　　但至少在这个天然转基因红薯的案例下，所有的这些方面似乎都已变得清晰起来。

转基因为何更环保？

周彬彬

【内容提要】转基因作物可以减少除草剂和杀虫剂对环境的影响、减少水土的流失、具有更好的经济和健康利益、减少农业生产过程中温室气体的排放。

很多人担心转基因作物会对环境产生不利的影响，但事实是否如此？其实只要稍微了解一下便会发现，结果恰恰相反：转基因作物反而可以从多个方面保护环境。那转基因作物究竟是如何保护环境的呢？

首先，通过欧洲学术科学咨询委员会（ESAC）的一个报告，我们可以得到一个概括性的说明，其内容如下：已发表的证据表明，如果适当种植这些作物（指转基因作物）可以产生下列相关影响：

（1）减少除草剂和杀虫剂对环境的影响；

（2）有利于通过推广免耕/少耕的生产系统来减少水土的流失；

（3）具有更好的经济和健康的利益，尤其对发展中国家中的小农而言；

（4）减少农业生产过程中温室气体的排放。

此外，已有证据表明，高效率的农业也会对现在气候的变化产生好的影响。

就像遗传扫盲项目（GLP）[①]中说的那样：农作物的高产是作物有效利用资源的一种指标。作物的高产表明：水、燃料、肥料、农药、劳动力等资源都成功地转移进了食物之中，而并不是被杂草吸收，被虫害吃掉，或随着水土流失而浪费掉。

显而易见，具有抗除草剂或抗虫功能的转基因作物可以通过减少资源浪费来间接提高农作物的产量，从而提高农业的效率。此外由于转基因技术使作物具有了抗除草剂的功能，这就使免耕法等保护型耕作方式的大面积推广成为可能（后文将进一步说明），从而减少水土流失，最终保护了环境。例如，化肥中的氮、磷等营养物质会随着水土流失流入水体，从而引起水质污染，最终造成水体富营养化，水藻大量地繁殖，导致水中缺乏氧气并产生毒素，最终鱼类被杀死等现象。而采取保护型耕作（免耕或少耕）则可以减少对土壤的扰动，从而减少水土流失。而且，如果我们种植"植酸酶玉米"，这种

---

① GLP 一个独立的非营利性机构推出的科普项目，该机构主要是由无党派的基金会资助运营。——编者注

转基因的玉米可以更好利用磷肥，不仅可以保护环境，减少磷肥的污染，还可以提高玉米的营养价值。这种玉米作为饲料喂猪之后，猪既能利用玉米中的植酸，还能预防猪得缺磷症。最终不仅猪长得更好更健康了，而且猪粪中也含有丰富的磷，可以作为很好的磷肥再用来种植作物，这就形成了一个很好的良性循环。

下面让我们细说一下转基因作物是如何保护环境的。

众所周知，大量使用农药不仅对我们的健康有害——农药残留量很高，而且以小农为主的发展中国家没法飞机喷洒，在人工喷洒农药过程中容易发生农民中毒事件——而且还会对环境造成污染。而具有抗虫和抗除草剂功能的转基因作物可以直接减少农药的使用量。但是大多数人并不清楚转基因作物究竟能帮我们减少多少农药使用，究竟能使农药对环境的危害程度下降多少。

下面这组数据将让大家对转基因作物减少农药使用量的程度有个直观的了解。两篇分别发表于 2014 年和 2015 年的论文表明：全球农业的转基因作物对环境有着重要影响。种植具有抗虫和抗除草剂功能的转基因作物使农药的使用量减少了 5.53 亿千克，这相当于少喷洒了 8.6% 的农药。若以对环境影响指数（EIQ）[②] 来看，这相当于使农药对环境的危害下降 19.1%。

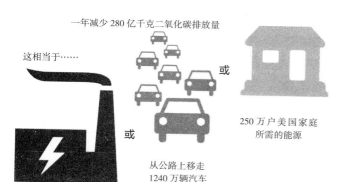

一年减少 280 亿千克二氧化碳排放量

这相当于……

或

250 万户美国家庭所需的能源

或

从公路上移走 1240 万辆汽车

◎ 转基因作物 2013 年减少了 280 亿千克的二氧化碳排放量

接下来再让我们看看，转基因作物减少二氧化碳这类温室气体排放量的能力。

目前，随着温室气体的大量排放，温室效应也越来越明显。以至于大家越来越关注碳排放对环境的影响。那么如何减少温室气体的排放也成了当今环保领域的一个重大问题。实际上，自 1996 年转基因作物开始商业化种植以来，转基因作物就已经开始帮我们减少碳的排放了。而且仅 2013 年这一年，转基因作物就帮我们减少了 280 亿千克的二氧化碳的排放量。这相当于关闭了 7.4 个火力发电厂，也相当于从公路上移走了 1240 万辆汽车，还相当于提供了 250 万户美国家庭所有能源。

② EIQ 是以除草剂与杀虫剂对农业劳动者、消费者与生态的影响为基础进行计算而来。——编者注

那么转基因作物究竟是从哪几方面减少温室气体排放的呢？转基因作物主要通过两种方式来减少温室气体排放：

第一种方式：通过减少农业生产过程中燃油的使用量，从而直接减少温室气体的排放。研究表明：降低温室气体的排放量很大程度上在于减少拖拉机燃油的使用量。

第二种方式：通过改变耕作方式，来间接减少温室气体的排放。主要是通过增加土壤中的有机质成分，使更多的碳保留在土壤中。这相当于另一种方式的"碳固定"。

那么转基因作物是如何帮助实现这种"碳固定"的呢？一种有效的方法就是，广泛采用免耕 / 少耕法来种植作物，从而替代或减少传统耕作方式。免耕法也被称为保护型耕作（如下图所示），指的是减少农业生产过程中耕作的步骤（少耕法），甚至直接省去耕作（免耕法）。这种保护型耕作方式既减少了农业生产过程中燃油的使用量（因为减少了农业机械使用数量和使用频率），也减少了农业生产中的耕作步骤，最大限度地使土壤中的碳以有机质形式保留在土壤之中，而不因反复耕作排放到大气之中。

此外，由于传统的耕作方式还容易因反复耕作造成水土流失，最终导致土壤的退化。而保护型耕作方式可以通过减少土壤的风蚀和水土的流失，从而减缓土壤的退化。而且还如前文所说的那样，保护型耕作方式还可以减少化肥中的氮、磷等营养成分流失到水体中而污染环境。

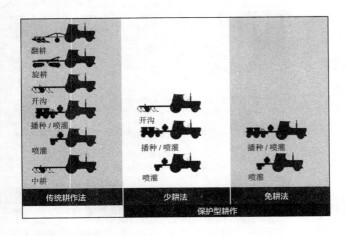

◎ 传统耕作法与保护型耕作法的比较

既然保护型耕作方式具有这么多优点，那么如何推广免耕法和少耕法这类保护型耕作方式呢？

调查发现，转基因作物的出现为推广保护型耕作方式提供了强大的推力。就如美国农业部（USDA）的研究报告中所说的那样：免耕法的广泛运用很大程度上要归功于具有抗除草剂功能的转基因作物品种的广泛种植。美国农业部的数据显示：到 2006 年，大约有 86% 的抗除草剂大豆品种（转基因品种）是通过保护型耕作方式进行种植的，而且其中 45% 采用的是免耕法。然而，相对而言，只有 36% 的传统大豆品种（非转基因品种）

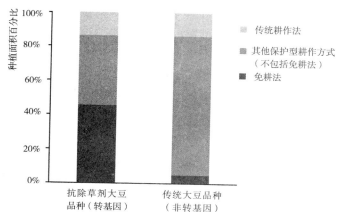

资料来源：USDA Economic Reasearch using data form 2006 ARMS Phase II soybean survey

◎ 转基因作物的种植推动了
保护型耕作方式的推广

是通过保护型耕作的方式进行种植的，并且其中仅有 5% 采用的是免耕法。另外，相类似的调查结果在棉花和玉米的种植上也可以看见。所以这些趋势表明：转基因作物的出现使保护型耕作变得更容易。

除此之外，计量经济学的相关研究指出："种植抗除草剂的作物"与"推广保护型耕作"之间是一种互为因果的关系。因此，抗除草剂作物除了通过减少除草剂的使用量来直接保护环境外，还可以通过鼓励推广保护型耕作的方式间接地保护环境。

综上所述，转基因作物不仅可以给农业生产者、消费者带来更多的经济利益并有益于大家的健康（经济利益方面，对生产者而言：成本降低，产量增加；对消费者而言：农产品价格下降。有益健康方面：农药残留降低，水和环境污染降低），还可以通过各种方式来保护我们的环境。我们应该利用各种科学技术来平衡人类利益和保护环境之间的关系。

从进口大豆数量看中国粮食短缺问题

王大元

【内容提要】中国现在粮食不能自给；中国粮食短缺的标识是年进口七八千万吨的转基因大豆，且形势已经无法扭转；中国的一重要粮食——玉米近5年进口量猛增，加大了粮食短缺的趋势；大力种植转基因玉米是中国未来缓解粮食危机的主要技术手段。

自 1949 年以来，粮食自给是中国政府和中共中央一直重视的大事，粮食安全也是各届政府首先要考虑的头等问题，中央每年的"一号文件"大多关注的是农业领域。

本文把粮食的定义界定为主要谷类作物及其他与人生活直接相关的重要作物和食品（大豆、肉蛋奶等）。

粮食自给的标准要依据特定生活水平来评判。1980 年以前，中国粮食自给的标准大体上来说就是每人每月 32 斤粮食（26～36 斤之间，视工种不同而有所区别）以及 1 斤油、肉、蛋的水平。以这种标准来衡量，我们目前的粮食是能自给的，没有粮食短缺。但随着人民生活水平的提高，现在再用这个标准，老百姓不同意。

在本文界定的粮食定义下，我认为我们现在粮食不自给，现在已经是粮食短缺（food shortage）了，粮食危机（food crisis）随时可以发生。

当前我国粮食不自给集中地表现为，每年不得不大量进口大豆。我们现在的油肉蛋奶供应一旦下降50%，马上就会引发老百姓的不满甚至社会动乱；而油肉蛋奶是靠粮食（大豆、玉米等精饲料）来支撑的，这就是我们目前的粮食危机。

2012 年，中国大豆总产量约为 1280 万吨，全是非转基因的；进口 5800 万吨，则全是转基因的。国产的 1280 万吨大豆主要用作豆制品（豆腐、豆干、豆浆、酱油等等）。而人吃的食用油（及其加工食品）和给家禽家畜用的豆粕，就基本上全靠进口的转基因大豆支撑。为了简化文字的论证，下面我用收集到的及本人计算的数据，编排成图表来论证中国现在粮食并不自给、属于粮食短缺、不加控制会有粮食严重短缺状况的结论。

从图 1 曲线可以看出，我国大豆进口急剧增加是人民生活水平的提高所要求的。国产大豆产量（全是非转基因大豆）过去 20 年基本上维持在 1300 万吨到 1700 万吨之间。这个数字表明，目前社会舆论所说，我国大豆产量受到了进口转基因大豆的冲击而日渐

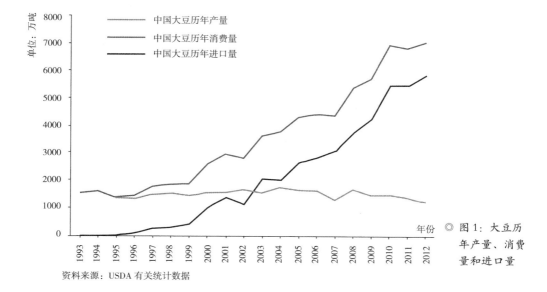

◎ 图1：大豆历年产量、消费量和进口量

资料来源：USDA 有关统计数据

萎缩并非事实。因为在转基因大豆出现之前和之后的过去20年，中国的大豆产量基本维持稳定。20年前的中国大豆产量能满足当时人民的低生活标准需求，自2000年以来，随着人民生活的不断提高，对油肉蛋奶的需求不断增加，中国大豆的进口量与大豆的消费量同步急剧增加。

我国实际需求进口的大豆应该超过5800万吨。下面以我国近7年进口的牛肉量（图2）的变化来说明。

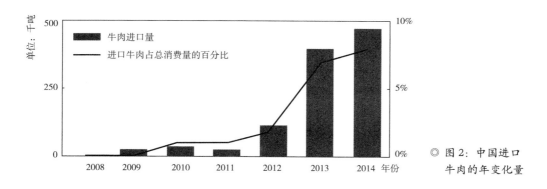

◎ 图2：中国进口牛肉的年变化量

进口牛肉的变化说明，中国的肉用牛已经不能满足老百姓对牛肉的需求，最近两年牛肉进口量急剧增加。如果现在我们不进口牛肉，那么这部分缺口的牛肉就需要增加饲养肉牛的头数，从而需要进口的转基因大豆将超过5800万吨。

进口如此大量的转基因大豆说明，中国无法提供更多的耕地来种植这增加的5800万吨大豆。

中国大豆缺口需要多少耕地来填补？按目前中国大豆单产 127 千克／亩的水平，如果要增加 5800 万吨的大豆产量，需要增加耕地约 4.5 亿亩。这个数量是中国耕地面积的四分之一，相当于中国水稻栽植的总面积。换句话说要维持目前油肉蛋奶的供应水平，如果不进口转基因大豆，就需要从现有的耕地中拿出全部水稻栽植面积种大豆，这显然是不可能的。这就是中国现在粮食短缺不能自给的最主要指标。

粮食危机的严峻性进一步反映在最近玉米进口迅速增加上。

中国现在已经开始逐年成倍增加进口转基因玉米了，图 3 是最近十年中国年进口玉米数量的变化图：2008 年前中国基本没有进口玉米，到 2013 年中国进口的玉米已经达到 700 万吨。考虑到中国还进口了 320 万吨玉米酒糟，相当于 100 万吨玉米，所以现在实际进口的玉米已经超过 800 万吨，占中国玉米总产量（1.9 亿吨）的 4% 左右，需要 2500 万亩土地来填补这个需求。进口玉米的趋势保持现在的增长态势，很快就可以达到进口 4000 万吨玉米的水平，这需要 1 亿亩耕地来填补这 4000 万吨玉米的需求。也就是说玉米加上大豆的进口量，我们需要 5.5 亿亩的耕地才能填补。这几乎占中国现有耕地总面积的 1/3。

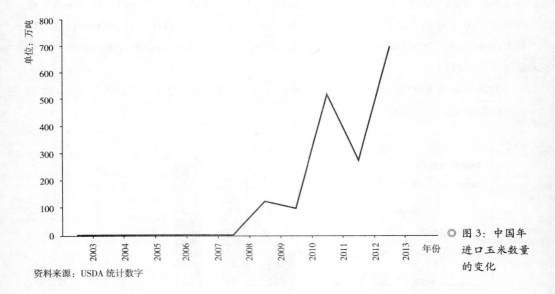

◎ 图 3：中国年进口玉米数量的变化

资料来源：USDA 统计数字

种植转基因玉米可以减缓中国玉米市场被国外转基因玉米冲击。

种植转基因玉米能否增产是关键问题之一。目前的转 Bt 抗虫基因玉米是否增产，是决策的关键。我从四个方面来说明转 Bt 抗虫基因玉米是可以增产的。

（1）横向比较：世界玉米生产国家种植转基因玉米和种植非转基因玉米的单产比较。选择纬度接近的美国－加拿大与中国－欧盟，以及选择都在南美的阿根廷－墨西哥作比较。这个对比的数字表明种植转基因玉米的国家产量高于种植非转基因玉米国家。（见表 1）。

表 1　　种植转基因玉米和非转基因玉米主产国 2013 年单产比较

种植转基因玉米国家	千克 / 亩	种植非转基因玉米国家	千克 / 亩
美　国	666	中国	400
加拿大	600	欧盟成员国	466
阿根廷	533	墨西哥	200
世界平均			355

资料来源：USDA 统计数据

（2）纵向比较：把种植转基因玉米国家的产量与 1996 年前没有种植转基因玉米时候的产量做纵向比较。（见图 4）

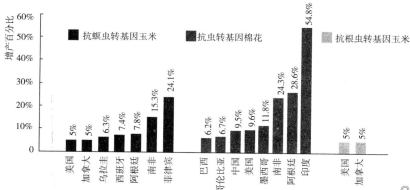

资料来源：www.pgeconomics.co.uk/pdf/2009globalimpactstudy.pdf

◎ 图 4：转基因作物的增产率

图 4 的数据表明，种植抗螟虫转基因玉米的 7 个国家，2007 年的产量相比于转基因玉米尚未商业化栽植之前的 1996 年增产幅度为 5%（美国）～ 24.1%（菲律宾）。而在这期间，非转基因玉米的亩产量并无实质性变化。

（3）转基因与非转基因玉米对照试验结果：表 2 是美国肯塔基大学在种植转基因玉米田间做的比较试验结果，非转基因玉米（Base）与由 Base 而来的转基因玉米作比较，试验结果显示所有的转基因玉米均比相对应的非转基因玉米增产，增产幅度为 2.5 蒲式耳 / 英亩（10 千克 / 亩）到 25.5 蒲式耳 / 英亩（108 千克 / 亩）。

（4）美国农业部对农民为何种植转基因作物的调查结果：图 5 是美国农业部对美国农民为何种植抗虫转基因作物和抗除草剂作物（包括玉米、棉花）的调查结果，对抗虫玉米的调查结果是，79% 的农民回答因为增产。

种植转基因玉米可以增产多少？这是一个没有标准答案的问题。前面的数据表明，一般来说，如果种植转基因 Bt 玉米，对原来的生产水平低，玉米产量低的地区，其增产

表 2　　转基因玉米和非转基因玉米单产田间试验比较

商品品牌	杂种名称	性　状	检验容重 （磅／蒲式耳）	含水量 （%）	产　量 （蒲式耳／英亩）	转－非转基因 产品差异
先锋种子	31P41 31P42	Base HX1RR2(转基因)	59.0 60.5	10.5 11.5	179.7 197.8	18.1 ***
先锋种子	33M54 33M57	Base HX1RR2(转基因)	61.8 61.2	10.5 10.7	167.5 184.9	17.4 **
先能达 NK	71R7 72Q6	Base CBLL(转基因)	59.7 59.0	10.3 10.9	187.7 190.2	2.5 **
Crows	C4847 C4846T	Base RR2YGPL(转基因)	58.3 58.2	10.3 10.2	183.9 209.4	25.5 **
Wyffels	W8680 W8681	Base VT3RR2YGCB(转基因)	58.6 58.5	10.6 11.3	194.3 197.3	3.0 **

** 和 *** 分别表示概率为 0.05 和 0.001
资料来源：http://www.uky.edu/Ag/CornSoy/cornsoy7_2.htm

幅度会较大。对于中国来说，估计增产效果可以达到 10% ～ 20%。如果增产 20%，中国玉米单产可达 480 千克／亩（相比于美国的 666 千克／亩仍有很大差距），这相当于增加了约 1 亿亩玉米耕地，至少在对抗国外转基因玉米冲击中国市场中会起到重要的阻击作用。由于玉米主要是用作饲料和燃料酒精的制作原料，且玉米酒糟（DDG）主要是从生产燃

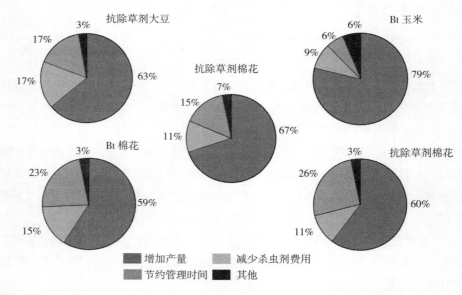

资料来源：USDA 文件：http://www.ers.usda.gov/publications/eib-economic-information-bulletin/eib11.aspx

◎ 图 5：美国农民栽植转基因玉米的理由

料酒精的下脚料中获得，其高蛋白特点可以取代一部分大豆豆粕，所以决策者应该尽快制定出种植转基因玉米产业化的路线图，切莫贻误战机。

虽然目前对粮食进口问题有了新的看法，即要把粮食安全性纳入整个国际的粮食是否短缺来看问题，适当进口粮食已经被大多数人接受。但进口粮食的数量要有个度，这个度，当然要有掌握全面情况的中央政府来决定，但我个人看法是如果进口的粮食占到现有耕地的1/4，那就可以说是粮食不自给，或粮食短缺了。如果不加控制、没有对策，玉米的进口很可能在未来十年增加到5000万吨以上（《华尔街日报》有文章估计中国需要进口8000万吨玉米），那么我们国家进口的大豆和玉米所需的国内耕地会上升到5.5亿亩，占耕地总面积的1/3，那将是非常危险的粮食短缺局面了。

农业技术是提高农业生产力的一个重要手段，而转基因作物是目前农业技术中最有效的技术手段之一。我上面的数据说明，现阶段我们要尽快把转基因玉米产业化，以缓解粮食短缺的局面——当然，单纯依靠转基因技术以及其他农业技术，并不能完全解决中国粮食短缺的局面。

完美的"超级土豆"

周彬彬

【内容提要】"超级土豆"既可以抵抗毁灭性的土豆晚疫病，又可以自我防御寄生虫（马铃薯胞囊线虫），还可以避免在运输和储藏过程中因挤压造成的淤伤黑斑，甚至可以减少在烹饪过程中产生的致癌物质。

2015 年 1 月，我国正式启动马铃薯主粮化战略，推进把马铃薯加工成馒头、面条、米粉等主食，马铃薯将成稻米、小麦、玉米外又一主粮。中国土豆总产量居世界第一（图1），预计到 2020 年 50% 以上的马铃薯将作为主粮消费。因而，对于马铃薯的遗传育种的研究也将深入展开。

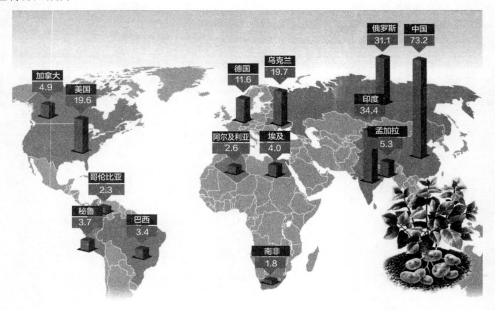

◎ 图 1：2011 年部分国家的土豆产量（单位：百万吨）

欧美国家一直将马铃薯作为主粮，并在育种方面一直走在前面。据《麻省理工科技评论》2015 年 6 月 5 日报道，2015 年 6 月初，欧洲的科学家正式开启了一项"超级土豆"项目，它能够抵御各种毁灭性型病虫害（见图2）。

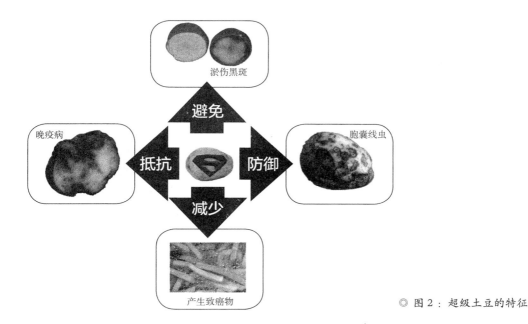

◎ 图 2：超级土豆的特征

　　这种超级土豆将价值数十亿美元。它既可以抵抗毁灭性的土豆晚疫病，又可以自我防御寄生虫（马铃薯胞囊线虫），还可以避免在运输和储藏过程中因挤压造成的淤伤黑斑，甚至可以减少在烹饪过程中产生的致癌物质。一旦研发成功，它还可以为多种其他作物的育种提供一个范例，从而用来应对因人口的日益增长和不可预测的气候问题所导致的食品安全问题。

　　此超级土豆计划是英国研究人员 2015 年 6 月初正式启动的一个新研究项目，而单独具有上述某一种优良性状的土豆品种都已被研发出来。如果这个项目成功的话，那么这将是世界上第一个具有上述所有优良性状的土豆品种。

　　该项目未来五年的研究工作将由世界顶级植物病害遗传学家、英国塞恩斯伯里实验室（The Sainsbury Laboratory）的科学家、英国皇家学会院士乔纳森·琼斯（Jonathan Jones）领导。这种土豆将包含由琼斯研究小组发现的三个抗晚疫病的基因，两个由英国利兹大学的研究人员发现的抗马铃薯胞囊线虫的基因，以及含有由美国辛普劳公司（J.R. Simplot）研发的一种土豆的 DNA，后者最近获准商业化种植，它含有较少的淤伤黑斑和天冬酰胺（Asparagine），这种化合物在高温烹饪的过程中容易引起致癌物质的积累。

　　琼斯的研究小组从一个土豆的野生品种中克隆了一个抗土豆晚疫病的基因，并研发出了抗土豆晚疫病的转基因土豆。不过对于一个想用于商业化种植的土豆而言，单含一个抗病基因是不够的，因为一旦出现能够抵抗这个抗病基因的病原菌，这个抗病基因即会失去作用，就如同某细菌出现了抗药性，抗生素就对这种细菌无效一样。琼斯说："这个项目的一个重要目标就是测试能否通过转入多个抗病基因来防止病原菌抗性产生的危险。"他的研究小组已经从野生土豆品种中发现了三个相关的抗病基因。

你可能会疑惑，既然野生土豆品种中都含有抗病基因了，为什么不直接就吃野生土豆品种呢？那是因为野生的土豆中含有大量的对人和动物都有毒的生物碱，中毒后会导致头痛、腹泻、抽搐、昏迷，甚至死亡。

土豆是世界上一种非常重要的主粮作物。以人类直接的消耗量而言，它跻身于全球顶级食品之列，其地位仅次于小麦和水稻。但它同样也非常容易受到病害侵扰，尤其是土豆晚疫病。这种毁灭性病害在19世纪中期造成了著名的爱尔兰大饥荒，那次饥荒最终导致上百万人死亡。土豆晚疫病是由一种真菌引起的病害，因为还没有很好的方式来防治它，直到现在，它对于土豆而言依然是一种"毁灭性的灾难"。琼斯说："英国的农民为了防治土豆晚疫病，每年必须喷洒十五次农药。这种病害每年会对英国造成9000万美元的损失，对全球造成50亿美元的损失。"

此外，寄生线虫也同样对英国和世界的土豆产业造成了巨大的经济损失，这种损失包括农药的花费以及作物的损失。英国利兹大学的研究人员也为这种"超级土豆"贡献了两种DNA序列，这为超级土豆对抗这种线虫提供了强大的武器。利兹大学的研究小组已经证明：引入的这两种基因只在新土豆的根部表达，这将为土豆抵抗线虫提供两种截然不同的威慑方式。

除了病虫害以外，土豆在生产和运输过程中因受到挤压出现的黑斑，也会造成巨大损失。因为消费者都喜欢买表面没有黑斑的土豆，这会使得公司每年废弃大量可以食用的土豆。这样的土豆并没有毒，只是因为被挤出了淤青就没人买了而已。美国的Simplot公司也将为琼斯的项目贡献这方面的专业知识和技术。他们公司研发的这种土豆刚刚获得了美国监管部门的批准可以在市面上出售。其土豆产品不仅可以减少导致淤伤黑斑的某种糖类物质的量，而且还含有更少的天冬酰胺，从而减少了在高温烹饪过程中天冬酰胺转变成致癌物质丙烯酰胺的量。

这种改善可以使土豆在运输过程中减少44%的挤压损伤。种植者、餐馆和零售商每年可以减少2000吨土豆的损失。仅美国的消费者因此丢掉的新鲜土豆就会减少28%，将近15000吨。因为减少了这类土豆的浪费，就相当于提高了土地和资源的利用率，就意味着可以少用20%的水、化肥和燃料。而且，这种DNA并非是来自其他物种的外源基因，而是来自土豆本身或是野生土豆品种。

为了将新的DNA转入土豆之中，琼斯和他的同事们将采用一种叫作"转化"的成熟方法，而且自然界的某些细菌（农杆菌）也能通过相同的方式再将DNA转入植物之中。此法为"农杆菌介导的"转化方法，和先前发现的农杆菌生产的"天然转基因红薯"是同一种方法。将这些DNA转入土豆之后，他们将进行广泛的筛选和DNA分析，从而鉴定出含有目标优良性状的新土豆品种，并进行田间测试。琼斯说："我们希望能够尽快在田间得到我们想要的土豆品种，我们的研究人员应该在三年之内就会知道是否能够得到具有商业价值的新土豆品种"。

琼斯说："如果这个项目成功的话，它将证明这种技术的价值。"通过运用这种技术可以达到可持续生产目的，并且可以满足食品安全需求。而且这种技术也适用于其他的作物，从而可以帮助这些作物抵抗那些对它们造成危害的毁灭性病虫害，例如：小麦锈病等。

由于这种土豆可以给消费者、农民和环境都带来好处，爱尔兰农业与食品发展部（Teagasc）的高级研究员尤恩·穆林斯（Ewen Mullins）说："这听起来像是他们正在研发一种'完美土豆'"。穆林斯主要的工作是测试新的植物育种技术对环境的影响。他说："琼斯团队将面临的最大挑战可能并不在技术方面。"由于近几年科学已经取得了相当大的进步，所以现在想研发出一种具有多种新性状的生物已经变得"相对简单"多了。尽管随后会有一个广泛的安全监管程序，但实际上最难的部分是如何得到消费者的认可。穆林斯认为，监管程序最好在技术开发的同时就同步进行。

尽管我国的土豆产量位居世界第一，但亩产非常低，还不到荷兰亩产的1/3（2007 年，中国平均产量是 0.98 吨 / 亩，而荷兰是 2.98 吨 / 亩）。而且我国种植的商业化土豆的品种也少很多。因此不论是土豆的育种工作，还是种植方式，田间管理等各方面都有很大的进步空间。

全球首次商业化转基因茄子

刘定富 [①]

【内容提要】Bt 茄子每年可为孟加拉国的 15 万茄农创造 2 亿美元的额外收益。消费者也因无农药残留、品种得以改良、产品更为廉价而大受其益。

茄子是孟加拉国一种非常重要的蔬菜，大约 15 万农民在冬夏两季种植 5 万公顷茄子。茄子普遍容易受到斜纹夜蛾这种害虫毁灭性的危害而损失严重，但传统的杀虫剂又难以对其有效控制。虫灾发生时，农民除了不停地打药外别无选择，有时隔一天就要打一次药，一个生长季节总共要打 80 次药之多，对于生产者、消费者和环境都是一种负担。

2013 年 10 月 30 日，孟加拉国做出了一个历史性的决定，批准了 4 个转基因抗虫茄子品种进行种子生产和商业化种植。2014 年春季抗虫茄子开始允许被种植。1 月 22 日，孟加拉国农业部部长将 4 个抗虫品种的茄苗分发给 22 个来自 4 个有代表性的地区的农户，使他们成为孟加拉国首批种植抗虫茄子的农民，种植面积 2 公顷以上。这些品种对所种植地区有良好的适应性，并受到精心的管理。Bt 茄子 1 号，通用名 Uttara，种植在拉杰沙希（Rajshahi）地区；Bt 茄子 2 号（Kajla）种植在巴里萨尔（Barisal）地区；Bt 茄子 3 号（Nayantara）种植在朗布尔（Rangpur）和达卡地区；Bt 茄子 4 号（Iswardi/ISO 006）种植在巴布拉（Pabla）和吉大港地区。孟加拉国农业发展公司与孟加拉国农业研究院合作进行这 4 个品种的种子繁殖，并在 2014 年秋季发放给农民。次年，Bt 基因被导入另外 5 个受欢迎的茄子品种中，以满足不同茄子种植地区对 Bt 茄子种子的需求。在未来 5 年里，孟加拉国政府计划种植 2 万公顷 Bt 茄子，占茄子总面积 5 万公顷的 40%，9 个茄子品种，覆盖 20 个地区。

从 Bt 茄子的田间表现来看，Bt 技术价值意义巨大，不仅生产者的经济损失减少了，商品产量提高了，种植户获得了大丰收，孟加拉国消费者还首次吃到了免受虫害的茄子。早期的实验数据表明，Bt 茄子至少增产了 30% 以上，减少杀虫剂使用 70% ～ 90%，每公顷纯效益增加 1868 美元。孟加拉国人均年收入仅 700 美元，而 Bt 茄子每年即可为孟加拉国的 15 万茄农创造 2 亿美元的额外收益。消费者也因无农药残留、品种得以改良、产品更为廉价而大受其益。

---

① 刘定富，武汉金玉良种科技有限公司董事长，曾任湖北省农业科学院院长、教授，兼任湖北省人民政府咨询委员会委员，湖北惠民农业科技有限公司首席科学家，副总经理。

转基因作物越来越有益于农民和环境 ①

 格雷厄姆·布鲁克斯 ②

【内容提要】2012 年种植转基因作物的农民向种子供应链支付的成本是 56 亿美元，只相当于总增收 244 亿美元（种子成本加纯收益 188 亿美元）的 23%。全球农民每 1 美元的转基因种子投资可获得 3.33 美元的纯收益。

2014 年 2 月 5 日和 3 月 11 日，英国的独立调查咨询机构 PG 经济学（PG Economics）有限公司在其网站（http://www.pgeconomics.co.uk）发布转基因作物对全球社会经济与环境的影响系列报告，这是该机构自 2006 年起连续第 9 年发布此系列报告。报告显示，经过连续 17 年的广泛应用，用转基因技术培育的作物品种不仅明显地提高了农民的生产能力和收益水平，同时也提供了更为环境友好的种植措施。

转基因作物有助于大幅减少农业活动产生的温室气体排放量，这是由于种植转基因作物减少了耕作，减少了拖拉机燃料的用量，增加了土壤的碳存储量。2012 年，转基因作物的种植相当于从大气中减少了 270 亿千克二氧化碳，或等同于路上一年减少了 1190 万辆汽车。

转基因技术在 1996—2012 年间减少了 5.03 亿千克农药活性成分的使用，减幅 8.8%。这相当于欧盟 28 国两年用于所种植作物的农药活性成分的总用量，这使种植转基因作物的土地使用除草剂和杀虫剂对环境的影响降低了 18.7%。

转基因棉花和玉米所使用的抗虫（IR）技术因减少了虫害，产量普遍提高，1996—2012 年抗虫棉花的平均产量增长 16.1%，抗虫玉米的平均产量增长 10.4%。

转基因大豆和油菜所使用的抗除草剂（HT）技术在有些国家也增加了总产，这是因为转基因品种单产更高，且改善了杂草控制，在阿根廷，农民甚至可以在同一个生长季节里种一茬小麦之后再种一季大豆。

1996—2012 年，因为转基因技术的应用，农民多收获了 1.2 亿吨大豆、2.31 亿吨玉米、1820 万吨皮棉和 660 万吨油菜籽。

① 本文由刘定富根据作者相关文献编译整理。
② 格雷厄姆·布鲁克斯（Graham Brookes），英国 PG 经济学有限公司董事，研究农业和食品问题 28 年的经济学家，也是技术和政策调控方面的专家。自 20 世纪 90 年代后期开始，开展了许多有重大影响的农业生物技术研究，发表了许多有影响的学术论文。

　　转基因作物的种植让农民在不利用额外的耕地的同时，获得了更多的收获。2012 年，若那 1730 万个农户种植的不是转基因作物，那么要获得当年的总产值，农民需要多种植 490 万公顷大豆、690 万公顷玉米、310 万公顷棉花和 60 万公顷油菜。种这些所需的总面积是美国耕地面积的 9%，巴西耕地的 24%，欧盟 28 国粮食作物面积的 27%。

　　转基因作物帮助农户获得了相当可观的收益。2012 年农民增加经济纯效益 188 亿美元，相当于每公顷平均增加收入 133 美元。在 17 年时间里（1996—2012 年），全球累计农业增收 1166 亿美元。

　　发展中国家的农民，主要是资源贫乏和耕地较少的农民，获得了更多的增产。在总增收的 1166 亿美元中，发展中国家与发达国家的农民基本上各半。

　　转基因作物的种植仍然是全球农民一项较好的投资。2012 年种植转基因作用的农民向种子供应链支付的成本是 56 亿美元，只相当于总增收 244 亿美元（种子成本加纯收益 188 亿美元）的 23%。全球农民每 1 美元的转基因种子投资可获得 3.33 美元的纯收益。

　　发展中国家农民 2012 年每 1 美元的转基因种子投资获得了 3.74 美元的纯收益，成本只相当于技术收益的 21%；而发达国家农民每 1 美元的转基因种子投资获得了 3.04 美元的纯收益，成本相当于技术收益的 25%。发展中国家农民种植转基因作物获得的收益比发达国家的农民高，这主要是因为发展中国家知识产权法规有缺陷，所以平均获利水平比较高。

转基因作物增产增收并减少农药用量

 刘定富

【内容提要】转基因技术对作物的改良虽然不是产量性状方面的，但由于减少了虫害、草害造成的损失，最终实现了相对增产；同时也减少了农药用量。

美国农业部经济研究局 2014 年 2 月 20 日发布第 162 号研究报告《美国遗传工程作物》（Genetically Engineered Crops in the United States）①，从公司、农民和消费者三个层面，总结了自 1996 年转基因作物首次成功商业化以来美国的转基因技术研究、转基因作物应用、消费者对转基因产品的需求。本文简要介绍该报告关于转基因在美国应用的现状，并据此作出一些结论。

一、美国的玉米、大豆和棉花已普及转基因品种

从表 1 可见，美国玉米、大豆和棉花三大作物的转基因品质种植面积逐年增加，比例不断提高，并且均达 90% 以上，基本实现了普及化。就单个作物而言，玉米的转基因品种种植面积和比例均逐年增加，没有例外；大豆总体上也是如此，但个别年份有波动；棉花面积波动较大，但比例基本也是逐年上升。这些数据表明，美国农民非常欢迎转基因作物，美国的玉米、大豆和棉花的种植已基本普及了转基因品种。

二、种植转基因作物省事，可以减少农药用量，进而可以增产、增收

（1）美国农业部农户种植意愿调查。

农民采用新技术时最典型的愿望是增收、省事和 / 或少用化学物品。纯收益取决于农场地点和特性、投入和产出的价格、现有生产体系、农民的能力和管理水平等因素。但从美国农民广泛采用转基因作物种子这一事实来看，他们肯定已从中受益。表 2 是美国农业部农业资源管理调查（ARMS）关于农户为什么选择种植转基因作物的调查结果。

从表 2 可见，60% ～ 79% 的农户认为转基因品种增产，10% ～ 15% 的农户认为转基因品种省事省时，5% ～ 20% 的农户认为转基因品种减少农药投入，只有 4% ～ 9% 的农户认为不属上述三种情况之一。由此可知，对于农民来说，转基因作物增产、省事并减少农药用量。

---

① 原文见 http://ers.usda.gov/publications/err-economic-research-report/err162.aspx#.Ux0O2bKBSuo。

表1　　美国2000—2013年转基因玉米、大豆、棉花应用情况

面积单位：百万公顷

年份	转基因玉米		转基因大豆		转基因棉花		合计面积
	面积	比例（%）	面积	比例（%）	面积	比例（%）	
2000	8.06	25	16.24	54	3.84	61	28.13
2001	7.97	26	20.4	68	4.41	69	32.78
2002	10.86	34	22.47	75	4.01	71	37.34
2003	12.73	40	24.08	81	3.99	73	40.8
2004	15.41	47	25.89	85	4.2	76	45.5
2005	17.22	52	25.38	87	4.56	79	47.16
2006	19.35	61	27.22	89	5.14	83	51.71
2007	27.65	73	23.86	91	3.82	87	55.32
2008	27.86	80	28.21	92	3.3	86	59.37
2009	29.74	85	28.54	91	3.26	88	61.54
2010	30.72	86	29.16	93	4.14	93	64.01
2011	32.89	88	28.54	94	5.37	90	66.79
2012	34.63	88	29.07	93	4.69	94	68.39
2013	35.49	90	29.28	93	3.74	90	68.51

表2　　美国农户种植转基因作物的理由

转基因作物	增加产量	减少农药投入	节省管理时间简化管理措施	其他	调查时间
HT 大豆	60%	20%	15%	5%	2006
HT 玉米	71%	7%	13%	9%	2010
Bt 玉米	77%	6%	10%	7%	
HT 棉花	79%	5%	12%	4%	2007
Bt 棉花	77%	6%	12%	5%	

（2）美国农业部农业资源管理调查（ARMS）有关Bt玉米、HT大豆和非Bt玉米、非HT大豆的单产和杀虫剂用量或除草剂用量的统计结果。（见表3）

从表3可以看出，Bt玉米和HT大豆的平均产量均高于非Bt玉米和非HT大豆，玉米达到概率小于1%的极显著水平，大豆达到概率小于10%的显著水平。这说明转基因作物能够增加作物单产。Bt玉米种植早期（2005年），杀虫剂用量显著减少，后期（2010年）杀虫剂用量无显著差别。HT大豆相比于非HT大豆，草甘膦的用量显著增加，但其他除草剂的用量明显减少，除草剂总用量有所增加，但未达到显著水平（P >10%）。这说明种植转基因作物总体上减少了农药用量。

表3的结果虽然不是控制条件下的对比试验结果，但美国农业资源管理调查（ARMS）

表3　　美国农业部农业资源管理调查（ARMS）统计结果

作物	年份	指标	单位	转基因	非转基因	差值	显著性	概率
Bt 玉米	2005	单产	千克/公顷	9728	8693	1041	***	<1%
		杀虫剂用量	克活性成分/公顷	56	101	−45	**	<5%
		价格	美元/吨	76.77	79.13	−2.36	ns	>10%
	2010	单产	千克/公顷	9985	8323	1662	***	<1%
		杀虫剂用量	克活性成分/公顷	22	22	0	ns	>10%
		价格	美元/吨	212.20	212.59	−0.39	ns	>10%
HT 大豆	2006	单产	千克/公顷	3064	2728	336	*	<10%
		除草剂总量	克活性成分/公顷	1523	1176	347	ns	>10%
		草甘膦用量	克活性成分/公顷	1378	426	952	***	<1%
		其他除草剂用量	克活性成分/公顷	146	739	−594	**	<5%

的样本量之大，其他因素的影响可以假定是随机的。所以据此得出的结论是基本可靠的。

（3）文献公开发表的研究结果。

该报告列举了 1995—2007 年公开发表的有关转基因作物对产量、农药用量和净回报影响研究的结果。（见表4）

从表4可见，在 36 项关注了对产量影响的研究中，25 项表明增产，11 项产量相同，没有一项研究表明减产。转基因技术对作物的改良虽然不是产量性状方面的，但由于减少了虫害、草害造成的损失，最终实现了相对增产；同时也减少了农药用量。

表4　　转基因作物对产量、农药用量和净回报影响研究的结果汇总

作物	研究数量			产量			用药量			净回报		
	合计	试验	调查	增产	相同	未分析	减少	相同	未分析	增加	相同	未分析
HT 大豆	10	5	5	5	4	1	2	0	7	5	3	2
HT 棉花	6	4	2	1	4	1	1	1	4	2	1	3
HT 玉米	4	2	2	1	2	1	1	0	3	2	1	1
Bt 棉花	9	3	6	8	1	0	4	0	5	8	0	1
Bt 玉米	11	5	6	10	0	1	4	0	7	2	1	5
合 计	40	19	21	25	11	4	12	1	26	19	6	12
说 明	34 份文献，6 份涉及 2 种或 3 种作物			HT 大豆 1 例微增			Bt 玉米 3 例取决于受害程度			—		

在 14 项关注了对农药用量影响的研究中，12 项表明减少了农药用量，1 项用量相同，仅 1 项研究表明农药用量微增。这说明种植转基因品种可以减少农药用量。在 28 项关注了净回报的研究中，19 项表明增收，6 项表明相同，有 3 项关于 Bt 玉米的研究表明是否增收取决于虫害程度。这说明种植转基因品种总体上可以增收。

综上所述，种植转基因作物可以增产、增收并能减少农药用量。

三、结论

美国的玉米、大豆和棉花的种植已经普及了转基因品种。转基因技术之所以在美国能快速得到应用和普及，其根本原因是转基因品种能够增产、增收、省事并减少农药用量，受到美国农民的欢迎。这从美国农户意愿调查、全国调查结果统计分析和学者研究三个方面都得到了一致的证实。

美国是转基因作物商业化应用最早的国家，也一直是转基因作物种植面积最大的国家。2013 年美国种植各种转基因作物达 7010 万公顷，占全球耕地 1.752 亿公顷的 40%。2013 年，美国转基因玉米、大豆和棉花的种植面积达 6851 万公顷，占美国转基因作物的97.7%。因此，根据对美国转基因玉米、大豆和棉花的研究得出的结论具有极高的代表性和普遍意义。

转基因的可持续性优势 ①

 安东尼·谢尔顿 ② 戴维·肖 ③

【内容提要】未来之路将聚焦于转基因作物，包括抗除草剂的作物，应当确保合理种植和良好管理，赋予农场主种植各种作物的灵活性以及确保作物健康生长。长期来看，那些限制农场主灵活性或作物创新的公共政策将降低粮食产量。

转基因技术给农场主带来了先进、全面的害虫管理系统（IPM），这确保了作物的高产和食品的安全，同时保护了自然生态。Bt 抗虫作物的推广降低了更加有害的杀虫剂的用量。在很多情况下，降低程度可达到 50% ～ 70%，甚至更高。抗虫作物增加了农田的亩产量和农场主的家庭收入。田间杂草一直与作物竞争养分和阳光。种植抗除草剂作物可以清除杂草使作物健壮生长，长期种植还可以降低石油燃料的消耗，避免水土流失，以及改善土壤的生态。作物管理体系的使用，包括良种培育和种植抗除草剂作物，对于减轻过度耕作的负面影响不可或缺。农场主需要灵活地进行田间管理并获得相关技术培训，确保不流于单一化的种植管理模式。

对可持续性的定义

可持续性成了大众耳熟能详的时髦用语，它与种植业有着特殊的关系，是这样吗？

美国国家科学院（NAS）担负着对国家的科学和技术事务提供独立性、客观性报告的责任，2002 年 NAS 举办了一个论坛来分享与可持续发展科学和技术相关的观点、信息和论证。2011 年，NAS 下属机构提请了一个议案，旨在将可持续性原则整合入美国国家环境保护局（EPA）的基本原则和决策理念中。

在这个议案中，对于可持续性的定义援引了 1969 年《国家环境政策法案》（NEPA）中的一个声明，也涵盖了 2009 年的一项行政命令：

可持续性基于一个简单的原则，即我们生存及福祉所需的一切物品都直接或间接地依赖于自然环境。可持续性能够创造和维护人与自然和谐共存，能够确保我们这一代和

---

① 本文由魏玉保翻译。

② 安东尼·谢尔顿（Anthony Shelton），昆虫学家，美国康奈尔大学教授，在美国和国际田间害虫管理领域具有丰富的理论和实践经验。

③ 戴维·肖（David Shaw），美国密西西比州立大学经济发展研究中心副主任，作物科学和经济管理学家。

子孙后代社会、经济和其他方面的需求。可持续性是我们用好水体、自然原料和地球资源以之服务于人类健康和生态环境的重要原则。

2011 年的这项报告推崇 EPA 正式文书中的可持续性范式"三支柱"，即对于一项法案或政策要考虑到环境、社会和经济发展。报告指出关于健康方面的议题涵盖在"社会"支柱中，并且 EPA 应该规划它的可持续发展远景，引申出成系列的可持续性原则到所有的公共决策和项目中。

关于决策层面可持续性的定义很丰富了，那么对于种植业意味着什么呢？

重中之重，不能有害

可持续性种植业包含很多方面，但其核心是维持农业长久地健康发展的能力，也意味着"三支柱"（环境、社会、经济）之间的波动是可管控的，不会被大的干扰破坏掉。

具体来说，可持续性种植业中的"三支柱"应该是产出的粮食或棉麻对于消费者健康安全、尽可能小地破坏生态环境、对于种植者是盈利的。

许多人认为种植业并不是一个自然系统。粮食和棉麻是在人工管理的系统中产出的，因此需要应对可持续性的挑战。那么诸如转基因这样符合可持续性原则的新技术是广为需求的。

蕾切尔·卡逊 1962 年出版的开创之作《寂静的春天》影响深远，其催生了一系列的现代环境保护运动。这本书使公众认识到了广谱杀虫剂的危害。卡逊注意到了杀虫剂使作物免于害虫侵害，或杀死蚊子以降低疟疾发病率，但是她也注意到了滥用杀虫剂对生态环境的破坏。

卡逊不是第一个认识到这一点的人，但是她引起了大众对环境问题的广泛关注。三年前，数位昆虫学家发表了一篇开拓性文章来宣传"害虫综合治理"（IPM）理念，即只有必要时才使用杀虫剂。IPM 的关键点在于种植那些抗虫的作物，同时降低广谱杀虫剂的使用，因此也保全了天敌种群来抑制田间害虫的爆发。

在卡逊的书中，她详述了土壤细菌的长期使用及其安全性，即现在广为人知的苏云金芽孢杆菌（Bt），将其喷洒到植株上，害虫吃了植株，就会死掉。苏云金芽孢杆菌含有一种可杀死某些科属昆虫（鳞翅目、双翅目等）的蛋白（Bt 蛋白）；这些昆虫吃到 Bt 蛋白之后，Bt 蛋白会附着在昆虫的肠道中，昆虫会因为消化受抑制而死。

喷洒苏云金芽孢杆菌这种治虫措施农场主已经用了几十年，但农场，特别是有机农场，对使用各种化学合成的杀虫剂限制比较多。喷洒苏云金芽孢杆菌时，植株的叶子、茎秆等都要喷洒到，且喷洒苏云金芽孢杆菌一般也只管用几天。这大大限制了苏云金芽孢杆菌的治虫效益，因而其在全球杀虫剂市场份额的比例也只有很小的 1%。苏云金芽孢杆菌很受推崇，但是美国国内、国际的市场份额却难以扩大。

生物技术在快速发展，1997 年第一个转基因作物得到商业化审批。它含有卡逊所推崇的 Bt 蛋白，该 Bt 蛋白与农场主之前喷洒的苏云金芽孢杆菌里的 Bt 蛋白一样。只是，转基因作物可以自己表达出这个蛋白，不用再依靠施药即可以对抗虫害了。

转基因作物能够催生更多的可持续性产品系统

除了满足对环境的正效应和农场主与消费者的经济效益外，Bt 转基因作物还满足了可持续性的社会效益，因为这些作物也能够为小型的、耕作器具有限的农场主种植。事实上，在全球范围内，发展中国家种植 Bt 转基因作物的农场主（农民）比发达国家的比例更高。

Bt 转基因作物为什么更具可持续性的 6 个事实：

（1）植株可以自己产生杀虫蛋白来抵御害虫，种植者没有必要开着农机在田间施药，从而节省了石油燃料，避免了土壤板结。

（2）研究表明，Bt 蛋白不伤害害虫的天敌，从而协同地抑制了害虫种群。

（3）研究表明，相对于 Bt 转基因作物，昆虫更易于对普通作物上喷洒的苏云金芽孢杆菌产生抗性。虽然有害虫对 Bt 转基因作物产生抗性的个例报道，但是化学杀虫剂有多得多的抗性报道。

（4）Bt 转基因作物的推广极大地降低了剧毒杀虫剂的使用。降低的比例可以达到 50% ～ 70%。

（5）研究表明，种植 Bt 转基因作物提高了亩产的同时也提高了种植户的家庭收入。

（6）Bt 转基因作物对生态环境的影响远远小于非 Bt 作物。

Bt 转基因作物并不是万灵药，像任何技术一样，需要合理管理从而保证长期效益。比如，即使它们广泛种植也降低不了全球的饥饿人口。没有任何的农业技术可以做到这一点。但是，Bt 转基因作物的广泛种植通过降低杀虫剂的使用，一方面维持了可观的全球粮食和棉麻产量，另一方面使我们进入了可持续农业生产系统。这些作物是 IPM 体系的有机部分。

本文的共同作者谢尔顿，是一位受卡逊影响而研究种植业的昆虫学家。"一年前我重温了《寂静的春天》并仔细阅读了最后一章，文中卡逊要求我们寻找管理害虫的合理方法，她疑问为什么我们不用只针对害虫但不危害人类健康的微生物杀虫剂。我想她会赞赏 Bt 转基因作物现今的种植状况，她当年也曾积极推动用 Bt 杀虫剂取代其他剧毒杀虫剂，"谢尔顿说道，"她也许会对此评价说，同一个杀虫蛋白，更好的施药系统。"

抗除草剂作物的效益

什么是抗除草剂作物（HTC）？田间杂草会与作物如玉米、大豆竞争养分和阳光，因此需要施除草剂等清除它们。抗除草剂作物能够降解除草剂中的活性成分，避免被其杀死。这样，农场主就能够在生长季节施药来控制田间杂草，施药时间也可以灵活地选择。

抗除草剂作物经过了生物技术和遗传工程专家数十年的技术研发。这些技术使得我们能够鉴定出植物或微生物的优良性状，然后把编码这些性状的 DNA 序列转化到目标作物中并有效表达。一些微生物能够快速地降解除草剂，那么转化微生物的相关基因到农作物中，就可以使它们耐受除草剂；相应地，没有转化这些基因的作物就不能耐受除草剂。

如今已经有了数种耐除草剂性状投入使用，比如修饰某个酶使得作物对除草剂不敏感，或者使作物产出代谢物来拮抗掉除草剂的活性。

这些作物使得农场主可以更加高效地控制杂草，从而提升粮食产量和品质。杂草控制往往是田间作业中耗费最大的一块，因此种植抗除草剂作物，维持了农场的经济活力。同时，种植抗除草剂作物也使免耕成为可能。不需要每年都深耕一次地，农场主可以保留前一年的玉米秸秆、大豆茎秆直至种植新的作物，这样既避免了土壤流失又提高了地力。同时，也避免了土壤沉积物和养分流失时对地表水体的污染。

抗除草剂作物使得农场工人的效率更高，把原来用于除草的时间用到农场生产的其他方面。现在人类可以生产高产优质的粮食，这对于养活地球上的 70 亿人口乃至 2050 年的 90 亿人口都是至关重要的。抗除草剂作物能够保护环境，创造可持续的作物系统，因为它显著地降低了深耕作业量。深耕一开始就是为了控制杂草，因此提高深耕作业效率或替代深耕的技术都会带来环境效益，诸如降低油耗，改良土质等等。

"超级杂草"有多严重？

毋庸置疑，这是当今种植业中最为紧迫的问题。除草剂抗性，自从 20 世纪 50 年代选择性除草剂（杀灭特定杂草而保留目标作物）开始使用时就出现了。现在，大田里大部分大豆、玉米、棉花、油菜都是具有草甘膦抗性性状的（草甘膦在 20 世纪 70 年代上市，商品名叫 Roundup），我们面临着全球范围内效果最为显著的除草剂失效的风险。

像过去发生的一样，若农户年复一年采用相同品牌的除草剂，除草剂的灭草机制一样，那么在自然选择压力下杂草抗药性就会产生。目前关于除草剂的争议主要是关于草甘膦抗性的，因为多年来数百万英亩的大豆、玉米、棉花、油菜都依赖草甘膦来清除杂草。在这种选择压力下，杂草产生草甘膦抗性也是难免的。

在全世界，草甘膦在控制杂草方面仍发挥着积极作用，因此规范除草剂的使用来保持它们的活性的诉求有很多。但是，难点在于规范化管理是否是一个高效的工具。每个农户的每个地块，甚至地块的不同区域，在杂草数量、间作或轮作方式、气候条件、田间管理程度等方面都是有所差异的。因此若规范化管理必须考虑到普适性，这样实施起来效果就不好说了。

如果不能彻底地规范，那么问题该如何解决？

一种办法是用标识农产品除草剂的办法来规制除草剂抗性管理。其优点在于通过政府备案来引起大家对监管的重视。不过难点在于掌握监管开展的程度，和评定谁有除草剂抗性管理的资质，对于这些项目的资助方式也存在争议。

或公或私的多种激励方案被制定出来，克服了初始阶段应用抗性管理的犹豫心态。基于社区的抗性管理方案也得到了应用，在一些案例中证明是成功的。

迄今为止最为有效的办法还是通过教育和技术培训来预防或消除问题。如果农户和决策者得到急需的关于抗性产生方面的培训和信息，他们就会有能力制定有效的方案来降低除草剂抗性。这里的教育不是单单提供相应的科技信息，还应包括最佳实践的系统认知、抗性管理的经济效益、决策过程的流程等，这样农户可以得到适合自己需求的信息。我们不能把除草剂抗性仅仅视为一个技术问题，它更多的是一个管理学难题。这么看问题，那么无论是为了长期效益还是短期效益，各种教育项目必须改变人们杂草管理的决策方式。

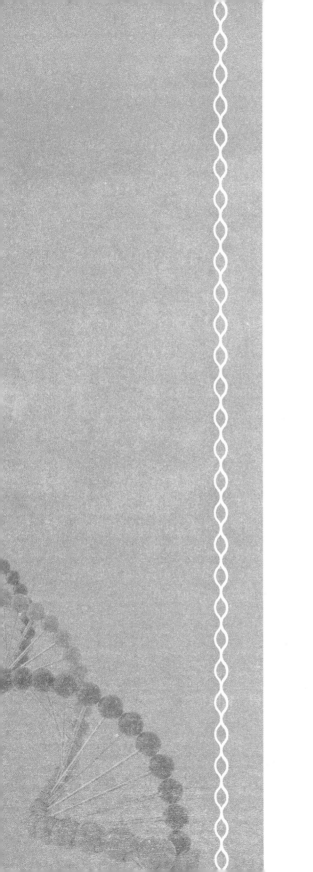

第五章　转基因知识问答

科学基础问题

世界卫生组织　方玄昌

●**什么是转基因生物和转基因食品？**

世界卫生组织：转基因生物可被定义为遗传物质通过非自然交配和 / 或非自然重组的方式发生改变的生物体（即植物、动物或微生物）。这种技术通常称为"现代生物技术"或"基因技术"，有时也称为"重组 DNA 技术"或"基因工程"。通过这种技术可将选定的个体基因由一个生物体转移到另一个生物体，也可在不相关的物种之间进行转移。从或使用转基因生物生产的食品一般称为转基因食品。

●**为什么要生产、如何生产转基因食品？**

世界卫生组织：转基因食品得以开发和销售是因为对这些食品的生产者或消费者存在着某些感知的好处。这是指将其转变为一种价格较低、利益更大（在耐用或营养价值方面）或二者兼具的产品。最初，转基因种子开发者希望其产品能被生产商所接受，因此集中于能给农民（以及普遍食品业）带来直接好处的创新办法。

以转基因生物为基础开发植物的目标之一是改进作物保护。目前市场上的转基因作物主要目的在于通过增强对由昆虫或病毒引起的植物病的抗性或通过增强对除草剂的耐受性提高作物保护水平。

通过将能从苏云金芽孢杆菌这种细菌中生产毒素的基因纳入粮食作物，从而实现抗虫害抗性。这种毒素目前在农业中作为常规杀虫剂使用，并且供人食用是安全的。长期产生这种毒素的转基因作物已显示在特定情况下，如在虫害压力大的地方，需要较少量的杀虫剂。通过从引起植物病的某些病毒中引入一种基因，从而实现抗病毒抗性。抗病毒抗性使植物较不易受这些病毒引起的疾病的影响，使作物产量更高。

通过从传送抗某些除草剂抗性的一种细菌中引入一种基因，从而实现抗除草剂耐受性。在杂草压力大的情况下，利用这些作物已造成减少使用除草剂数量。

●**转基因的食品与非转基因食品有什么区别？**

方玄昌：没有本质区别。转基因与杂交两种育种方式，都是在基因层面改变作物性状，差别在于，杂交一次性"转"了成千上万个基因进入作物 DNA，而转基因一次只"转"

几个基因进入作物 DNA。杂交育种所"转"的基因中总有一些是科学家不掌握的，因此从基本道理看，转基因育种比杂交更安全。

●**在转基因生物领域可预期有哪些进一步发展？**

世界卫生组织：未来的转基因生物可能包括对植物疾病或干旱具有更强抵抗力的植物、营养水平更高的作物、生长特性增强的鱼种。非食用的转基因生物可包括能产生药学上重要蛋白质，如新疫苗的植物或动物。

食用安全问题

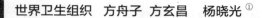

世界卫生组织　方舟子　方玄昌　杨晓光 [①]

●**转基因食品安全吗？**

世界卫生组织： 不同的转基因生物包括以不同方式插入的各种基因。这意味着应逐案评估各别转基因食品及其安全性，并且不可能就所有转基因食品的安全性发表总体声明。

目前在国际市场上可获得的转基因食品已通过安全性评估并且可能不会对人类健康产生危险。此外，在此类食品获得批准的国家普通大众对这些食品的消费未显示对人类健康的影响。不断利用以食品法典委员会原则为基础的安全性评估并酌情包括上市销售后监测，应构成评价转基因食品安全性的基础。

●**对转基因食品的评估是否不同于传统食品？**

世界卫生组织： 一般来说，消费者认为传统食品长期以来已经有良好的安全消费记录，是安全的。每当使用基因技术引进前便已存在的传统育种方法开发食用的新生物品种时，都会改变生物的某些特征，这种改变可能是好的也可能是坏的。国家食品当局可能被要求检查这类从新生物品种获得的传统食品的安全性，但情况并非总是如此。

相反，多数国家当局认为必须对转基因食品进行具体评估。目前已经建立了特定系统，对与人类健康和环境都有关的转基因生物和转基因食品进行严格评价。对传统食品一般不进行类似的评价。因此，目前这两类食品的销售前评价程序有显著不同。

世卫组织食品安全和人畜共患疾病司旨在协助国家当局确认应接受风险评估的食品并建议安全性评估的适当方法。如果国家当局决定对转基因生物进行安全性评估，则世卫组织建议使用食品法典指南。

●**如何进行转基因食品的安全性评估？**

世界卫生组织： 一般说来，转基因食品的安全性评估关注：(a) 直接健康影响（毒性）；(b) 引起过敏反应的可能性（致敏性）；(c) 被认为有营养特性或毒性的特定组成部分；(d) 插入基因的稳定性；(e) 与基因改良有关的营养影响；以及 (f) 可由基因插入产生的任何非预期影响。

---

① 　杨晓光，第五届农业转基因生物安全委员会委员、中国疾病预防控制中心营养与健康研究所研究员。

● **人类健康方面令人关注的主要问题是什么？**

世界卫生组织： 虽然理论讨论已覆盖一系列广泛的方面，但是辩论的三个主要问题是，引起过敏反应的可能性（致敏性）、基因转移和异型杂交。

致敏性

原则上，不鼓励将基因从通常过敏性生物转移到非过敏性生物，除非能证明被转移基因的蛋白产物不会诱发过敏反应。虽然对通过传统育种方法开发的食品一般不进行致敏性测试，但转基因食品的测试方案已得到联合国粮食及农业组织（粮农组织）和世卫组织的评价。尚未发现目前市场中的转基因食品具有致敏作用。

基因转移

基因从转基因食品转移到人体细胞或胃肠道的细菌时，如果被转移的遗传物质对人类健康产生不良影响，则会引起关注。如果转移的是创造转基因生物时用作标志物的抗生素抗性基因，则尤其令人担忧。尽管转移的概率很低，但仍鼓励使用不涉及抗生素抗性基因的转基因技术。

异型杂交

转基因植物的基因迁入传统作物或相关野生物种（称为"异型杂交"），以及常规种子衍生的作物与转基因作物杂交，可能对食品安全和粮食保障产生间接影响。有报告表明在用于人类消费的产品中发现少量准许用于动物饲料或工业用途的转基因作物。一些国家已采取策略减少作物杂交，包括明确将转基因作物田地与传统作物田地分开。

● **转基因食品究竟有没有做规范的试验来论证？**

方舟子： 所有的转基因食品在上市之前都要做一系列证明其安全的试验，才会获得安全证书。所以联合国粮食及农业组织、世界卫生组织才会说：食用当前存在的转基因作物及其食品是安全的，检测其安全性所采用的方法也是恰当的。

● **不管转基因好不好，我们都需要推广者或者提倡者拿出确实可靠的证据加以说明，让民众相信这些事实。**

方玄昌： 只要是批准上市的转基因（作物）食品，其安全性就一定是可以保证的，历史上从来没有哪一种食品的安全性如同转基因食品这么具有"确实可靠的证据"——正因如此，全世界几十亿人吃了一二十年转基因食品，迄今没有出过任何与转基因技术相关的安全问题。

● **请问您自己吃不吃转基因食品？现在的转基因食品究竟是"已确认安全"还是"安全性未知"？我们普通民众为了自己健康考虑，又该不该吃转基因食品呢？**

方玄昌： 只要上市的转基因食品，就是"已确认安全"的。我平时买食用油，唯一选择的就是转基因大豆油。我确信它更安全更卫生，这是避免买到地沟油的绝招——由于对转基因食品的监管比其他食品更严格，且由于人们对转基因的恐惧，导致厂家不会把一般食用油标注"转基因"。

● **你们家会买转基因食品吗？**

方舟子： 当然买。比如市场上的木瓜基本上都是转基因的，我们经常买木瓜来吃。还有像菜籽油、大豆油、调和油也基本都是转基因的，我们家也用。但中国市场上转基因食品品种太少了，基本上就这两样。美国市场上就多了，据统计有70%含转基因成分，在美国生活不可避免要吃到转基因食品。

● **能不能用通俗易懂的话，举个简单的例子说明下转基因食品，以及它的作用和影响。**

方舟子： 目前种植最多的转基因作物是抗虫害的，种植它能够少洒很多农药，既能减少生产成本，又能保护环境少受农药污染，还能间接提高产量和减少农药残余。国际权威机构都确认目前转基因食品的安全性，要相信它们。

● **既然人不能做转基因试验，为何能推广呢？**

杨晓光： 包括食品添加剂、农药、婴儿食品都是动物试验被证明安全后，然后批准再上市。用人体试验进行食品安全试验不符合伦理。

● **拿所有人来做转基因试验岂不是更加不符合伦理？现在安全不等于未来安全，应该有几代人试验。**

杨晓光： 合法上市的转基因食品已经证明安全，不是做人体试验。吃10年没事，吃20年、50年是否会有问题？这个问题是这样的：有长期危害性的物质进入人体才会积累储存，如重金属，长期食用可能达到一定阈值会产生毒性；而食品成分在体内不可能储存，因为蛋白质会被消化成氨基酸吸收，碳水化合物也同样被分解。没有物质储存的基础，就谈不上几十年之后毒性的积累。任何一种食品都没有按照"试验50年"这样的方式来上市。

● **我听有人讲，吃了转基因食品会影响生育，这种提法有科学依据吗？**

方舟子： 这个纯属以讹传讹。因为传言转基因种子采用了"绝育技术"不能留种，进而谣传吃了它人也会绝育。其实转基因种子能否留种取决于它用的亲本能否留种（例如许多杂交品种不能留种，以此为亲本培育出的转基因作物也将不能留种），与转基因无关。即使不能留种，跟吃了能否影响生育有什么关系？难道吃了无籽西瓜、香蕉，人也会绝育吗？

环境安全问题

世界卫生组织

● **如何开展对环境的风险评估?**

世界卫生组织: 环境风险评估包括有关的转基因生物和潜在的承受环境。评估过程包括评价转基因生物的特性及其在环境中的影响和稳定性,以及将发生引入的环境的生态特性。评估还包括可由新基因的插入产生的非预期影响。

● **哪些是对环境有重要关系的问题?**

世界卫生组织: 有重要关系的问题包括:转基因生物逃脱和潜在将人工基因导入野生种群的能力;在转基因生物获得之后基因的持续性;非目标生物(如非害虫类昆虫)对基因产物的敏感性;基因的稳定性;其他植物系列的减少,包括生物多样性的丧失;以及在农业中增加使用化学品。转基因作物的环境安全性问题因地方条件而有相当大的差别。

基本事实

世界卫生组织　方舟子　黄大昉　杨晓光　方玄昌　卢长明 [①]

● **国际市场上有哪些种类的转基因食品?**

世界卫生组织: 国际市场上目前的转基因作物在设计中使用下列三个基本特征之一:抗虫害,抗病毒感染,以及耐受某些除草剂。最近还在研究具有较高营养成分的转基因作物(如高油酸大豆)。

● **中国有自己的转基因技术吗? 政府现在是不是不允许进口转基因农作物的种子,假如从国外私自进口种植转基因作物的种子,是否违法?**

方舟子: 中国有自己的转基因技术。目前国内普遍种植的转基因抗虫棉,基本上是国产的。已获得安全证书的抗虫害转基因水稻和植酸酶转基因玉米也是自主研发的,但都因为舆论的压力无法推广。从国外进口转基因种子种植需要批准,否则是违法的。

● **我一个朋友在美国待了 10 年,他说他们是不吃转基因的,转基因仅用来喂牲畜。**

黄大昉: 美国转基因食品不需要标识,所以你美国朋友吃没吃转基因食品,他可能不知情。美国农业部、政府代表团到中国来,他们在招待会上回答记者提问时提到,美国粗略估计,其食品中 70% 含有转基因大豆或玉米的加工成分。我们还专门与美国有关机构讨论过,根据其作物产品流向图,以玉米为例,美国玉米总产量 3.1 亿吨,其中22.4% 进入食品环节,而美国与玉米有关的食品比例占到 90%。

杨晓光: 美国用得最多的转基因食品是大豆和玉米。其烹调油基本来自大豆,饮料中添加的甜味剂是玉米糖浆。美国那么多甜味的食物,能离得开转基因成分吗?

● **转基因玉米在美国是作为副食而不是主食吧?**

杨晓光: 玉米是美国三大主粮之一;另外,巴西批的转基因豆子也是主食,每天都吃。作为食品而言,无论主食还是副食,都应该安全,单单反对转基因主粮作物的想法完全错误。

---

① 卢长明,中国农科院油料作物研究所基因工程与转基因安全研究室主任,农业部转基因植物环境安全监督检验测试中心(武汉)常务副主任。

●转基因大豆做豆腐能提高豆腐产量吗？

方舟子： 目前的转基因大豆只是转入一个抗虫害或抗除草剂基因，并不改变大豆的营养成分。它是否适于榨油还是做豆腐，要看它用的大豆亲本的品种。国外大豆主要是采用了较适合榨油的品种，而目前转基因大豆都是国外品种，所以较适宜榨油而不是做豆腐。

●目前市场上有转基因番茄吗？

杨晓光： 转基因番茄是延长储存期的，我们批了，但目前没有种植。因为我们喜欢吃新鲜蔬菜。实际上，我们吃的木瓜是转基因的（抗木瓜环斑病毒）。

●中国现在有转基因农业种子的专利吗？中国有转基因实验室吗？

方玄昌： 你所提的两个问题，答案都是肯定的。中国科学家自己研究的转基因植酸酶玉米、转基因抗虫棉和转基因水稻都具有自我知识产权。

●美国的有机食品超市卖转基因食品吗？

方舟子： 美国有机食品市场是不卖转基因食品的，但有机食品在美国数量很少，只占美国食品市场份额的4%，可以忽略不计。我从来不特意去买有机食品。有机食品并不比转基因食品、常规食品更安全，且是个靠制造恐慌忽悠人的产业。

●有哪些国家的人完全不吃转基因食品？吃转基因食品究竟有过什么危害？

方玄昌： 到了今天，实际上要在全球任何一个国家找一个没有吃过转基因食品的人都是难于登天的。再次强调：迄今所有有关转基因技术方面的负面信息都是谣言，无一例外。

●中国种植转基因棉已有很多年，这期间转基因棉的棉籽还榨棉籽油吗？

卢长明： 中国自从1996年批准转基因抗虫棉商业化种植以来，转基因棉花面积逐年扩大。目前，抗虫棉面积已超过棉花总面积的70%以上。这期间，转基因棉的棉籽除了用于播种外，主要用于榨油和生产动物饲料。

棉籽油是中国第五大食用油种，仅次于菜籽油、大豆油、花生油和棕榈油，占食用油总消费量的8%左右。棉籽的用途包括以下几个方面：

（1）棉仁：主要用于生产沙拉油和食用油，氢化后作酥油和人造奶油。

棉籽油大部分用作调和油的原料，而由于部分消费者对棉籽油存在负面认知，即便是在这些调和油配料表中，也很难找到"棉籽油"的字眼。在中国，棉籽油价格远远低于豆油价格。

（2）棉籽饼：榨油后的饼渣或籽仁作为家禽和家畜饲料。有时将经压榨的饼打碎后作棉籽饼出售，但大都浸油后磨碎成粗粉出售。这两者的主要用途是作为牛饲料中的高蛋白和饲料添加剂，经过加工减少了棉花植物色素棉酚的影响以后，也可以给猪和家禽吃。

215

棉籽粗粉脱酚后可制成无淀粉的面粉供人食用。

（3）短棉绒：用轧棉机除掉棉纤维后留在种子上的短棉绒可用于制造粗纱和多种纤维产物。除去杂质以后，称作短棉绒的短纤维，用带有圆形锯和细齿的类似轧棉机的机器加工。先轧下来的短棉绒经提纯后，用与生产炸药、醋酸纤维、人造丝、乙基纤维素、喷漆和多种塑料以及其他需要优质纤维作原料的产品。

（4）种子壳：可作为反刍动物的粗饲料。将脱掉短绒的棉籽去壳，棉籽壳非常适于种植食用菌或经磨碎后，混于喂牛的粗饲料中。

棉籽油虽然属于转基因产品，但在中国的转基因生物安全管理中，不属于强制标识的 5 类 17 种产品。因此，转基因棉花产生的棉籽油和动物饲料实际上成了转基因管理的最大盲区。

经济问题

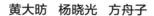

黄大昉　杨晓光　方舟子

●**我们应该如何评价孟山都公司？**

黄大昉：孟山都公司是我们国家在生物技术领域非常重要的对手，有一点是明确的，它要获取更多利益，占领世界上更大市场。但从其产品而言，其正面作用是要肯定的，我们要学习其好的技术好的机制，进一步充实自己，而不是否定技术本身。另外，应该承认，孟山都开发的产品，其安全性是有保障的。

●**韩国不进口转基因大豆，宁愿购买中国的非转基因大豆。如何解释？**

杨晓光：韩国转基因标识是有限量的。进口中国大豆与否是市场行为，当然也和消费者接受程度有关系。比如牛肉问题，韩国反对美国牛肉进入市场，更多是经济问题和贸易问题，而非安全问题。

●**转基因安评委员会在审批新品种时，有没有考虑过舆论压力？是不是仅依靠科学证据来进行审批？**

杨晓光：这个问题非常复杂。在美国，审批是政府备案，上市是企业自己做主。例如转基因水稻，其安全性已经通过了FDA的审批，但没有上市，为什么？美国人解释说，他们生产的大米很多是出口的，要是进口国不批准进口的话，他们就挣不到钱。也就是说，在安全性方面，经FDA批准是没问题的，但上市会面临贸易风险和社会政治风险。所以说，转基因新品种的商品化涉及安全性以外的政治、经济等多重因素。

●**为什么孟山都公司会认为抗除草剂抗虫小麦没有商业价值而主动撤回申请商业化种植？小麦也会受虫害的吧？**

方舟子：相比来说，小麦的病害（锈病）、冻伤、干旱等问题要比虫害、杂草等问题更严重，所以权衡市场利弊后，孟山都认为没有必要推广抗虫、抗除草剂小麦，而集中研发抗病、抗寒、抗旱小麦。不过也有报道称孟山都要重启抗除草剂小麦项目。

监管与标识

 世界卫生组织　方玄昌

●**国家如何管理转基因食品？**

世界卫生组织： 各国政府管理转基因食品的方式各不相同。在一些国家，尚未对转基因食品进行管理。已制定法规的国家主要着重于对消费者健康的风险评估。一般说来，已对转基因食品制定规定的国家通常还管理转基因生物，并顾及健康和环境风险以及与控制和贸易有关的问题（如潜在检测和标签制度）。鉴于关于转基因食品辩论的动力，立法可能会继续发展。

●**所有的转基因食品在上市之前都要做一系列安全试验，才会获得安全证书，这说明转基因本身还是有安全风险的。那将来转基因技术普及后会不会因监管不力而被泛用？**

方玄昌： 转基因就是一种高效、精准的育种技术，利用这种技术做坏事、培育剧毒作物，当然也很高效（比杂交技术高效），因此监管是必需的。但不要对人类（科学家）控制技术的能力表示过多怀疑，否则，任何技术都不要发展了。

●**转基因食品这么安全，为什么美国的食品安全部门不直接说转基因是安全的，而要一个一个去检测试验呢？**

方玄昌： 如前面我所说的，直接说"转基因是安全的"并不准确，只能说"转基因技术的安全性是可控的"，需要对它监管。

●**转基因食品进入国际贸易会发生什么情况？**

世界卫生组织： 食品法典委员会是粮农组织／世卫组织联合组成的政府间机构，负责汇编构成食品法典，即国际食品法典的标准、行为守则、准则和建议。食品法典委员会于 2003 年对转基因食品的人类健康风险分析制定了《对源自现代生物技术的食品进行风险分析的原则》。

这些原则的前提规定，上市销售前评估采取个案方式进行，并包括评价（插入基因的）直接影响和（由于新基因的插入可能产生的）非预期影响。食品法典也制定了三项指南：《对重组 DNA 植物衍生食品进行食品安全评估的指南》《对使用重组 DNA 微生物生产的食品进行食品安全评估的指南》《对重组 DNA 动物衍生食品进行食品安全评估的指南》。

法典原则对国家法律不具约束力，但在世界贸易组织的《实施卫生与植物卫生措施协定》中被特别提及，并鼓励世贸组织会员国将各自的国家标准与法典标准协调一致。如果贸易伙伴在转基因食品安全性评估方面有相同或类似的机制，则可减小一个国家批准的产品在另一个国家遭到拒绝的可能性。

2003年生效的卡塔赫纳生物安全议定书是对其缔约方有法律约束力的一项环境条约，管制改性活生物体的越境转移。转基因食品如果包含能够转移或复制遗传物质的改性活生物体，则属于议定书的管辖范围。卡塔赫纳生物安全议定书的基石是一项要求，即出口者在有意释放到环境的改性活生物体首次发货之前征得进口者的同意。

●**国际市场上的转基因产品是否已通过风险评估？**

世界卫生组织： 目前在国际市场上的转基因产品均已通过由国家当局开展的安全性评估。这些不同的评估在总体上遵循相同的基本原则，包括环境和人类健康风险评估。食品安全性评估通常以法典文件为基础。

信仰、政治及其他

方玄昌　方舟子

●转基因技术对于动物，特别是对于人类来说，长期以来存在伦理方面的困惑。对于植物而言，是否可以完全不顾忌这些？人类扮演造物主的角色总是让人心里不踏实。

方玄昌：改造自然（而不是适应自然）是人类超乎其他动物的能力，改造自然可以更好地保护自然，并不存在伦理问题——人类所有伟大的工程和技术，都在改造自然。再次强调，转基因并不是要"转"你的基因。将基因工程直接作用于人类，这是另外一个问题，它是否存在伦理问题可以讨论。

●网上盛传农业部的机关幼儿园明令禁止转基因食品的信息，请问这是谣言吗？如果是真有其事，你对农业部有什么看法？

方舟子：农业部官员不久前在"人民网"上说这是谣言，是幼儿园工作人员不了解情况造成的。即使不是谣言，幼儿园工作人员不懂、害怕转基因食品，又能说明什么问题？能指望幼儿园员工比一般人的科学素养更高？

方玄昌：此事并非空穴来风，但那是一个幼儿园园长或者是一个食品采购员的选择，不是农业部的选择。

舆论、谣言与科普

方玄昌　黄大昉　方舟子　世界卫生组织

●**为什么这么多外行反对转基因？**

方玄昌： 无知导致偏见，利益驱动反转。

●**专业人员如何破除谣言环境和没有根据的言论，我们新闻导向等方面应该如何做？**

黄大昉： 我们在推进转基因产业化的同时，一定要加强科学传播工作，国家已经认识到其重要性。转基因重大专项中已经有科普项目，但这还不够，中国整个民族的科学素养与发达国家相比还有很大差距。因为生物技术专业性较强，社会上一些人不太了解，科学家非常重要的任务是要到公众中交流，媒体也很重要，媒体人要了解的话，可以起很大作用。

我们要吸取欧盟教训。欧洲曾是生命科学发源地，有过巨大贡献，可是欧盟转基因发展大大滞后。我们问过欧盟科学家，你们怎么办呢？你们有没有说过话？他们答复说：我们说话了，可是都是个人声音在说，整个科学界没有行动起来，声音很微弱，很被动。再加上欧洲有贸易和政治等种种因素影响，所以欧洲的生物育种发展受到了制约。

我们的科学家要团结起来，联合起来，形成合力。我们要走到公众中去，不要停在高楼大院实验室满足于拿到经费，要为国家和公众科学素养考虑。

●**政府拨了百亿巨款发展转基因，按理说官方还是支持的，为什么媒体都一面倒地反转呢？除了缺乏科学素养，是不是想抓些软柿子话题唱反调好笼络愚蠢的大众，然后树立"为人民说话"的公知形象？**

方玄昌： 宗教信仰、政治诉求与利益瓜葛，是反转群体存在的三个主要原因；官方声音与科学家声音不够响，原因有两个：目前政府公信力不够，公众更愿意听负面新闻（"坏消息"更容易传播）。

●**网上对转基因技术妖魔化和造谣行为似乎无法监管，是因为没有受害者而无法提告吗？**

方玄昌： 妖魔化转基因的受害者是所有公众，监管谣言的责任则在政府。

●我国台湾地区从 2002 年起已陆续批准多种转基因大豆和转基因玉米作为食品和饲料，不知道郎咸平有没有去向台湾领导人抗议？

方舟子：郎咸平的市场在大陆，因为大陆愚民更多，更容易欺骗，市场也更大。

●在转基因种子方面，孟山都商业推广很成功。中国在推广的过程中都碰到了什么情况？为什么我们还在争论安全不安全的层面，而人家都已经开始产业化了。

方玄昌：中国目前在这个领域遇到的最大阻力来自反转谣言造成的舆论压力。孟山都是中国种业最大的竞争对手，反转控正在穷尽一切力量阻碍中国的技术发展，帮助孟山都巩固其领先甚至是垄断地位。

●政府现在能接受外国的转基因产品，却对自己的转基因产品毫无作为。这里面是不是反映了一些政府官员也大多缺乏科学素养？

方舟子：很多政府官员本身也缺乏科学素养，自己也怕转基因食品，或者虽然知道转基因食品没有问题，但害怕舆论，觉得多一事不如少一事。在中国当前情况下推广转基因技术，需要决策者要有不顾忌舆论压力的魄力。

●转基因食品的安全性，到目前为止，官方媒体为何没有一个明确的说法？这其中的原因是什么？

方玄昌：官方、科学家在这个问题上的答案都是明确的：转基因是一项安全性可控的技术，任何一种批准上市的转基因食品都经历了严格检验，都是安全的。是反转的各类谣言搅乱了这些声音的传播。

方舟子：官方媒体的编辑、记者未必比普通公众有更高的科学素养，会更乐于妖魔化转基因。不过最近有些官媒也发了一些肯定转基因食品安全性的报道，但这类报道总是不如妖魔化转基因食品的耸人听闻的报道吸引眼球，流传不广。

●哪些部门或机构或杂志才算是公认的权威呢？怎么才算公认呢？

方舟子：联合国粮食及农业组织是粮食问题公认的权威，世界卫生组织是健康问题公认的权威，国际科学理事会是科学问题公认的权威。此外还有欧洲委员会、美国国家科学院、美国食品药品管理局、美国医学联合会、美国科学促进会等，也都是公认的权威。他们全都确认目前的转基因食品的安全性。

●请问对转基因食品，我们中学生应该具有怎样的认识？

方玄昌：中学生物教科书里面有对于转基因技术的简单介绍。作为一个学生，我建议你至少先要明白两个基础问题：什么是转基因？转基因作物（食品）与普通作物（食品）究竟有何差别？这两个问题，适合于向所有反对转基因技术的人士提出反问——一旦明白了这两个基本问题，所有谣言不攻自破。

●**为什么造谣过的人、机构和媒体从来没有出来公开认过错？**

方玄昌： 以造谣、污蔑转基因技术为职业的那些人，多半由于利益驱使，他们只会变本加厉造谣，永远不要期望他们认错。

●**为什么一些政治家、公众利益集团和消费者对转基因食品表示关切？**

世界卫生组织： 自 20 世纪 90 年代中期在市场上首次引入一种重要的转基因食品（抗除草剂大豆），在政治家、积极分子和消费者中，尤其是欧洲，对此类食品一直有担忧。这涉及若干因素。在 20 世纪 80 年代后期至 90 年代初期，数十年分子研究的结果达到了不受专利权保护的状态。在此之前，消费者通常并不十分了解该研究的潜力。就食品而言，由于消费者感到现代生物技术正导致产生新的物种，他们开始怀疑安全性。

消费者经常问"这对我有什么好处？"就药品而言，许多消费者更容易接受生物技术有益于他们的健康（如改进治疗可能性或增加安全性的药品）。就引入欧洲市场的第一批转基因食品而言，这些产品对消费者无明显的直接好处（不便宜，不增加保存期，味道并不更美）。转基因种子造成每一耕地面积更高产量的潜力应导致更低的价格。然而，公众的注意力集中于风险 - 收益中的风险一面，通常不对转基因生物的潜在环境影响和公众健康影响加以区分。

在欧洲，由于 20 世纪 90 年代后半期发生的与转基因食品无关的若干次食品恐慌，消费者对食品供应安全性的信心已显著下降。这也已对关于转基因食品可接受性的讨论产生影响。消费者已从消费者健康和环境风险方面对风险评估的有效性提出疑问，特别注重于长期影响。消费组织辩论的其他议题包括过敏性和抗微生物抗性。消费者的担忧已引起对转基因食品加贴标签使消费者能作出知情选择的可取性的讨论。

●**在世界其他地区对转基因食品公开辩论的情况如何？**

世界卫生组织： 将转基因生物释放到环境和转基因食品的上市销售已在世界许多地区引起公开辩论。这一辩论有可能继续，可能在生物技术的其他利用（如在人类医学）及其对人类社会的后果这一更广泛的范畴内进行。即使正在辩论的问题通常很相似（成本效益、安全性问题），但是辩论的结果因国家而异。关于转基因食品的标签和可追踪性等问题，作为处理消费者喜好的一种方法，世界范围内迄今尚未取得共识。尽管在这些议题上缺乏共识，但食品法典委员会已取得了显著进展，2011 年制定了与现代生物技术衍生食品的标签有关的法典案文，旨在确保法典成员采用的任何标签方法与已获通过的法典条款保持一致。

●**世界各地区人们的反应是否与对食品的不同态度有关？**

世界卫生组织： 食品通常有着社会和历史内涵，并且在某些情况下可具有宗教重要性。食品和粮食生产的技术改良可在消费者中间，尤其在缺乏关于风险评估工作和成本 / 效益评价的良好交流的情况下，引起负面反映。

另类问题的另类回答

方玄昌

【编者按】有人说，一个傻子问的问题，一百个聪明人也回答不了。在转基因科普领域，时常会出现这种情况。但我们或许可以换一个角度回答这些问题。

●既然转基因食品更安全，为何监管如此严格？

方玄昌： 既然飞机是最安全的交通工具，为什么安检如此严格？

●既然转基因的安全性没有问题，为什么还有这么多争论？

方玄昌： 三聚氰胺无争论，农药残留无争论，地沟油无争论——在科学界和公众如此高度关注之下，转基因如果真有害，怎么可能还有争论？

●转基因作物虫子不能吃，为什么叫人吃？

方玄昌： 你小时候没吃过塔糖（打虫药）？

●已经有杂交育种方式了，何必还要用转基因技术？

方玄昌： 那么既然有汽车，何必还要高铁与飞机？

●为什么非洲人宁可饿死也不吃转基因食品？

方玄昌： 莫非非洲人比你还笨？

●转基因不是天然的，怎么能吃？

方玄昌： 你天然吗？

●现在安全等于未来安全吗？应该经过两三代人百年试吃。

方玄昌： 转基因食品的安全性是科学实验而非生活实践所保证的。人类吃烤肉吃了两万代、50万年，也未能发现其中问题；而科学实验没经过两代、50年，却在极短时间内就发现了烤肉中含有致癌物苯并芘。

●当年滴滴涕被认为是安全的，现在却被发现具有危害性而被禁止使用了。转基因食品难道就不会重蹈覆辙吗？

方玄昌： 说得好！人类认识事物确实都会经历一个过程，就如同用更安全的新药替代四环素等旧药，用更安全的杀虫剂替代滴滴涕一样。现在人类发现了传统食品的生产方式存在这样那样的问题，才需要用更安全、更环保、品质更好的转基因食品替代传统食品。反转控则认为：新药和新农药没用过，还是继续用四环素和滴滴涕吧。

●推动转基因的难道不是商业利益吗？

方玄昌： 这岂非好事？资本和技术的结合正是推动社会进步最强大的力量；在管理得当的情况下，商业利益将驱使生产商更加重视产品质量，这将成为转基因食品安全性的又一重要保证。

●你总不能剥夺我们的知情权和选择权吧？

方玄昌： 这句话应该问职业反转控去。转基因问题，更重要的知情权是让人们了解转基因的实质，然后在其基础上做出自己的判断（选择）。科学家和科普作家一直在赋予公众这个知情权，而反转控们则一直在用各种谎言、谣言和欺骗的手段来剥夺公众的知情权。他们对转基因产业化的阻挠，则不仅仅让你，也让我失去了选择权。

●为何总是科学家说了算？科学凭什么那么强势？科学问题，为何不能文化解答？

方玄昌： 以文化对抗科学，义和团已经试验过了，莫非你还想以"刀枪不入"的气功对抗洋枪洋炮？科学已经成为全人类共有的文化，它是迄今最可靠的方法系统，是推动社会进步的最强大力量，它不强势谁强势？

后记：告别偏见，走向科学

我们生活在一个奇幻而多彩的世界。在这个时代，人们的感官无时无刻不在感受着科学技术突飞猛进所带来的"生活爆炸"。尽管还伴随着战争、贫困、不公平及恐怖主义，但与一百年前、五十年前甚至仅仅三十年前相比，今天地球上的人们更少遭到饥饿和疾病的困扰。

未来，科学将继续改变这个世界，继续改变人们的生活；并且，如同一二十年前一些有识之士所预料的那样，21世纪，对人类生活影响最为深远的将是生命科学——从粮食的生产、生态的保护、环境的治理、能源的开发、气候变化的应对到人类健康的维护和管理，生物技术将无处不在。

生命科学全面渗透到所有这些领域，很大程度上依赖于一项技术手段，那就是基因工程——它作用于农业育种领域，便是大家熟悉的转基因技术。

在生命科学家眼中，基因工程（转基因）是多么重要、又多么伟大的一项技术！然而，就是这项已经显示出力量、给人类带来福祉，且在未来将继续谱写文明新篇章的技术，却在世界范围内遭遇到了前所未有的不公正待遇。十多年来，从欧洲到北美，再到亚洲和非洲，出于对所谓的"自然生活方式"的信仰，或者因利益相关，某些极端组织及个人不遗余力地对这项技术加以污蔑和攻击；而在信息传播过程中，科学的声音反而遭遇障碍，公众获取的正反两方面信息严重不对等，从而造成当前转基因技术被妖魔化的局势。

与因信念问题或利益瓜葛而造谣的反转人士相比，更令人担忧、让人失望及遗憾的是之前中国媒体从业人员对于转基因的认识——过去十几年，在转基因问题上，众多媒体人没有选择科学而选择谣言，不但充当了谣言的传声筒，甚至还直接成为谣言制造者。

今天，美国人已经普遍接受转基因食品，欧洲官方及媒体人士也开始反思过去十多年来他们在这个领域的保守与过失；许多发展中国家急起直追，后来居上；唯一令人困顿的局势出现在粮食安全问题依然严峻的中国——这片土地上，转基因产业化裹足不前，各类谣言依然层出不穷，其数量与荒诞程度均远远超出欧美国家曾经出现过的景况；再荒诞的谣言在此都能找到市场，乃至于当前中国大众心目中有关转基因的印象，几乎都被各种形色的谣言所覆盖。

偏见源于无知。谈"转"色变的人们，几乎都不了解关于转基因的两个最基本的问题：什么是转基因？转基因作物、转基因食品与普通作物及食品差别何在？有没有本质差别？

公众只要清楚了解这两个基本问题的答案，就不会再对转基因这项技术的安全性存疑，各类谣言也就不攻自破；而事实上，只要你愿意去了解，这两个问题的答案并不那么复杂。那些攻击转基因的人士，在造谣惑众时均不能直面这两个基本问题，他们要么回避，要么故意曲解而让受众误以为：所谓转基因，就是要"转"你的基因。

你手上的这本书已经为你解答这两个最基本的问题，以及公众更多的疑问：为什么有那么多人反对转基因？"力挺"转基因的那些人真的是为某些利益集团服务吗？转基因是不可或缺的吗？我们会在这个问题上被西方专利所控制吗？有关转基因的各类谣言，背后的事实真相在此得到呈现。

世界终将步入、甚至已经步入转基因时代，科学发展的车轮无可阻挡，中国不应该在历史大潮中长时间充当角落中的逆流，更不应该在新一轮竞争中再次被世界边缘化。我们有一个美好的愿景，期望在不那么遥远的将来，中国在生物技术领域、尤其是转基因育种技术领域，能够迎来一个良好的舆论环境；我们同时期望，将来中国能有更多人学会理性思考、独立思考而不是盲从。

要达到这样一个目标，光有真诚祝愿是不够的，需要有更多人一起付出实际行动。我们愿与有意致力于此的同仁们共同努力、携手共进。正因此，我们不仅要感谢在这个时代勇敢发出正义、理性声音的本书作者们，也要感谢认真阅读本书内容的每一个你——传播理性声音，光凭疾呼者是远远不够的，还需要依赖更多的聆听者。

基因农业网

2016 年 9 月 1 日